AF190452

Christian Rühenbeck

Schräge Mathematik

und andere Pretiosen

Bibliografische Information der Deutschen Nationalbibliothek:
Die Deutsche Nationalbibliothek verzeichnet diese Publikation
in der Deutschen Nationalbibliografie; detaillierte bibliografische
Daten sind im Internet über dnb.dnb.de abrufbar.

Die automatisierte Analyse des Werkes, um daraus Informationen
insbesondere über Muster, Trends und Korrelationen gemäß §44b
UrhG (»Text und Data Mining«) zu gewinnen, ist untersagt.

© 2024 Christian Rühenbeck

Umschlaggestaltung, Herstellung und Verlag:
BoD-Books on Demand
Norderstedt

ISBN: 978-3-7597-9323-2

Mathematiker seien spezielle Typen, ‚nerds‘, die sich gern mit Fragen beschäftigen, für die sich sonst kaum jemand interessiert. Wie Ehemalige aus ihrer Schulzeit berichten, hat es in fast jeder ihrer Klassen einen solchen Typen gegeben. Nostalgie? Unsere moderne Informationsgesellschaft kann auf die Bildung von Grundkenntnissen der Mathematik nicht verzichten. Obwohl das unter Fachleuten Konsens ist, obwohl ein Leben ohne elektronische Rechner gar nicht mehr denkbar ist, schlägt die Entwicklung eine andere Richtung ein: Fast jeder junge Mensch strebt danach, wenn schon ein ‚nerd‘, dann bitte ein ‚influencer‘ und nicht einer, der Algebra verstehen will. „Algebra ist doch brotlose Kunst“, heißt es, „als ‚influencer‘ für die drei M's, für Mode, Musik und Meinungen, werde ich beachtet, kann ich ‚likes‘ bekommen und damit Geld verdienen.“ So wird landauf, landab in der Schule gejammert: „Wozu brauche ich Mathematik?“ Helikoptereltern beschweren sich, ihre Kinder würden gequält. Politiker sorgen sich um die Fähigkeiten unserer Jugend. Wer kann, meidet diese Gemengelage. Und ich nehme mir vor, ein Buch über Mathematik zu schreiben, mich somit als ‚nerd‘ zu ‚outen‘. Na, dann viel Glück!

Bibliographische Information der Deutschen Nationalbibliothek: Die Deutsche Nationalbibliothek verzeichnet diese Publikation in der Deutschen Nationalbibliographie; detaillierte bibliographische Daten sind im Internet über dnb.dnb.de abrufbar.

© 2024 Rinus Ritter
Umschlaggestaltung, Herstellung und Verlag:
BoD-Books on Demand
Norderstedt

ISBN: ....

Inhalt

In

Die vielleicht größte kulturelle Leistung der Menschheit ist die Entwicklung von Sprachen mit Syntax und Grammatik. Um soziales Verhalten in einer arbeitsteiligen Gruppe möglich zu machen, ist verständliche Kommunikation notwendig. Als Zeichen nicht mehr gereicht haben, ist Sprache die bedeutsamste Art dieser Kommunikation geworden. Wegen der Größe unserer Erde und damit der großen Abstände einzelner Menschengruppen haben sich im Lauf der Geschichte viele Sprachen mit jeweils typischer Syntax und Grammatik entwickelt. Die Welt, in der der moderne Mensch lebt, wandelt sich rasant, sie wird immer stärker vernetzt, sie wird zu einer globalisierten Welt, die eine universell genutzte Kommunikation erfordert und deshalb nach einer universellen Sprache strebt. Es sieht so aus, als ob eine der vorhandenen Sprachen, das Englische, sich zu dieser universellen Sprache entwickelt.

Unabhängig von der Entwicklung von Sprachen existiert seit etwa fünftausend Jahren eine völlig andersartige Form einer Kommunikation, die mittlerweile von allen Menschen auf der Erde verstanden werden kann: die Mathematik. Ein Europäer, der eine chinesische Tageszeitung aufschlägt, wird bis auf Bilder praktisch nichts erkennen, es sei denn, er stößt auf mathematische Symbole. Von Indien ausgehend sind im alten Europa Zeichen und Symbole als mathematische Sprachelemente entwickelt worden, die wie Vokabeln erlernt werden können, um dann wie in der Syntax und Grammatik einer Sprache bestimmten Regeln folgend verknüpft zu werden und damit eine bestimmte Bedeutung mitzuteilen. Wie alle Sprachen ist die Mathematik demnach eine Erfindung des Menschen. Im wissenschaftlich-technischen Bereich existiert schon seit einigen Jahrhunderten ein weltweites Kommunikationsmittel: die Mathematik.

Moment mal: Mathematik ist eine Erfindung? Viele glauben, Mathematik sei doch etwas, das das ganze Universum beherrscht; sie sei eine Eigenschaft des Universums und sei vom Menschen nur entdeckt worden! Auch Intelligenzen nichtirdischen Ursprungs würden so etwas wie den Lehrsatz des Pythagoras in irgendeiner Form kennen und anwenden, heißt es. Einfach weil es diesen Lehrsatz gibt. Ist das wirklich so? Die ‚europäische‘ Mathematik, die heute die Welt beherrscht, lässt uns Europäer glauben, sie sei der einzige ‚Dialekt‘. Wie in den verschiedenen Sprachen unterschiedliche Vokabeln mit derselben Bedeutung sind auch in der Mathematik verschiedene Symbole mit derselben Bedeutung entstanden. Gilt das auch für das, was man unter einer mathematischen Denkweise versteht? Seitdem es europäische Sprachforschung gibt und mit ihr auch die Wurzeln weltweiten mathematischen Denkens ergründet werden, fällt es schwer, andere nichteuropäische Denkweisen zu verstehen. Ein bekanntes Beispiel ist die Mathematik des Inders Srinagar Ramanujan, der als Autodidakt vor über einhundert Jahren mit Hilfe europäischer Symbole Lösungen mathematischer Probleme mitgeteilt hat, von denen einige mit der uns gewohnten ,europäischen' Denk- und Schlussweise in der Mathematik selbst heute noch nicht vollständig nachvollziehbar sind.

Neben dem Englischen als Umgangssprache ist Mathematik zu einer Weltsprache geworden. Obwohl diese Bedeutung der Mathematik von niemandem in Frage gestellt wird, ist ihre Rolle in unserem Alltag umstrittener denn je. Von einer Anerkennung der Mathematik als einer der größten kulturellen Leistungen der Menschheit entfernen wir uns immer weiter. Die Auseinandersetzung zur Notwendigkeit mathematischer Grundkenntnisse beginnt schon in den ersten Klassen unserer Schulen. „Wozu brauchen wir das?" ist eine der häufigsten Beschwerden, die von Eltern geschürt werden, die es eigentlich besser wissen müssten. Woran liegt das? Ich denke, dafür lässt sich eine Reihe von Gründen anführen. Vordergründig sind es Aussagen, die eine gewisse Hilflosigkeit verraten, Aussagen wie, Mathematik sei derart

„endgültig", derart „logisch", derart „unwiderlegbar", kurz gesagt: derart „unheimlich", dass alle Kritik an ihr abprallt, dass man einfach nichts machen kann. Was man berechnen kann, ist wahr. Punkt. In dieser Aufzählung kommt der Begriff „schwer" nicht vor. Denn im eigentlichen Sinne schwer ist Mathematik gar nicht; jedenfalls ist sie nicht schwerer zu erlernen als eine neue Sprache. Das erfahren alle jene, die sich ein wenig mit ihr beschäftigen.

Etwas tiefer greifen solche Gründe wie: Kritik an einer bewiesenen Aussage sei sinnlos; wahre mathematische Aussagen müssten hingenommen werden. Das ist etwas, was unabhängige Geister, die nicht alles hinnehmen wollen und gern widersprechen, nicht akzeptieren können. Dies scheint einer der tiefer liegenden Gründe für die Abneigung zu sein, die der Mathematik von allen Seiten entgegenschwappt. Schon zu Beginn des Schullebens wird die Mathematik für viele junge Menschen zu einem Schreckgespenst. Das liegt nicht allein bei Lehrerin oder Lehrer oder an unserem System Schule, wie immerzu kolportiert wird. Das liegt vor allem daran, dass grundlegende Mathematik etwas ist, was erarbeitet werden muss und nicht diskutiert werden kann, und das einem jungen Menschen in einem Alter serviert wird, in dem erst mal alles in Frage gestellt wird. Die einzige

Chance zu einer Kritik, die ihm bleibt, ist die: „Wozu brauchen wir das?"

Zu den vielen Irrtümern, die der Mathematik entgegengehalten werden, zählt der Vorwurf, sie sei in einer Weise fertig, die jede Art von eigenem Nachdenken, von eigener Initiative sinnlos werden lasse. „Bei der Interpretation eines Gedichtes fällt mir viel mehr ein als bei der Interpretation eines mathematischen Beweises", heißt es. Frage: Gibt es bei der Interpretation eines Gedichtes weniger Regeln zu beachten als bei der Interpretation eines Beweises? Ich denke, so mancher junge Mensch wird von dem, was der Deutschlehrer zu einer solchen Haltung meint, enttäuscht sein. Eines der Ziele des vorliegenden Buches ist jenes, zu zeigen, dass Mathematik keineswegs etwas Fertiges ist, dass es immer wieder Neues zu entdecken gibt – man muss sich vielleicht nur etwas mehr bemühen.

Die Abneigung gegen Mathematik trifft auch jenes zweite Schulfach, das viel mit Mathematik zu tun hat: die Physik mit ihren Naturgesetzen. Auch gegen die Naturgesetze erscheint Widerstand sinnlos. Alle anderen Schulfächer sind ‚beliebter‘, weil hier die Chance einer Kritik möglich erscheint; nur bei der Mathematik und der Physik sieht man sich von vornherein auf verlorenem Posten. Da physikalische Probleme sich sehr gut mit Hilfe der Mathematik beschreiben lassen, landet die Physik wie die Mathematik schnell im Abseits. Doch so ähnlich sich Mathematik und Physik sind, so verschieden ist mit ihnen umzugehen. Während die Physik aus Naturgesetzen besteht, die universell und vom Menschen völlig unabhängig gültig sind und die es zu entdecken gilt, ist Mathematik — wie oben schon genannt — eine Erfindung des Menschen. Und als solche ist sie nicht fertig, nicht zu Ende gedacht. Weiterentwicklungen der Mathematik werden in der Regel als Weiterentwicklungen immer komplexerer Systeme empfunden, wozu immer höher elaborierte Symbole erforderlich sind, mit denen man sich konfrontiert sieht. Ist das immer so? Nein, Gott sei Dank werden immer wieder Gedanken mitgeteilt, die ‚einfach', d.h. mit wenigen und einfachen Symbolen darstellbar sind und damit für diejenigen, die mit diesen Symbolen und ihrer jeweiligen Bedeutung umgehen können, nachvollziehbar sind.

Mit einer solchen ‚einfachen' Mathematik möchte ich Sie als interessierte Leserin und Sie als kundigen Leser nicht nur unterhalten, sondern zum selber Experimentieren anregen. Manches von dem, was in diesem Buch zum Thema Mathematik zusammengestellt ist, lässt sich vielleicht auch im Unterricht an Schulen verwenden. Dort, wo möglich, werde ich mich an die Titelvorgabe dieses Buches erinnern:

schräge Mathematik. Ich habe den Titel ‚schräg' verwendet, weil es um nicht gewohnte Probleme der Mathematik und manchmal auch um nicht gewohnte mathematische Denkweisen geht. Ähnlich der Entwicklung der Mathematik fange ich mit historisch älteren Sachverhalten an, um mich dann Stück für Stück an modernere Probleme heranzupirschen. Unterwegs möchte ich versuchen, von Fall zu Fall zu schildern, welche Art von Überlegung als typisch mathematisch angesehen werden kann. Übungen werden dort eingestreut, wo Lust am Selbermachen vorhanden sein könnte, wo sie der Klärung dienen, oder wo man noch weiter herumprobieren kann. Angaben zu Lösungen dieser Übungen sind im Anhang zu finden.

Zahlensysteme

Die erste Begegnung mit Mathematik findet gewöhnlich mit Zahlen statt. Um Mengen vergleichbar zu machen, benötigt man eine allgemeinverständliche Aussage zu einer Eigenschaft von Objekten, die man umgangssprachlich mit ‚Größe' oder ‚Umfang' oder ‚Inhalt' oder ‚Anzahl der Bestandteile' bezeichnet. Wir sind an ein Zahlensystem gewöhnt, das Zehnersystem genannt wird. Es besteht die Ansicht, das Zehnersystem habe etwas mit unseren normalerweise zehn

Fingern oder zehn Zehen zu tun und müsste deshalb schon seit Urzeiten existieren. Das stimmt jedoch nicht, unser Zehnersystem hat recht moderne Wurzeln. Es ist noch gar nicht so lange her, da war die Angabe ‚Dutzend' für zwölf Eier beispielsweise gang und gäbe. Unsere Uhren zeigen die Stunden im Zwölferrhythmus an, die Minuten und Sekunden im Sechzigerrhythmus. Unsere Winkelangaben beziehen sich auf 360 Kreisbogenteile. Das alles sind Reste eines viel älteren Zahlensystems, das die Sumerer vor einigen tausend Jahren erfunden haben, und das vermutlich entstanden ist, als man entdeckt hat, dass man auf dem Markt mit zwölf Gewichtseinheiten praktisch alle Probleme lösen und jedem Streit aus dem Wege gehen konnte. Warum haben Gewichtseinheiten eine solche Bedeutung? Auch bei uns können sich viele noch an Zeiten erinnern, in denen gehandelte Mengen auf Waagen mit anerkannten Gewichtsstücken verglichen worden sind.

Doch wie sind die Sumerer auf gerade zwölf Gewichtseinheiten gekommen? Schlauköpfe haben entdeckt, dass unter den größeren Zahlen bis 100 die Zahl 60 eine besondere Zahl ist, eine Zahl mit den meisten Teilern, nämlich exakt zwölf: 1,2,3,4,5,6, 10,12,15,20,30,60. Hat man Gewichtsstücke mit den entsprechenden Vielfachen der Masse eines Einheitsgewichtsstücks zur Verfügung, können in der Regel mit bis zu drei derartigen Gewichtsstücken fast alle Massen von 1 bis 100 Einheiten verglichen werden (*Übung 1*). Die Erfinder dieses Zahlensystems, das man heute ‚Sexagesimalsystem' nennt, sind unbekannt, es ist ja auch schon ein paar tausend Jahre her.

Wie alte arabische Schriften berichten, haben Menschen schon vor langer Zeit irgendwo in Indien die Gewohnheit, Mengen mit Hilfe der Finger der eigenen Hände abzuzählen, mit Schriftzeichen benannt. Das waren Zeichen, die man heute Ziffern nennt, und die zum Teil schon die Gestalt 1,2,3,4,5,6,7,8,9 und ein nicht mehr verwendetes Zeichen für den zehnten Finger haben. Um größere Mengenanzahlen angeben zu können, kann man diese Ziffern kombinieren zu 12, 27 oder 963, d.h. einmal alle zehn Finger und dann noch zwei dazu, zweimal alle zehn Finger und dann noch sieben dazu, sechsundneunzigmal zehn Finger und dann noch drei dazu. Die Römer haben später Zahlzeichen benutzt, die aus dem Alphabet stammen: I (für 1), V (für 5) und X (für (10), die auch heute noch auf vielen Zifferblättern von Uhren zu finden sind und gern noch als Aufzählungszeichen oder Kapitelüberschriften in Büchern benutzt werden. Größere Zahlen sind mit L (für 50), C (für 100), D (für 500), M (für 1000) bezeichnet worden. Auf einem Grabstein des Jahres 1639 beispielsweise ist die Jahresangabe MDCXXXIX vermerkt. Die römischen Zahlen haben sich jedoch nicht bewährt, weil man mit ihnen nur sehr umständlich rechnen kann (*Übung 2*).

Weltweit durchgesetzt hat sich das indisch-arabische Ziffernsystem, das man als Dezimalzahlsystem bezeichnet, nachdem so um das achte Jahrhundert nach Christus als zehnte Ziffer die Null hinzugekommen ist. Mathematiker meinen, die Null habe für die Mathematik eine ähnliche Bedeutung erlangt wie die Erfindung des Rades für die Technik. Im Zeitalter der numerischen Berechnungen mit Hilfe von Computern, die mit elektrischen Schaltern arbeiten, hat das duale Zahlensystem, bestehend aus den beiden Zeichen 0 und 1 (man hätte auch andere Symbole nehmen können), weltweite Bedeutung erlangt. Die wissenschaftliche wie auch die tägliche Gebrauchsmathematik findet im Dezimalsystem statt; bislang ist kein anderes Zahlsystem bekannt geworden, in dem man komplexe Zusammenhänge oder besonders große und besonders kleine Zahlen mit weniger Zeichen darstellen kann (eine Million z.B. durch 10^6, ein Millionstel durch 10^{-6}).

Operation und Gegenoperation

Werden zwei Zahlen zusammengezählt, spricht man von einer ersten Art von Operation, der additiven Verknüpfung: $5 + 3 = 8$ und meint damit: der vorhandenen Zahl 5 wird die Zahl 3 hinzugefügt. Zu einer Operation gehört eine Gegenoperation oder die Umkehrung einer Operation. Die Gegenoperation zur Addition ist die Subtraktion: $5 - 3 = 2$. Die Beziehung von Operation und Gegenoperation ist sehr einfach: werden beide hintereinander ausgeführt, bleibt die Ausgangszahl unverändert: $5 + 3 - 3 = 5$. Auf die Reihenfolge kommt es dabei nicht an, auch $5 - 3 + 3 = 5$ ist wahr. Für ‚Platzhalter‘ a, b irgendwelcher Zahlen gilt demnach: $a + b - b = a - b + b = a$. Diese Eigenschaft von Zahlen findet man nicht nur bei der additiven Verknüpfung. Bei der multiplikativen Verknüpfung ist die Gegenoperation die Division: $5 \cdot 3 : 3 = 5 : 3 \cdot 3 = 5$ oder allgemein für irgendwelche Zahlen a, b: $a \cdot b : b = a : b \cdot b = a$. Um Missverständnisse auszuschließen, sollte die Reihenfolge von Operation und Gegenoperation durch Klammern vorgegeben werden: $(a \cdot b) : b = (a : b) \cdot b = a$, denn $(a \cdot b) : b$ ist zwar dasselbe wie $a \cdot (b : b)$, jedoch nicht dasselbe wie $a : (b \cdot b)$.

Dieser Zusammenhang von Operation und Gegenoperation ist nicht auf die Grundrechenarten Addition und Multiplikation beschränkt. Sie gilt im Prinzip für alle anderen mathematischen Operationen und kann dort sehr nützlich sein. Eine höhere Rechenart ist das Potenzieren mit der Gegenoperation Radizieren (Wurzelziehen). Für irgendwelche Zahlen a, b gilt $(a^b)^{\frac{1}{b}} = a = \sqrt[b]{a^b}$. Eine andere höhere Rechenart ist das Exponieren mit der Gegenoperation Logarithmieren. Für irgendwelche Zahlen a, b gilt $(a^b)^{log_a b} = a = log_a(a^b)$. Dazu sei das Beispiel $ln e^x = e = e^{x ln x}$ genannt, das im Kapitel „Regiment der Null" eine Rolle spielt.

Natürlich gibt es auch zu den Operationen sin und tan Gegenoperationen: $arcsin x = x$ und $arctan x = x$. In der höheren Mathematik sind Ableiten und Integrieren (Aufleiten) Gegenoperationen: $\int y' = y = (\int y)'$.

Beweisen

Eine der bedeutendsten Methoden der Mathematik ist das Beweisen. Ist eine Behauptung oder eine Aussage be- oder nachweisbar, wird sie unumstößlicher Bestandteil des mathematischen Imperiums. Viele meinen, das ganze

Gebäude der Mathematik ließe sich durch eine aufeinanderfolgende Kette von Beweisen zusammensetzen (vgl. die Mathematik des französischen Autorenteams Bourbaki). Es seien einfache Beispiele betrachtet. Jede endliche Kette hat ein erstes und ein letztes Glied. Bei jedem anderen Glied der Kette wird man der Aussage zustimmen: es kommt nach dem ersten und vor dem letzten Glied. Auch der Aussage, „das fünfte Glied kommt nach dem dritten Glied" oder $5 > 3$ wird jeder zustimmen (ich spare mir jetzt eine genauere Betrachtung der Übersetzung ‚kommt nach' durch ‚ist größer'). Eine Aussage wie $5 > 3$ ist für den Mathematiker aber keineswegs selbstverständlich. Um eine solche Aussage als wahr akzeptieren zu können, müssen die Bedeutungen der Symbole 5 und 3 einvernehmlich geregelt sein. Die Bedeutungen dieser Symbole als Zahlen und die Beziehung zwischen ihnen durch das Symbol $>$ (oder $<$) kann nicht bewiesen, sie muss axiomatisch gesetzt werden (Problem des ersten Beweises). Hätte man stattdessen die Bedeutung der Symbole 5 und 3 so verstanden, dass $5 < 3$ ist (weil das fünfte Glied der Kette nach dem dritten Glied kommt), sähen unsere mathematischen Formalismen ganz anders aus!

Nach diesem kleinen Ausflug in die Axiomatik für das Problem des ersten Beweises kann leicht nachgewiesen werden, dass es keine größte Zahl gibt. Dazu werden noch zwei Hilfsmittel benötigt. (1) Mit $5 = 1 + 1 + 1 + 1 + 1$ und $3 = 1 + 1 + 1$ sehe ich, die Zahl Fünf ist aus mehr Einsen zusammengesetzt als die Zahl Drei. Die Verknüpfung $>$ bedeutet also ‚enthält mehr Einsen als'. (2) Für irgendeine Zahl kann ich einen Platzhalter benennen, eine sogenannte Variable n. n möge jetzt für die angeblich größte Zahl stehen, die es gibt. Es genügt, schon eine Eins hinzuzufügen, und $n + 1 > n$ ist die nächstgrößere Zahl. Da ich das mit jeder Zahl n machen kann, gibt es keine größte Zahl.

Zu dieser Art von Nachweis ein weiteres schon etwas schwierigeres Beispiel. Vielleicht ist es Ihnen als Leserin oder Leser schon einmal aufgefallen: wenn ich der Größe nach geordnete ungerade Zahlen der Reihe nach addiere, entsteht immer eine Quadratzahl:

$$1$$
$$1 + 3 = 4 = 2^2$$
$$1 + 3 + 5 = 9 = 3^2$$
$$1 + 3 + 5 + 7 = 16 = 4^2 \text{ usw.}$$

Wie kann ich beweisen, dass das immer so ist, d.h. für alle positiven ganzen Zahlen gilt? Ein Nachweis könnte so gehen: Schaue ich mir die Folge der Quadratzahlen $1, 4, 9, 16, \ldots$ an, dann unterscheidet sich die nachfolgende von der vorhergehenden Quadratzahl um die größte neu hinzukommende ungerade Zahl: $4 = 1 + 3$; $9 = 4 + 5$; $16 = 9 + 7$, usw. Ist

n^2 eine Quadratzahl, dann kommt für die nächste Quadratzahl $(n+1)^2$ die ungerade Zahl $2n+1$ hinzu. Demnach ist $n^2 + 2n + 1 = (n+1)^2$, und das ist die bekannte binomische Formel. Und die ist wahr für alle Zahlen, auch für beliebig große. Diese Art zu denken ist typisch für die Mathematik: man verwendet schon bewiesene Aussagen, um eine neue Aussage zu beweisen.

Bleiben wir noch bei beliebig großen Zahlen. Der gewöhnliche Mensch weiß zwar, dass es große Zahlen gibt, dass es Milliardäre gibt, deren Vermögen in unserem Zahlensystem durch eine Ziffer mit vielen Nullen beschrieben wird. Er findet vielleicht noch interessant, dass es einen reichsten Menschen gibt. Doch ob eine größte Zahl existiert oder nicht, interessiert ihn herzlich wenig. „Wozu muss ich das wissen?" fragt er. Ganz anders der Mathematiker. Für ihn ist die Nicht-Existenz einer größten Zahl von wesentlicher Bedeutung. Dass ein Mathematiker mit einer nicht angebbaren größten Zahl – nennen wir sie einmal ‚Unendlich‘ mit dem Symbol ∞ – rechnen kann, ist schon sehr erstaunlich.

Jeder kennt aus dem Elementarunterricht ein Axiom aus der Geometrie, das ‚Parallelenaxiom‘. Es besagt, zwei in derselben Ebene liegende Geraden sind parallel, wenn sie sich nicht im Endlichen schneiden. Was im Umkehrschluss bedeutet: wenn sie sich schneiden, dann im Unendlichen. Jeder kann das jedoch in Frage stellen! Die zwei Schienen eines ebenen und sehr langen geraden Eisenbahngleises sind solche Parallelen, siehe Bild 1. Stelle ich mich zwischen die Schienen, dann sieht es so aus, als würden sie in weiter Ferne aufeinander zulaufen. Natürlich weiß ich, dass die parallelen Schienen eines Eisenbahngleises sich niemals treffen werden, auch nicht im Unendlichen. Die Verwirrung, die durch die Diskrepanz zwischen dem entsteht, was ich weiß, und dem, was ich sehe, wird in der Mathematik durch eine Setzung gelöst, die man ‚Axiom' nennt. Es sei denn, es gelingt, die Aussage, parallele Geraden schneiden sich nicht, zu beweisen.

Bild 1

Auf das Unendlichkeitsproblem kann man durch eine andere einfache geometrische Betrachtung stoßen. In der Vertretungsstunde bei einer siebten Klasse habe ich einmal die

Frage gestellt, wie viele Durchmesser ein Kreis hat. „So viele, wie ich reinzeichnen kann", war eine Antwort. „Und wie viele kann ich in einen Kreis hineinzeichnen?" habe ich zurückgefragt und gleichzeitig einen großen Kreis auf der Tafel entworfen. Nachdem geklärt war, dass Durchmesser im Kreis liegende Abschnitte von solchen Geraden sind, die durch den Kreismittelpunkt verlaufen, ist mein Kreis schnell von Durchmessern gefüllt worden. „Auf jeden Fall sind das ganz viele" haben die Kinder festgestellt.

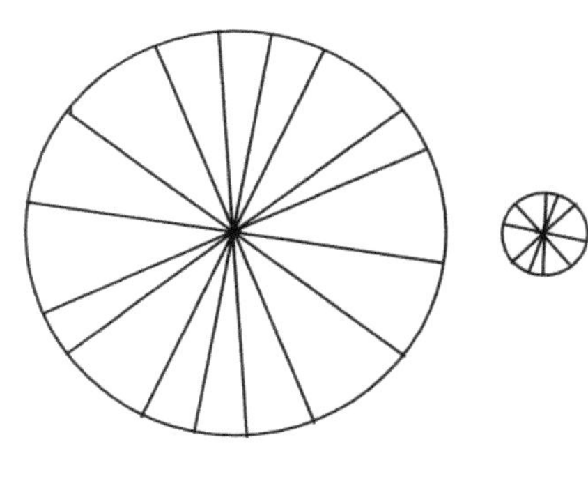

Bild 2

Jetzt habe ich einen sehr viel kleineren Kreis daneben gezeichnet, siehe Bild 2. „Und wie viele Durchmesser hat der?" habe ich gefragt. „Da passen viel weniger Durchmesser hinein als bei dem großen Kreis" ist die übereinstimmende Meinung gewesen. „Glaubt ihr, dass ich euch beweisen kann, dass der kleine Kreis genau so viele Durchmesser hat wie der große?" „Das können Sie nicht!" war die einhellige Meinung (*Übung 3*). Der Beweis ist am Schluss der Stunde so einsichtig gewesen, dass die Kinder sich an ihre Meinung vom Beginn der Stunde gar nicht mehr erinnern konnten.

In der Mathematik des Unendlichen existiert ein einfacher Nachweis, der an Schrägheit nicht zu überbieten ist. Jeder wird das Gefühl haben, im Vergleich mit den natürlichen Zahlen $n = 1,2,3,4, \ldots$ gibt es sehr viel mehr Bruchzahlen. Allein schon zwischen Null und Eins gibt es eine beliebig große Anzahl von Bruchzahlen, die größer als Null und kleiner als Eins sind, nämlich $\frac{1}{n}, n > 1$. Ebenso ist das zwischen Eins und Zwei mit den Bruchzahlen $\frac{2}{n}, n > 2$, zwischen 2 und 3 mit den Bruchzahlen $\frac{3}{n}, n > 3$, usw. Dennoch lässt sich nachweisen, dass die Gesamtzahl aller Brüche der der Anzahl aller natürlichen Zahlen entspricht (*Übung 4*).

Nach dieser ersten Beschäftigung mit dem Unendlichen geht es um das Gegenteil, die Null. Auch hier verbirgt sich viel Schräges.

Regiment der Null

Manche sagen: nicht das Rad, sondern die Null habe die größere Bedeutung im Erfindungsreichtum der modernen Menschheitsgeschichte. Das hat weniger damit zu tun, dass viele Herrscher, viele Regenten sich als Nullen entpuppt haben. Das hat mit der philosophischen Frage zu tun, was ist das ‚Nichts'. Mit der Feststellung, ‚der hat nichts in der Birne' meint man nicht, dessen Kopf enthalte nichts, so, wie ein leerer Apfelkorb nichts enthält. ‚Nullahnung' sagt man stattdessen auch. Eignet sich die mathematische Null zur Beschreibung eines solchen Zustands? Die Null, erst spät in die europäische Mathematik eingedrungen und von Vielen gar nicht als Zahl anerkannt, hat jedoch nichts mit dem ‚Nichts' zu tun, als das sie oft empfunden wird. In der Mathematik ist die Null sehr wohl ein ‚Etwas', wenn auch ein ziemlich schräges Etwas. Darum geht es in diesem Kapitel.

Ich gehe jetzt davon aus, dass Leserin und Leser gewohnt sind und auch verstehen, wie mit Zahlen zu rechnen ist, solange keine Null im Spiel ist: $3 + 5$ (Summe); $7 - 12$ (Differenz; negative Zahlen); 4×13 (Produkt); $8 : 24$ (Quotient; Bruchzahlen); 5^3 (Potenzen); $\sqrt{35}$ (Wurzel; irrationale Zahlen). In diese Verknüpfungen mit den zugehörigen Berechnungen lassen sich neben den natürlichen Zahlen zwanglos auch jene Zahlen unseres Zehnersystems ein-gliedern, die mit einer Null enden: 10, 50, 100, 1200, usw. Statt des Zeichens 0 hätte man auch irgendein anderes Zeichen wie z.B. θ für die zehnte Ziffer verwenden können. Es hat bei den gerade genannten Verknüpfungen lediglich die Bedeutung eines Platzhalters.

Zum Wesen der modernen Mathematik gehört die Forde-rung, alle oben genannte Verknüpfungsarten: addieren, subtrahieren, multiplizieren, dividieren, potenzieren, radi-zieren sollen nicht nur mit den angenehmen natürlichen Zahlen möglich sein, sondern mit allen Zahlen (‚Permanenz der Rechengesetze‘). Das hat es notwendig gemacht, neuartige Zahlen erfinden zu müssen: die negativen Zahlen bei der Subtraktion, die gebrochenen Zahlen (Bruchzahlen) bei der Division, die irrationalen Zahlen beim Radizieren (Wurzelziehen). „Das geht nicht" ist eine Meinung, die der erwachsene Mensch des Altertums gehabt hat. Das ist auch schnell die Meinung der heutigen Jugend: was nicht geht, kommt im täglichen Leben nicht vor, kann ich deshalb nicht gebrauchen, muss ich deshalb auch nicht lernen. Auf diese Diskussion möchte ich mich an dieser Stelle aber nicht einlassen. Viel wichtiger ist, die Art mathematischen Denkens verständlich zu machen.

In diesem Kapitel geht es darum, welche seltsame Rolle die Ziffer 0 bei diesen Verknüpfungen spielt, versteht man sie als eine Zahl wie alle anderen Zahlen. Das geht schon bei der natürlichsten aller Verknüpfungsarten, dem Zusammenzählen oder der Addition los. Zähle ich zwei gewöhnliche Zahlen zusammen, entsteht immer eine neue gewöhnliche Zahl: $316 + 55 = 371$. Ganz anders bei der Null: $316 + 0 = 316$. Die Null ist daher keine gewöhnliche Zahl. Bei der Subtraktion passiert dasselbe. Bei der Multiplikation geschieht Bedeutsames: jede Multiplikation mit Null hat das Ergebnis Null zur Folge! Das gilt für alle, auch für beliebig große Zahlen. Auch für das Unendliche? $\infty \cdot 0 = 0$? Dieses Problem wird uns noch einmal begegnen. Ebenso ergibt sich Null, wenn die Null durch irgendeine Zahl ungleich Null dividiert wird. Aber wehe, man will durch Null dividieren! Was ergibt $5 : 0$? Ist $3 : 0$ größer als $2 : 0$, weil $3 > 2$ ist? Und welche Bedeutung hat $0 : 0$? $\sqrt{0} = 0$, das ist verständlich. Aber welche Bedeutung hat 7^0 oder gar 0^0? Speziell zu dieser Frage sind im Anhang die *Übungen 5 und 6* zu finden. Doch hier ist Vorsicht geboten. Um Klarheit zu erlangen, sind Kenntnisse der höheren Mathematik erforderlich!

Die Probleme mit der Null sind sehr massiv. Das ist der Grund, warum viele die Null am liebsten gar nicht als Zahl empfinden wollen. Es ist verständlich, dass mancher es vorziehen wird, sich in Gefilden einer leichter verständlichen Mathematik zu bewegen. Dem werde ich jetzt folgen und weitere Ausflüge in die höhere Mathematik auf später verschieben.

Eine Denksportaufgabe

Denksportaufgaben enthalten manchmal mathematisch interessante Aspekte. Hier eine Denksportaufgabe, die auf ein unterbestimmtes Gleichungssystem führt. Ein Gleichungssystem ist unterbestimmt, wenn mindestens ein Parameter vorhanden ist, der mehrere Lösungen zur Folge hat. Ein Beispiel ist folgende Aufgabe: Jemand soll für 20 Euro genau 30 Briefmarken kaufen, und zwar Werte zu 1 Euro, 80 Cent und 20 Cent. Raten führt schnell auf eine Lösung: Je 10 Briefmarken von jeder Sorte. Die Frage allerdings, ob noch andere Markenkombinationen als Lösung in Frage kommen, kann zu einem tieferen Nachdenken führen.

Zum Auffinden weiterer Lösungen ist ein systematischeres Vorgehen angesagt. Nach der Einführung von Variablen: x als Anzahl der Marken zu 1 Euro, y zu 80 Cent und z zu 20

Cent können die Angaben dieser Denksportaufgabe in zwei Gleichungen zusammengefasst werden:

$$x + y + z = 30 \qquad\qquad\qquad \text{(I)}$$

$$100x + 80y + 20z = 2000 \quad \text{oder}$$

$$5x + 4y + z = 100 \qquad\qquad\qquad \text{(II)}$$

Gl. (I) beschreibt die Gesamtzahl aller Marken, Gl. (II) die Zusammensetzung des Gesamtpreises, dabei alle Preise in Cent verwendet. Dieses Gleichungssystem wird in einem ersten Schritt wie üblich reduziert: (I) mit 5 multipliziert und dann (II) von 5·(I) subtrahiert ergibt $y + 4z = 50$.

z	·	·	5	6	7	8	9	10	11	12	13	14	·	·
y	·	·	30	26	22	18	14	10	6	2	-2	-6	·	·
x	·	·	-5	-2	1	4	7	10	13	16	19	22	·	·

Auch hier ist offensichtlich: Die reduzierte Gleichung wird durch $y = z = 10$ gelöst. Damit ist das sofort zu erratende Tripel $\langle x|y|z \rangle = \langle 10|10|10 \rangle$ bestätigt. Die reduzierte Gleichung gibt aber noch mehr her: Man kann z von $z = 1$ aus hochzählen und nachschauen, ob die Resultate für y und x positiv und mit Gl. (I) verträglich sind. Auf diese Weise kann man die Tabelle finden, in der alle Lösungen unserer

Denksportaufgabe fett und kursiv hervorgehoben enthalten sind. Wozu ein bisschen Gleichungslehre gut sein kann ...

Schriftliches Dividieren und Polynomdivision

Man kann der Meinung sein, eine Kenntnis des Verfahrens der Polynomdivision in der Schule sei wegen der allgemein eingeführten Nutzung von graphikfähigen Taschenrechnern (GTR) mit Computer-Algebra-System (CAS) hinfällig geworden. Versucht man mit diesem modernen Hilfsmittel jedoch, eine Polynomdivision mit Rest rechnen zu lassen, kann man auf erhebliche Probleme stoßen. Reihentwicklungen sind oft als Ergebnisse von Polynomdivisionen darzustellen. Auch dort wird ein CAS häufig streiken, es sein denn, die Resultate bestimmter Reihenentwicklungen sind gespeichert. Auf jene mathematischen Verfahren, die eine Polynomdivision erfordern, kann man eigentlich nicht verzichten. Im vorliegenden Kapitel werden drei Fragen behandelt: woher das Verfahren stammt, wie es funktioniert und in welchen Bereichen der Anfangsmathematik es benötigt wird.

Die Polynomdivision ist die verallgemeinerte Form des schriftlichen Dividierens. Das schriftliche Dividieren gewöhnlicher Zahlen gehört — ebenso wie das schriftliche Addieren, Subtrahieren und Multiplizieren solcher Zahlen — zu den grundlegenden rechnerischen Fähigkeiten, die schon in der Grundschule eingeübt werden. Inwieweit das speziell beim Dividieren angewendete Verfahren eine Rezeptur bleibt oder jemals erklärt wird, bleibt häufig unklar. Richtig ist, dass man vom Neuling in der vierten Klasse der Grundschule — von wenigen Ausnahmen abgesehen — nicht erwarten kann, Verständnis für die tieferen arithmetischen Zusammenhänge bei den elementaren Operationen mit natürlichen Zahlen speziell im Hinblick auf das Stellenwertsystem entwickeln zu können. Die Suche in der mathematischen Fachliteratur nach einer Erklärung des Verfahrens der schriftlichen Division gewöhnlicher Zahlen wird meistens erfolglos bleiben; in Schulbüchern aller höheren Klassen und in vielen Büchern der Hochschule wird das Verfahren nicht erklärt, es gilt offenbar als selbstverständlich bekannt. Dieser an sich erstaunliche Sachverhalt behindert später ein Verständnis des Verfahrens der Polynomdivision.

Da die Division als Umkehrung der Multiplikation zu verstehen ist (siehe das Kapitel ‚Operation und Gegenoperation‘), wird es sinnvoll sein, zunächst das Verfahren der schriftlichen Multiplikation zu begründen. Man kann sich eine Maschine denken, die gleiche Zahlen fortlaufend addiert. Beauftragt man diese Maschine, die Multiplikation 37 x 23 auszuführen, wird sie zur Zahl 37 22 mal hintereinander die Zahl 37 addieren und das Ergebnis 851 abliefern. Schaut man dieser Prozedur Schritt für Schritt zu, wird auffallen, dass Überträge und als Folge davon neue Stellen auftreten. Das schriftliche Multiplizieren stellt eine Abkürzung dieses Verfahrens dar. Will man das begründen, benötigt man zweierlei: das Stellenwertsystem unserer Zahlen (E: Einer, Z: Zehner, H: Hunderter, T: Tausender, usw.) und ein Gesetz zur Auflösung von Klammern, das als Distributivgesetz bezeichnet wird. Die Multiplikation kann dann so beschrieben werden:

$$37 \times 23 = (3Z + 7E) \times (2Z + 3E)$$
$$= (3Z + 7E) \times 2Z + (3Z + 7E) \times 3E$$
$$= 6H + 14Z + 9Z + 21E$$
$$= 7H + 4Z + 1H + 1Z + 1E$$
$$= 8H + 5Z + 1E$$
$$= 851$$

In schriftlicher Kurzform bedeutet das:

$$
\begin{array}{r}
\underline{37 \times 23} \\
74 \\
+ \quad \underline{111} \\
851
\end{array}
$$

Unsere Maschine wird nun umprogrammiert: Sie kann gleiche Zahlen fortlaufend subtrahieren. Lässt man die Division 857 : 37 rechnen, wird die Zahl 37 fortlaufend von der Zahl 857 subtrahiert, bis entweder kein Rest bleibt, d.h. die Division aufgeht, oder wie hier ein Rest bleibt, der den Teiler 37 nicht mehr enthält. Dabei wird die Anzahl der möglichen Subtraktionen gezählt. In unserem Fall sind das 23 mit dem Rest 6. Das schriftliche Dividieren stellt eine Abkürzung dieser Prozedur dar. Wir versuchen zunächst, dieses Verfahren so zu begründen, wie das eben bei der Multiplikation beschrieben worden ist: Stellenwertsystem und Distributivgesetz.

$$857 : 37 = (8H + 5Z + 7E) : (3Z + 7E)$$
$$= 8H : (3Z + 7E) + 5Z : (3Z + 7E) + 7E : (3Z+ 7E)$$

Man beobachtet, dass bei jeder dieser Divisionen Reste entstehen können. Wenn denn schon Reste nicht zu vermeiden sind, kann man die Division auch in einer bewusst ‚falschen' Weise ausführen, indem bei der Division nur die Summanden an erster Stelle der Klammern berücksichtigt werden; die durch Rückmultiplikation und Subtraktion neu entstehenden Reste korrigieren das wieder. Im Einzelnen ergibt sich:

$$(8H + 5Z + 7E) : (3Z + 7E) = 2Z + 3E + 6E : (3Z + 7E)$$

$$- \underline{(7H + 4Z)}$$
$$11Z + 7E$$
$$- \underline{(11Z + 1E)}$$
$$6E$$

Alternativ kann man auch so rechnen:

$$(8H + 5Z + 7E) : (4Z - 3E) = 2Z + 2E + 1E + 6E : (4Z - 3E)$$
$$- \underline{(8H - 6Z)}$$
$$11Z + 7E$$
$$- \underline{(8Z - 6E)}$$
$$4Z + 3E$$
$$- \underline{(4Z - 3E)}$$
$$6E$$

In schriftlicher Kurzform bedeutet das:

$$857 : 37 = 23 \text{ Rest } 6$$
$$- \underline{74}$$
$$117$$
$$- \underline{111}$$
$$6$$

Wie man feststellt, kann auf die Anwendung des Distributivgesetzes verzichtet werden; wesentlich für diese Rechenvorschrift ist allerdings die Wahrung des Stellenwertsystems; das ist bei gewöhnlichen Zahlen kein Problem, ist bei Polynomen allerdings zu beachten.

Die Übertragung der Rechenvorschrift für die schriftliche Division gewöhnlicher Zahlen auf die Polynomdivision kann in ähnlicher Weise geschehen, wenn die Polynome jeweils nach fallenden Potenzen geordnet sind. Diese Ordnung entspricht dann dem Stellenwertsystem bei Zahlen. Die Rechenvorschrift lautet so: Dividiere jeweils die ersten Summanden der beiden Polynome durcheinander, multipliziere mit dem Resultat das Teilerpolynom und subtrahiere von dem zu teilenden Polynom; wiederhole mit dem jeweiligen Rest unter Heranziehung weiterer passender Summanden des zu teilenden Polynoms, bis die Division aufgeht oder ein nicht mehr teilbarer Rest bleibt. Beispiel:

$$
\begin{array}{l}
(4x^3 + 4x^2 - x + 1) : (2x + 1) = 2x^2 + x - 1 \\
\underline{-(4x^3 + 2x^2)} \\
\qquad\quad 2x^2 - x \\
\qquad\underline{-(2x^2 + x)} \\
\qquad\qquad\quad -2x - 1 \\
\qquad\qquad\underline{-(-2x - 1)} \\
\qquad\qquad\qquad\quad 0
\end{array}
$$

Der Zusammenhang dieser Art der Rechnung mit dem Verfahren der schriftlichen Division gewöhnlicher Zahlen kann hier sehr schön demonstriert werden: Seien die Terme mit x^3 die Tausender, die mit x^2 die Hunderter, die mit x die Zehner und die Konstanten die Einer. Dann lautet die eben genannte Polynomdivision übersetzt in eine Zahlendivision:

$$(4T + 4H - 1Z - 1E) : (2Z + 1E) = 2H + 1Z - 1E$$

$$\underline{-\ (4T + 2H)}$$
$$2H - 1Z$$
$$\underline{-\ (2H + 1Z)}$$
$$2Z - 1E$$
$$\underline{-\ (2Z - 1E)}$$
$$0$$

oder in Zahlen:

$$4389 : 21 = 209$$
$$\underline{-\ 42}$$
$$18$$
$$189$$
$$\underline{-\ 189}$$
$$0$$

Eine der ersten Anwendungen des Verfahrens der Polynomdivision kann man bei der Nullstellenbestimmung ganzrationaler Funktionen oder deren Ableitungen antreffen. Ein Beispiel: Gesucht sind die Nullstellen von f mit $f(x) = 3x^3 - x^2 + x - 3$. Zunächst rät man die Nullstelle $x_0 = 1$. Weitere Nullstellen kann man dann aus dem Resultat der Polynomdivision $(3x^3 - x^2 + x - 3):(x - 1) = 3x^2 + 2x +$

$3 + 6 : (x - 1)$ schließen. Aus der Tatsache, dass diese Polynomdivision nicht aufgeht, folgt: Es gibt keine weitere Nullstelle.

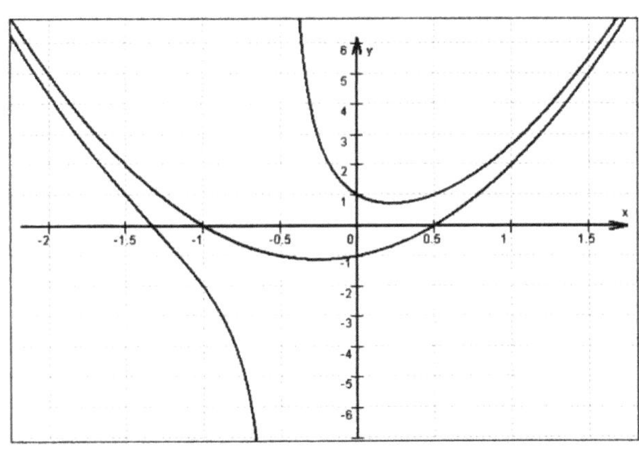

Bild 3

Eine andere Anwendung findet man beim Problem der Asymptotenbestimmung bei gebrochenrationalen Funktionen. Ein Beispiel: Die Gleichung der nicht vertikalen Asymptote der gebrochenrationalen Funktion f mit $f(x) = \frac{4x^3 + 4x^2 - x + 1}{2x + 1}$ ist zu bestimmen. Die Polynomdivision ergibt $f(x) = 2x^2 + x - 1 + \frac{2}{2x + 1}$ mit $g(x) = 2x^2 + x - 1$ als Term der Asymptotengleichung. Die Graphen von f, g sind zur Veranschaulichung im Bild 3 dargestellt. Die Verläufe von f schmiegen sich der Parabel g für dem Betrag nach wachsende x immer besser an. Zum Thema Anschmiegen siehe das Kapitel „Vom Nutzen von Schmiege-kurven".

Die symbolische Operation $(A^n - B^n):(A - B)$, A, B irgend-welche (Funktions)Terme und $n \in N$, kommt in der Analysis vor, um Grenzwerte zu bestimmen. Die Polynomdivision hat folgende Reihe zum Resultat: $A^{n-1} + A^{n-2}B + A^{n-3}B^2 + \cdots + AB^{n-2} + B^{n-1}$. Zu den Merkwürdigkeiten der Analysis zählt das Resultat im Grenzfall $B \to A: nA^{n-1}$. So etwas erhält man beispielsweise bei der Bestimmung der Ableitung einer Potenzfunktion $y = x^n$ an der Stelle $x = x_1$ als Grenzwert: $y'(x_1) = \lim_{x \to x_1} \frac{x_1^n - x^n}{x_1 - x} = nx_1^{n-1}$.

Das Verhalten eines gebrochenrationalen Terms wie beispielsweise $\frac{2n+1}{nx+1}$, $x \neq 0$, $x \in R$, $n \in N$ für beliebig wach-sendes n kann schnell erkannt werden, wenn der Bruchterm mit n gekürzt wird; er strebt dann gegen $\frac{2}{x}$. Eine aufkom-mende Unsicherheit bei der Frage, ob das Kürzen auch im Fall eines über alle Grenzen wachsenden n korrekt ist, kann durch eine Reihenentwicklung beseitigt werden. Die Polynomdivision ergibt: $(2n + 1):(nx + 1) = \frac{2}{x} - \frac{2}{nx^2} + \frac{2}{n^2 x^3} - \cdots$. Für beliebig wachsendes n verschwinden alle Beiträge außer $\frac{2}{x}$.

Randsummen im Zahlendreieck

Knobelaufgaben haben, wie das kurze Kapitel „Eine Denksportaufgabe" zeigt, oft mit Mathematik zu tun. Dieses Kapitel jetzt beginnt mit einer Knobelaufgabe, die wohl wenig bekannt sein dürfte. In Bild 4 ist links eine unterteilte Dreiecksfigur zu sehen, die jeweils fünf dreieckige Felder als Rand hat. Die Aufgabe lautet: Setze die natürlichen Zahlen von 1 bis 9 so ein, dass die Summen der jeweils fünf Zahlen eines Randes gleich sind. Ein Kinderspiel? Nach einigem Herumprobieren hat man vielleicht die Lösung der rechten Dreiecksfigur gefunden. Dort ist 7+6+3+4+8=8+4+2+5+9= 9+5+1+6+7=28 als Randsumme.

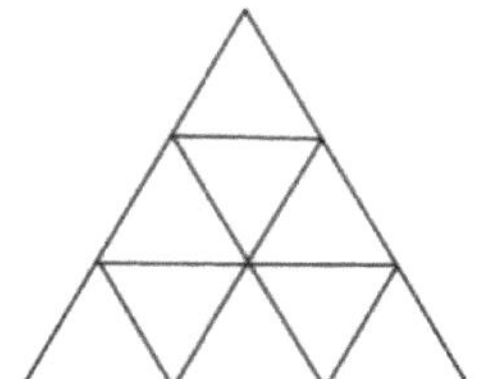 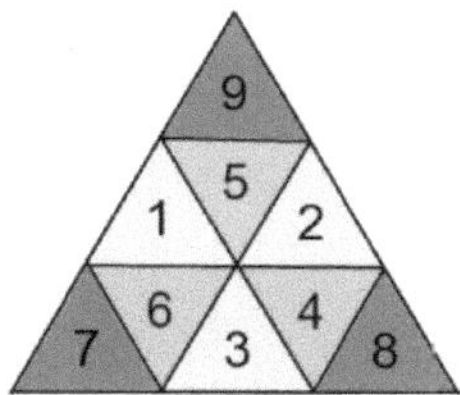

Bild 4

In Bild 5 sind zwei weitere Lösungen dargestellt, die bezüglich der Zahlen in den Ecken eine mögliche Strategie erkennen lassen. Die Randsummen betragen im Fall des

Bildes 4 28, im Fall des Bildes 5 links 25 und des Bildes 5 rechts 22. Die Summe aller hier verwendeten Zahlen von 1 bis 9 beträgt 45. Nach den ersten Erfolgen entstehen Fragen wie: Welche Strategie steckt dahinter? Gibt es andere Strategien? Wie viele Lösungen gibt es mit vorgegebenen Zahlen? Gibt es Lösungen für beliebige Zahlen? Wie sieht das bei Dreiecken mit 16 oder 25 oder n^2 Feldern, n eine natürliche Zahl, aus?

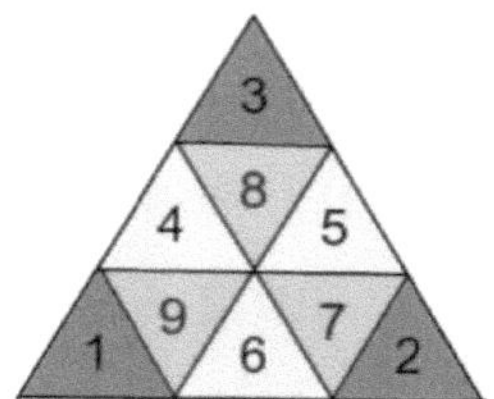 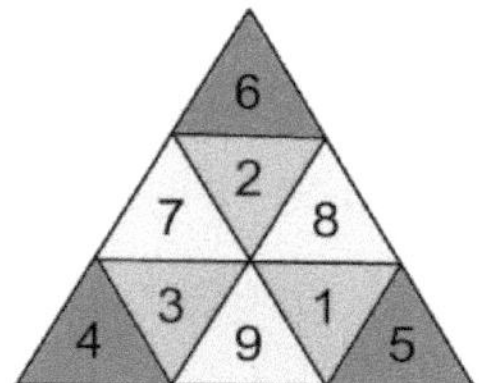

Bild 5

Es ist zweckmäßig, eine Reihe von Lösungsvarianten auszuschließen. Alle solchen Fälle, die durch Achsenspiegelungen oder durch Drehungen ineinander überführt werden können, sind keine neuen Lösungen. Ferner sind auch solche Varianten, bei denen je zwei Zahlen ausgetauscht werden, die an den Ecken liegen und daher gleichzeitig zwei Rändern angehören, keine neuen Lösungen. Beispiel: Wenn in Bild 4 die Zahlen 4 und 8 ausgetauscht werden, ändern sich die Randsummen zwar nicht, wohl aber die durch die Grautönung erkennbaren Zuordnungen und damit die hinter einer bestimmten Strategie steckende Symmetrie.

Natürlich gelten die in den Bildern 4 und 5 gefundenen Lösungen für die natürlichen Zahlen 1 bis 9 auch für Zahlen 1+r, 2+r, 3+r, ... , 9+r sowie r, 2r, 3r, ... , 9r mit beliebigen $r \in R$. Bei solchen gegebenen Zahlen muss man nur jeweils herausfinden, wie groß r ist.

Doch nun zur Frage, welche Strategie hinter den Lösungsbeispielen der Bilder 4 und 5 steckt. Offenbar hat die Bildung bestimmter Dreiergruppen, in den Bildern 4 und 5 in gleichen Grautönen gekennzeichnet, Bedeutung. In den gleichfarbigen Dreiecksfeldern sind jeweils drei Gruppen dreier aufeinander folgender Zahlen auf passende Weise im wechselnden Umlaufsinn eingetragen. Man kann andere Dreiergruppen bilden, die zu Lösungen führen. In die Lösungsstrategie der Bilder 4 und 5 passen auch die Dreiergruppen 1,4,7 – 2,5,8 – 3,6,9 in Bild 6 sowie 7,2,6 – 9,5,1 – 4,8,3 in Bild 7 links und 9,2,4 – 7,5,3 – 6,8,1 in Bild 7 rechts, die passend im wechselnden Umlaufsinn auf gleichgetönte Dreiecksfelder zu verteilen sind. Die Summen der Randzahlen betragen von links nach rechts 25, 24 und 26 in Bild 6 sowie jeweils 25 in Bild 7.

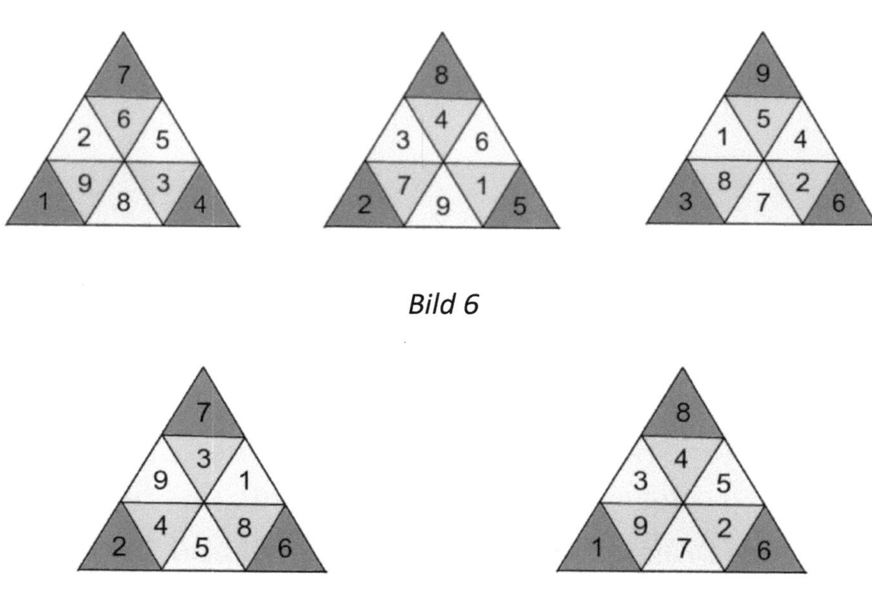

Bild 6

Bild 7

Für die gefundenen Lösungen der Bilder 4 bis 7 kann eine gemeinsame Strategie angegeben werden, siehe Bild 8, die Zahlen 1 bis 9 in einer Matrix notiert. Die Zahlengruppen in den Zeilen, siehe Teilbild a, ergeben die drei Lösungen der Bilder 4 und 5, die Zahlengruppen in den Spalten, siehe Teilbild b, ergeben die drei Lösungen des Bildes 6. Interessanterweise kann man noch zwei weitere Lösungen aus Dreiergruppen finden, die aus Diagonalzahlen in der Zahlenmatrix bestehen, siehe Bild 8: 7,2,6 – 9,5,1 – 4,8,3, dargestellt in Teilbild c, Bild 8 links sowie 9,2,4 – 7,5,3 – 6,8,1 in Teilbild d, Bild 8 rechts. Dabei sind alle Zahlengruppen im

Gegenuhrzeigersinn eingetragen und jeweils in Feldern gleicher Farben notiert. Im Unterschied zu den Lösungen der Bilder 4 und 5 gibt es hier keine Varianten mit davon abweichenden Randsummen. Später von Interesse wird sein, dass der Mittelwert der Randzahlensummen aller Lösungen $25 = 5 \times 5$ beträgt. Es sieht so aus, als gibt es unter den oben genannten Voraussetzungen keine weiteren Lösungen im 9 - Dreieck des Bildes 4 mit den natürlichen Zahlen von 1 bis 9.

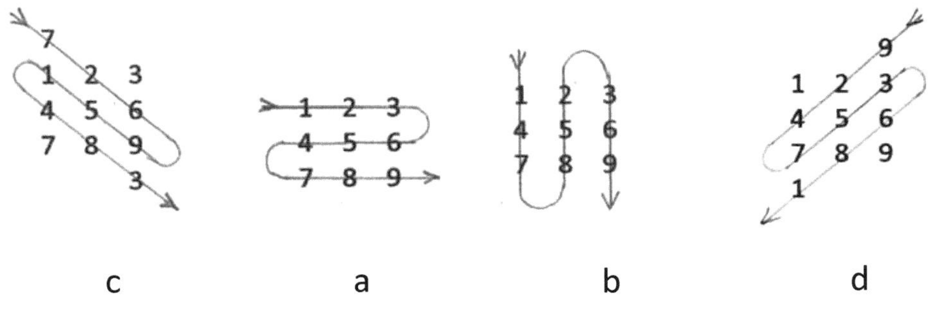

Bild 8

Natürlich lassen sich 9 – Dreiecke mit gleichen Randsummen auch aus anderen natürlichen Zahlen, d.h. im Wesentlichen von 1 bis 9 abweichenden, jedoch nicht aufeinanderfolgenden Zahlen, ‚konstruieren'. Welche Beobachtung kann man machen, bildet man die Quotienten aus Randsumme und Summe aller im Dreieck vorhandenen Zahlen? Ein

Beispiel ist in Bild 9 mit den Zahlen 2,10,11 – 12,14,16 – 18,21,25 mit der Randsumme 72 und der Summe aller Zahlen 129 vermerkt. Die Quotienten 25/45=5/9 (Mittel der Bilder 4 bis 7) und 72/129=24/43 (Bild 9) unterscheiden sich nur geringfügig. Dies könnte ein für 9 - Dreiecke typisches Merkmal sein.

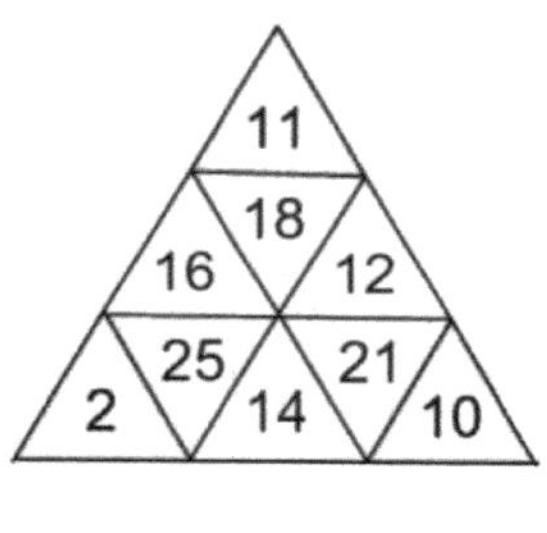

Bild 9

Die Knobelei lässt sich auf 16 - Dreiecke fortsetzen. Bild 10 zeigt Beispiele. Wegen der Vielzahl möglicher Lösungen sollten wir uns einschränken. Man kann die bei beim 9 - Dreieck erfolgreiche Strategie verfolgen: Die Verwendung von Dreiergruppen aufeinanderfolgender Zahlen. Weil beim 16 - Dreieck ein Feld in der Mitte aus der Zählung der Randsummen herausfällt, werden die Lösungsvarianten wegen der Möglichkeit des Tausches zahlreicher. Dreiergruppen aufeinander folgender Zahlen sind im gleichen Grauton gehalten. Natürlich gibt es weitere 16 - Dreiecke mit den herausfallenden Zahlen 2, 3, 5, 6, 8, 9, 11, 12, 14, 15 im Zentrum. Bei diesen Dreiecken werden zur Bildung gleicher

Randsummen allerdings solche Vertauschungen erforderlich, die zu einer der sechs Lösungen des Bildes 10 führen.

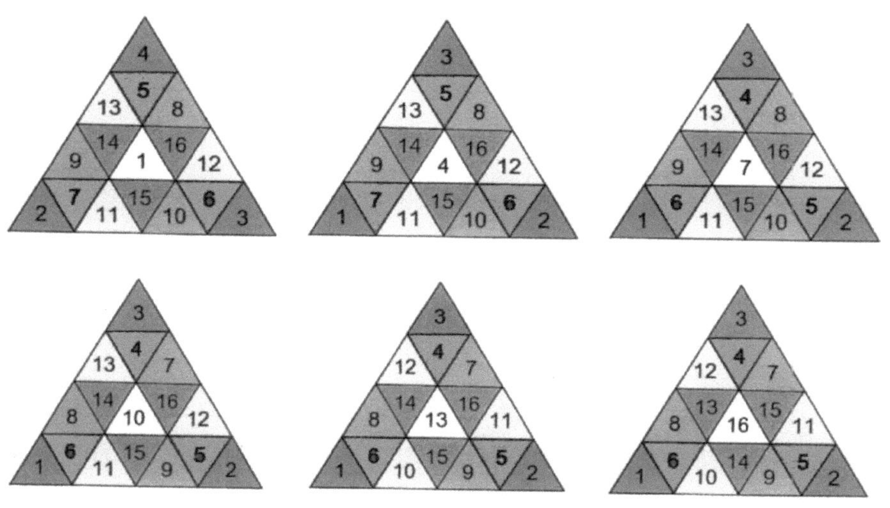

Bild 10

Es ist sinnvoll, die Vielzahl an Lösungsvarianten einzuschränken: Nachfolgend werden nur solche 16 - Dreiecke betrachtet, deren zentral gelegene aus der Randsummenbildung herausfallende Zahl die Zahl 16 ist. Es geht also um die Strategie der Verteilung der natürlichen Zahlen 1 bis 15, siehe dazu Bild 11. Es ist dieselbe Strategie wie beim 9 - Dreieck, siehe Bild 8. Im Fall des Teilbildes b ist eine Änderung erforderlich: die Dreiergruppen lauten 1,6,11; 2,7,12; 3,8,13; 4,9,14; 5,10,15.

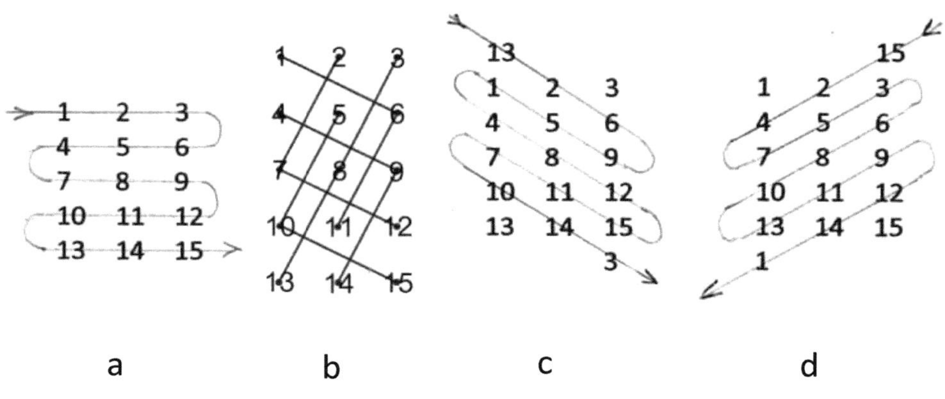

a   b   c   d

Bild 11

Bei der Knobelei ist zielführend, zunächst alle Dreiergruppen der Reihenfolge nach im wechselnden Uhrzeigersinn einzusetzen und danach zu korrigieren. Man kann dabei Ergebnisse finden, die hier in folgender Weise notiert sind: Angabe der Randsumme und dann in der Klammer die Anfangszahl der ersten Dreiergruppe im Dreieck links unten.

Teilbild a: 47 (1); 53 (6); 59 (7); 65 (12); 56 (13) mit dem Mittelwert 56.

Teilbild b: 53 (1); 55 (12); 57 (3); 59 (14); 56 (5) mit dem Mittelwert 56.

Teilbild c: 52 (13); 53 (9); 59 (4); 60 (15); 56 (10) mit dem Mittelwert 56.

Teilbild d: 52 (15); 53 (7); 59 (6); 60 (13); 56 (12) mit dem Mittelwert 56.

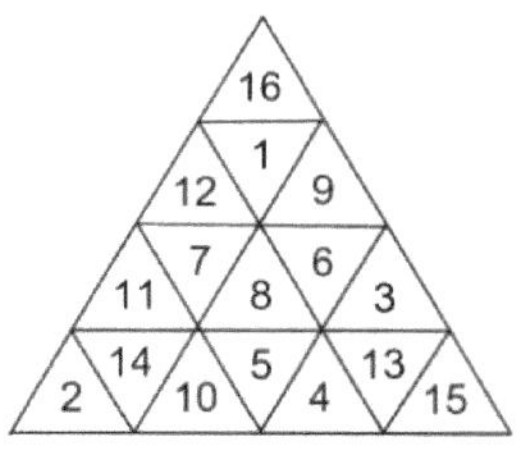

Bild 12

Bei der Knobelei kann man auch andere Lösungen wie beispielsweise die in Bild 12 finden, die nicht in diese Strategie passen. Natürlich sind alle solchen Lösungen, bei denen die im Fall n > 3 vorkommenden jeweils an einem Rand aber nicht in den Ecken liegenden Randzahlen untereinander ausgetauscht werden können, keine neuen Lösungen (siehe Bild 11). Die zentrale Zahl, die nicht für die Bildung der Randsummen benötigt wird, kann dabei als Tauschpartner dienen. Je nach Wahl der zentralen Zahl unterscheiden sich die Randsummen; deren Mittelwert ist bei allen Lösungen für 16 − Dreiecke mit den Zahlen 1 bis 16 jedoch immer derselbe: 56.

Mit der Strategie der Nutzung von Dreiergruppen aufeinanderfolgender Zahlen aus 1, 2, 3, ... , 24, 25 lassen sich auch Lösungen zum 25 - Dreieck finden. Ein Beispiel ist in Bild 13 skizziert. Die Randsumme beträgt hier 84. Die Suche nach

Lösungen ohne eine spezielle Strategie wird hier dadurch erleichtert, dass insgesamt vier zentral gelegene Zahlen existieren, die als Tauschpartner dienen können. Hier sind es die Zahlen 22,23,24,25.

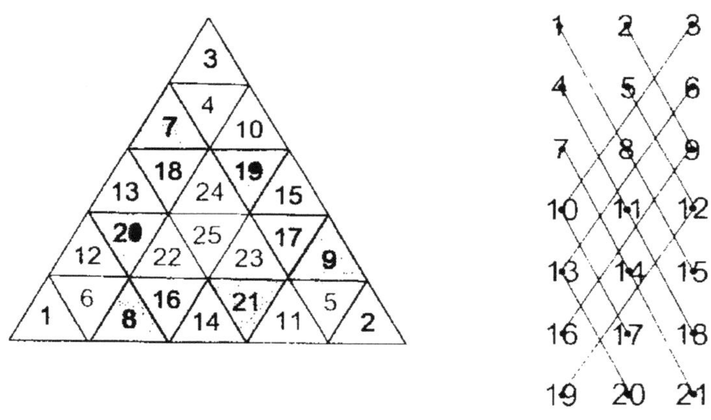

Bild 13

Auch beim 25 - Dreieck ist es sinnvoll, die Vielzahl an Lösungsvarianten einzuschränken: Nachfolgend werden nur solche 25 - Dreiecke betrachtet, deren zentral gelegene aus der Randsummenbildung herausfallenden Zahlen die Zahlen „22, 23, 24, 25" sind. Es geht also um eine Strategie zur Verteilung der natürlichen Zahlen 1 bis 21, siehe Bild 13.

Auch jetzt ist wieder eifriges Knobeln angesagt! Man findet Lösungen mit dem Mittelwert 84 der Randsummen. Die

Knobelei kann beliebig fortgesetzt werden. Nur so zum Spaß sind in Bild 14 vier ineinander gesetzte Dreiecke mit den Zahlen von 1 bis 144 dargestellt. Für jedes dieser Dreiecke gilt: die Randsummen sind gleich.

Bild 14

Das Quadrat

„Der läuft in Quadratlatschen herum". „Vor Wut bin ich im Quadrat gesprungen". „Das ist so unmöglich wie die Quadratur des Kreises". So etwas bekommt man öfter zu hören. Die geometrische Figur Quadrat wird in unserer Umgangssprache gern herangezogen. Unbestritten ist: neben dem Kreis ist das Quadrat die wohl am einfachsten zu beschreibende geometrische Figur, die es gibt. Der Mathematiker beschreibt ein Quadrat so: Es ist ein Viereck mit vier gleichlangen Seiten und vier gleichgroßen Winkeln in den Ecken. Eine solche detaillierte Beschreibung des Quadrats ist notwendig, denn es gibt andere Vierecke. Solche, die ebenfalls vier gleichlange Seiten, aber keine gleichgroßen Winkel in den Ecken haben: Rauten. Und solche, die vier gleichgroße Winkel in den Ecken, aber keine vier gleichlangen Seiten haben: Rechtecke. Außerdem gibt es weitere Vierecke, die weder gleichlange Seiten noch gleichgroße Winkel in den Ecken haben. Bei jedem Viereck gleich an ein Quadrat zu denken, ist daher nicht zu empfehlen.

Das Quadrat ist demnach eine der langweiligsten Figuren und aus diesem Grund völlig uninteressant? Ich glaube, man sollte genauer hinschauen und nachforschen, was das Quadrat an Merkwürdigem zu bieten hat. Fangen wir zuerst damit an, wie man auf einem blanken Bogen Papier ein exaktes Quadrat zeichnet. In der Geometrie heißt genaues Zeichnen Konstruieren. Auch wenn sich gewisse Ungenauigkeiten bei der Ausführung einer Konstruktion nicht vermeiden lassen: die Angabe einer Konstruktionsvorschrift zusammen mit dem Nachweis der geforderten Eigenschaften genügen in der Mathematik. Beim Quadrat lauten diese Eigenschaften: vier gleichlange Seiten und vier gleichgroße Winkel in den Ecken. Es sei daran erinnert, was Konstruieren heißt: Konstruieren heißt ausschließliche Verwendung von Lineal und Zirkel. Es gibt viele Methoden, ein Quadrat zu konstruieren. Einige werden Ihnen als Leser sicher bekannt sein. Kennen Sie aber auch die in Bild 15 skizzierte Konstruktion? Hier sind die Punkte A, B, F und G Eckpunkte eines Quadrates mit der Seitenlänge $\overline{AB}$ (*Übung 7*).

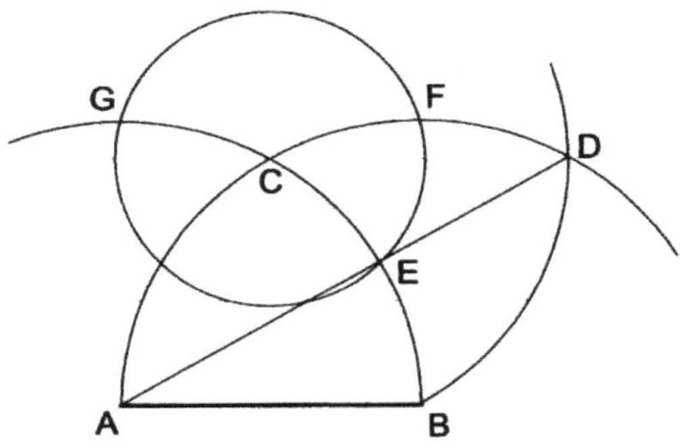

Bild 15

Auf eine optische Täuschung sollte aufmerksam gemacht werden: In Bild 15 scheint der Punkt D höher zu liegen als der Punkt C. In Wirklichkeit liegen die Punkte C und D auf einer Parallelen zu AB.

Quadrate lassen sich durch sogenannte Transversalen, das sind im Inneren des Quadrats verlaufende Strecken, deren Endpunkte auf den Rändern des Quadrats liegen, in vielfacher Weise zerlegen. Drei Beispiele sind in Bild 16 skizziert (*Übung 8*).

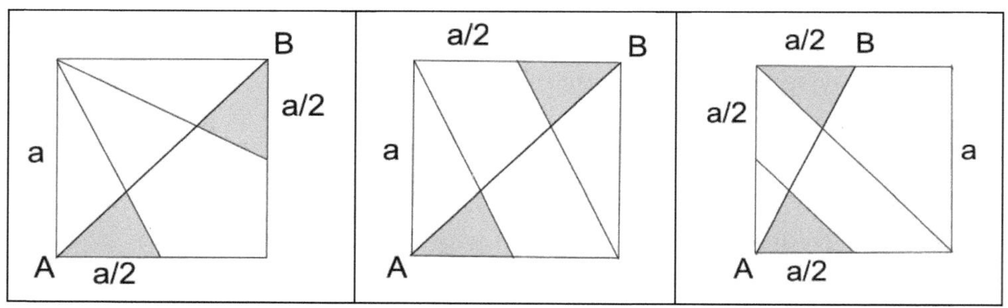

Bild 16

In Bild 17 ist das Quadrat ABCD zur Konstruktion eines Achtecks genutzt worden. Ist das Achteck wirklich regelmäßig, d.h. hat es neben acht gleichgroßen Winkeln an den Ecken auch acht gleichlange Seiten? Hier wird man mit Kongruenzen und Strahlensätzen nicht weiterkommen, hier

Einer der wesentlichen Kritikpunkte, der der Unterrichtung
von Mathematik besonders in der Schule vorgeworfen wird,
ist das Problem der Anwendung. „Wann braucht man denn
so etwas?", ein solcher Einwand ist immer wieder zu hören.
In diesem Buch möchte ich mich jetzt zum ersten Mal dazu
äußern. Es handelt sich um eine sehr einfach zu formu-
lierende Aufgabe, die allerdings auf eines der ungelösten
Probleme der Mathematik führt. Bild 18 zufolge stellen wir
uns vier Orte vor, die idealerweise exakt an den Ecken eines
großen Quadrats liegen. In der Praxis ist das natürlich

wird die Algebra benötigt, siehe *Übung 9.* Dies ist ein Beispiel
dafür, wie hilfreich die Algebra für die Geometrie sein kann.

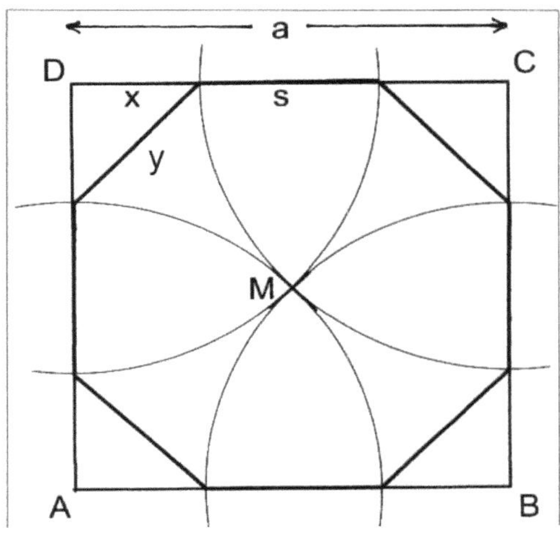

Bild 17

äußerst selten der Fall, doch auch in diesem Idealfall ist das Problem schon schwer genug.

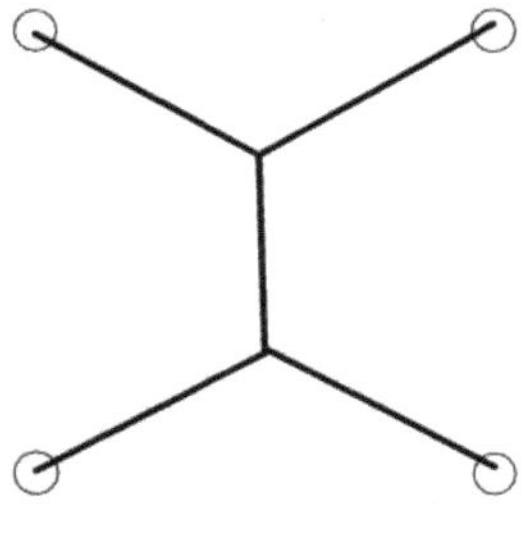

Bild 18

Einer der Orte sei schon an das Überlandstromnetz angeschlossen. Beim Anschluss der übrigen drei Orte sagt der Netzbetreiber: wir müssen sparen. Der Planer steht also vor der Aufgabe, die kürzeste Verbindung der vier Orte zu finden. Nach langem Herumprobieren entdeckt er im Internet unter der Bezeichnung ‚Steinerbäume' den in Bild 18 skizzierten Vorschlag (*Übung 10*). Man sollte glauben, für eine derart einfache Aufgabe müsse es doch eine geometrische Konstruktion geben. Doch weit gefehlt! Denn gäbe es eine Konstruktion, wäre es auch möglich, ähnlich wie beim Achteck des Bildes 17 eine Lösung mit Hilfe der Algebra zu finden. Bis jetzt ist das aber noch niemandem gelungen. Vielleicht gelingt Ihnen, verehrter Leser eine algebraische

Berechnung und damit auch eine geometrische Konstruktion?

Wundersame Geldvermehrung

Träumen Sie nicht auch von einer Vermehrung Ihres Geldes? Sollte ein Bankeinbruch nicht in Frage kommt, was gibt es da sonst noch? Nun, die Mathematik scheint hierfür eine Lösung anzubieten.

In der Mathematik werden in aller Regel Aussagen gemacht, bei denen entscheidbar ist, ob sie wahr oder falsch sind. Von wahren Aussagen spricht man, wenn man Aussagen meint, die nachweisbar oder schon als wahr nachgewiesen sind. Manchmal gelten Aussagen auch als offensichtlich wahr. Dass ein Zehntel von Hundert Zehn ergibt, ist offensichtlich wahr. Dass ein Zehntel von Hundert stattdessen Eins ergeben soll, ist offensichtlich falsch, jedenfalls in unserem Zehnersystem. Bei den weitaus meisten Aussagen, die in der Mathematik vorzufinden sind, kann man entscheiden, ob sie wahr oder ob sie falsch sind. Es gibt zwar ganz wenige exotisch anmutende Aussagen, bei denen eine solche Entscheidung nicht möglich ist. Von solchen Ausnahmen ist in diesem Buch nicht die Rede. Jedoch dort, wo offensichtlicher Unsinn herauskommt, muss ein Fehler vorliegen, den man suchen muss. Und das ist manchmal gar nicht so leicht.

Ich behaupte einmal einen solchen offensichtlichen Unsinn und liefere auch einen Beweis dafür. Ich weise nach, dass ein Cent dasselbe ist wie ein Euro, also das Hundertfache davon. Sie als Leser werden natürlich zweifeln und mir nicht glauben. Dann müssen Sie mir allerdings auf die Schliche kommen und herausfinden, wo der Wurm sein Unwesen treibt. Vorweg verrate ich schon einmal, dass der Wurm nicht in den einzelnen Rechenschritten steckt. Dort werden Sie keinen Fehler finden. Also auf zum größten Finanzcoup aller Zeiten!

(I)   1 Cent gleich 1/100 Euro.
(II)   1/100 Euro gleich 1/10 Euro mal 1/10 Euro.
(III)   1/10 Euro gleich 10 Cent.
(IV)   10 Cent mal 10 Cent gleich 100 Cent.
(V)   100 Cent gleich 1 Euro.

Demnach ist aus einem Cent flugs ein Euro entstanden. Wenn das nicht der Weg zum gewünschten Reichtum ist! Also auf zum Bankberater! Doch bevor Sie abgewiesen werden, schauen Sie lieber in *Übung 11* im Anhang nach.

Uhrenzeiger

Mit den Stellungen der Zeiger von Uhren sind manche reizenden Probleme verbunden. Eines dieser Probleme hat mit jenen Zeigerstellungen zu tun, bei denen kleiner und großer Zeiger, d.h. der Stunden- und der Minutenzeiger einer Uhr exakt übereinander stehen, und es so aussieht, als gäbe es nur einen Zeiger. Die Aufgabe lautet: Wie groß ist der kürzeste Zeitraum zwischen zwei solchen besonderen Zeigerstellungen? Er ist sicher größer als eine Stunde. Aber wie groß ist er exakt?

Es scheint, als liefe diese Aufgabe auf eine ziemlich kleinliche Rechnung hinaus, von der wir vermuten, dass sie noch nicht einmal einfach ist. Mit Überlegung geht es aber viel schneller. Innerhalb von zwölf Stunden, d.h. bei einem vollständigen Umlauf des kleinen Zeigers kommt es elfmal vor, dass beide Zeiger direkt übereinander stehen. Ich denke, das haben Sie schnell herausgefunden, indem Sie bei den Zeigerstellungen zwölf Uhr mittags anfangen, den großen Zeiger vorwärts drehen und bis zum nächsten Zeitpunkt zwölf Uhr zählen, wie oft die beiden Zeiger übereinander stehen. Während des vollständigen Umlaufs des kleinen Zeigers macht der große Zeiger elf vollständige Umläufe.

Zwischen zwei benachbarten Zeigerstellungen, siehe Bild 19, vergeht also ein Zeitraum von exakt $12/11 \approx 1,09090909\ldots$ Stunden. Wie viele Stunden, Minuten und Sekunden sind das? (*Übung 12*).

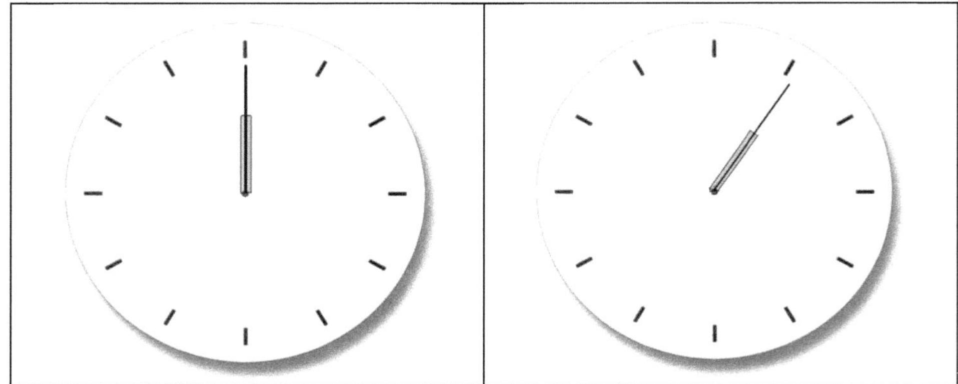

Bild 19

Mit $\frac{12}{11} \approx 1,09090909\ldots$ begegnet uns eine neue Art von Zahlen: Zahlen, die im Zehnersystem nicht vollständig darstellbar sind. Man nennt solche Zahlen ‚nichtabbrechende Dezimalzahlen‘. Die Bruchzahl $\frac{12}{11}$ ist eine genaue Angabe dieser Zahl, die Dezimalzahl 1,09090909... jedoch nur eine Annäherung an diese Zahl. Mit Bruchzahlen kann man exakt rechnen, mit nichtabbrechenden Dezimalzahlen jedoch nur ungefähr. Beispiel: $\frac{1}{3} \approx 0,33333333\ldots$ ist ein anderer Fall einer nichtabbrechenden Dezimalzahl. Das Produkt

1,09090909... mal 0,33333333... kann keiner als genaue Dezimalzahl angeben, das Produkt $\frac{12}{11}$ mal $\frac{1}{3}$ sehr wohl: $\frac{12}{11} \cdot \frac{1}{3} = \frac{4}{11} \approx 0{,}36363636$ .... Die Erfindung der Bruchzahl im Zehnersystem ist somit eine segensreiche Erfindung der Mathematik! Erst mit $\frac{12}{11}$ Stunden ist eine genaue Angabe des kleinsten zeitlichen Abstands zweier übereinander stehender Zeiger einer Uhr möglich.

Nichtabbrechende Dezimalzahlen wie 1,09090909... nennt man auch periodische Dezimalzahlen, weil eine bestimmte Ziffernfolge immer wiederkehrt. Durch die Schreibweise $1,\overline{09}$ wird eine derartige Ziffernfolge gern gekennzeichnet. Neben solchen Dezimalzahlen existieren andere nichtabbrechende Dezimalzahlen, die nicht periodisch sind, wie z.B. $\sqrt{2} \approx 1{,}414213562$ .... Diese Zahl ist erfunden worden, als danach gesucht worden ist, welche Zahl mit sich selbst multipliziert exakt 2 ergibt. Das oben genannte Problem des Rechnens mit nichtabbrechenden Dezimalzahlen konnte hier nicht durch eine passende Bruchzahl, eine sogenannte rationale Zahl (von lat. ratio, durch ein Verhältnis darstellbar), gelöst werden, hier hat man sich mit der Bezeichnung $\sqrt{2}$ begnügen müssen und bezeichnet diese Zahl als irrational. Wer bei dieser Bezeichnung daran denkt, dass es sich hier um etwas Irrationales im Sinne von

Unvernünftiges, Verrücktes handelt, liegt gar nicht so verkehrt. Denn diese Sorte von Zahlen hat weit weg von unserem Alltag wahrlich verrückte Eigenschaften. Im folgenden Kapitel wird ein Beispiel dafür beschrieben.

Im Gitterwald

Bild 20

Schaut man in einen Wald, trifft der Blick irgendwann auf einen Baumstamm. Ich stelle mir vor, die Bäume sind einmal regelmäßig gepflanzt worden, etwa so wie in Bild 20. Ich stelle mir ferner vor, die Bäume wären beliebig dünn, wie

Fäden. Auch dann würde mein Blick in einen solchen Wald, sofern er sich weit genug erstreckt, bestimmt auf einen Baum treffen. Als Mathematiker werfe ich von oben einen Blick auf diesen Wald. Die Anpflanzung dieses Waldes sähe dann aus wie in Bild 21, wie ein Quadratgitter. Jeder Gitterpunkt stellt den Ort eines Baumes dar.

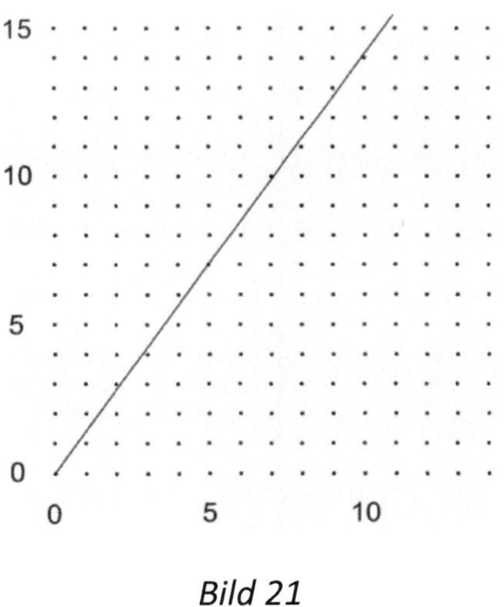

Bild 21

Die in Bild 21 eingezeichnete Halbgerade sei meine Blickrichtung vom Ursprung (0|0) aus, meinem Standpunkt im Quadratgitter. Genau wie Sie als Leser bin ich davon überzeugt, dass diese Halbgerade irgendwann exakt einen Gitterpunkt treffen wird. Ich bin überzeugt, dass das auch für jede andere Blickrichtung, d.h. jede andere Halbgerade (mit anderer Neigung) zutreffen wird, ist der Gitterwald nur genügend ausgedehnt. Der Gitterwald wird daher selbst dann, wenn die Baumstämme beliebig dünn sind, undurchsichtig sein.

Die in Bild 21 an den Rändern links und unten notierten Zahlen weisen darauf hin, dass dort die berühmten Koordinatenachsen liegen, nach oben die y-Achse, nach rechts die x-Achse, die ich mir jetzt über das Bild gelegt denke. Für die Darstellung der Halbgeraden kann die Gleichung $y = ax$ verwendet werden; a nennt man die Steigung der Geraden. Beträgt diese Steigung beispielsweise $a = \frac{7}{5} = 1{,}4$, dann sieht meine Blickrichtig etwa so wie in Bild 21 aus. In dieser Richtung trifft mein Blick ziemlich schnell exakt auf einen Gitterpunkt, es ist der Punkt $(x|y) = (5|7)$. Jetzt sei $a = \sqrt{2}$, die Gleichung der Halbgeraden damit $y = \sqrt{2}x$, meine Blickrichtung wird wegen $\sqrt{2} \approx 1{,}414213562\ldots$ nur wenig davon abweichen. Ich bin überzeugt, auch in dieser Richtung werde ich irgendwann einen Gitterpunkt exakt treffen. Das wird eine Überprüfung erweisen. Doch welche Überraschung! Ich werde keinen Gitterpunkt treffen, siehe *Übung 13*.

Von dieser Überraschung muss ich mich erst einmal erholen. Dann gehen meine Gedanken weiter. Außer der Steigung $a = \sqrt{2}$ existieren noch beliebig viele andere irrationale

Zahlen, die als Steigung der Halbgeraden in Bild 21 verwendet werden können. Für alle diese Blickrichtungen ist der Gitterwald demnach durchsichtig! Auch dann, wenn ich unendlich viele Gitterpunkte vorfinde. Wenn das nicht verrückt ist! Das Schräge an diesen Zahlen ist damit jedoch noch nicht zu Ende. In Bild 21 sind die Bäume auf Gitterpunkte gesetzt worden. Das ist ein Idealzustand. In Wirklichkeit stehen die Bäume eines Waldes auf beliebigen Punkten. Doch auch dann ist dieser Wald für eine Blickrichtung wie $\sqrt{2} \cdot x$ und Konsorten durchsichtig! Das liegt daran, dass eine gewöhnliche Festlegung von Punkten im Koordinatensystem nur mit gewöhnlichen, nämlich rationalen Koordinaten erfolgen kann. Das ändert sich erst dann, wenn auch irrationale (praxisferne) Koordinaten zugelassen sind.

Schräge Geometrie

Welche Eigenschaften haben die drei unterteilten Vierecke in Bild 22 gemeinsam? Bei den Figuren handelt es sich um Vierecke aus paarweise gegenüber liegenden parallelen Seiten, die durch Transversalen gegliedert sind, die jeweils von einem Eckpunkt zur gegenüber liegenden Seitenmitte verlaufen. Auf denselben Umlaufsinn ist geachtet worden.

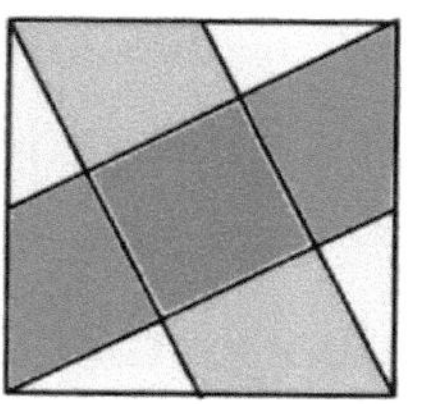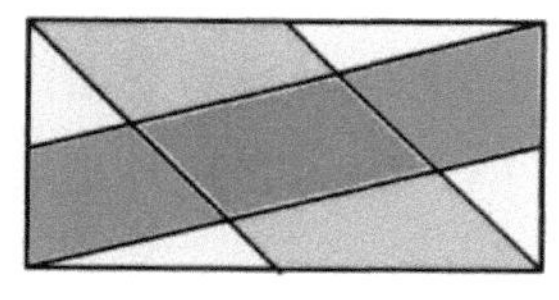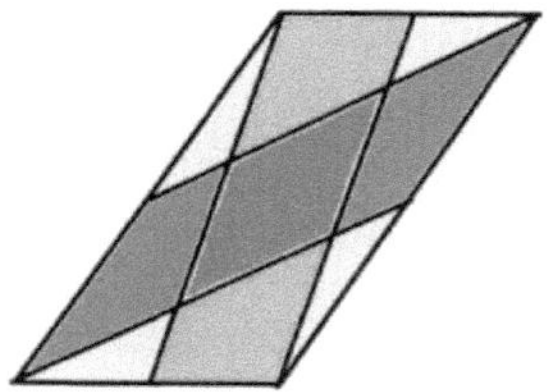

Bild 22

Manche Eigenschaften sind sofort erkennbar: a) Je zwei trapezförmige Teilflächen sowie je zwei Dreiecke sind kongruent; b) Das zentrale Viereck spielt eine besondere Rolle; c) Die Dreiecke ergänzen die Trapezflächen zu Vierecken derselben Größe, vermutlich der des zentralen Vierecks. Wenn diese Vermutung bewiesen werden kann, haben alle vier Dreiecke zusammen wie auch das zentrale Viereck denselben Inhalt, er beträgt exakt 1/5 der gesamten Figur, *Übung 14*.

Mit Bild 23 wird es richtig schräg. Auch hier scheint der Inhalt des zentralen Vierecks eine bestimmte Größe zu haben, vermutlich 1/5 des Inhalts der gesamten Figur, *Übung 15*. Hier sind allerdings jene Hilfsmittel, die die Figuren in Bild 22 zur Verfügung stellen, nicht mehr gegeben.

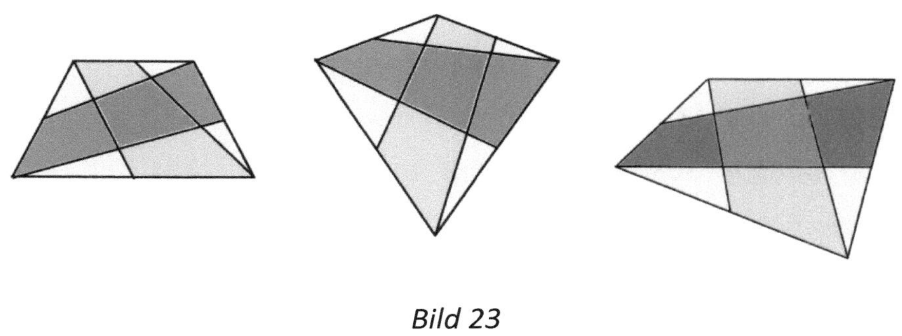

Bild 23

Freitag der 13.

Der Aberglaube, ein Freitag der 13. sei per se ein Unglückstag, ist weit verbreitet. Am besten sei, nichts zu tun und abzuwarten, bis der Tag vorüber ist. Hauptsache, es gibt nicht so viele Freitage dieser Art. Das ist die Frage: Wie häufig kommen solche Freitage überhaupt vor? Sind sie selten genug, dann stören sie nicht so sehr.

Die Frage, wie oft es im Verlauf des Jahres einen Freitag, den 13. gibt, kann ziemlich einfach beantwortet werden: es gibt $\frac{12}{7} \approx 1{,}714$ solche Freitage, weil 12 mal im Jahr ein 13. Tag im Monat vorkommt, und weil jeder 7. Tag ein Freitag ist. Die Frage ist jedoch, wann im Jahr erscheint so ein Freitag? Dies ist ein Fall für eine eigene Übung. Das Ergebnis ist in den beiden Tabellen dargestellt: die erste Tabelle gilt für ein

Normaljahr, die zweite für ein Schaltjahr. Jede Tabelle ist so zu lesen: in der oberen Zeile steht der Wochentag am 1. Januar. In der Spalte darunter in den folgenden 12 Zeilen der Wochentag jedes Monats, der auf den 13. fällt. Ist er ein Freitag, wird er fettgedruckt hervorgehoben. Wie zu erwarten gibt es pro Jahr 12 potentielle Freitage, die sich allerdings unterschiedlich auf den jeweils 13. verteilen. Beide Tabellen zeigen: es gibt mindestens einen Freitag, den 13. pro Jahr. Maximal kann es drei Freitage, den 13. im Jahr geben; im Normaljahr ist das dann der Fall, wenn der 1. Januar ein Donnerstag ist, im Schaltjahr dann, wenn der 1. Januar ein Sonntag ist.

Normaljahr

Ist der 1. Januar ein (*Tag in der Spalte*), folgt am 13. jeweils ein (*Tag in der Zeile*)							
13.	Mo	Di	Mi	Do	Fr	Sa	So	+
Jan	Sa	So	Mo	Di	Mi	Do	**FR**	3
Feb	Di	Mi	Do	**FR**	Sa	So	Mo	0
Mär	Di	Mi	Do	**FR**	Sa	So	Mo	3
Apr	**FR**	Sa	So	Mo	Di	Mi	Do	2
Mai	So	Mo	Di	Mi	Do	**FR**	Sa	3
Jun	Mi	Do	**FR**	Sa	So	Mo	Di	2
Jul	**FR**	Sa	So	Mo	Di	Mi	Do	3
Aug	Mo	Di	Mi	Do	**FR**	Sa	So	3
Sep	Do	**FR**	Sa	So	Mo	Di	Mi	2
Okt	Sa	So	Mo	Di	Mi	Do	**FR**	3
Nov	Di	Mi	Do	**FR**	Sa	So	Mo	2
Dez	Do	**FR**	Sa	So	Mo	Di	Mi	

Also, liebe Anhänger des Aberglaubens: markieren Sie am 1. Januar in ihrem Jahreskalender den oder die 13. Tage im Monat, die auf einen Freitag fallen, damit Sie auf diese Tage nicht aus Versehen einen wichtigen Termin legen, der unglücklich verlaufen kann. Allen anderen, die nicht abergläubisch sind, kann das jedoch völlig egal sein.

Schaltjahr

Ist der 1. Januar ein (*Tag in der Spalte*), folgt am 13. jeweils ein (*Tag in der Zeile*)							
13.	Mo	Di	Mi	Do	Fr	Sa	So	+
Jan	Sa	So	Mo	Di	Mi	Do	**FR**	3
Feb	Di	Mi	Do	**FR**	Sa	So	Mo	1
Mär	Mi	Do	**FR**	Sa	So	Mo	Di	3
Apr	Sa	So	Mo	Di	Mi	Do	**FR**	2
Mai	Mo	Di	Mi	Do	**FR**	Sa	So	3
Jun	Do	**FR**	Sa	So	Mo	Di	Mi	2
Jul	Sa	So	Mo	Di	Mi	Do	**FR**	3
Aug	Di	Mi	Do	**FR**	Sa	So	Mo	3
Sep	**FR**	Sa	So	Mo	Di	Mi	Do	2
Okt	So	Mo	Di	Mi	Do	**FR**	Sa	3
Nov	Mi	Do	**FR**	Sa	So	Mo	Di	2
Dez	**FR**	Sa	So	Mo	Di	Mi	Do	

Winkel im Kreis

Ähnlich wie das Quadrat die einfachste Darstellung unter den eckigen Figuren ist der Kreis die einfachste Darstellung unter den runden Figuren. Unter den vielen verschiedenartigen

Kreisproblemen greife ich jetzt ein Problem heraus, das mit dem Begriff ‚Peripherie- oder Umfangswinkel' zu tun hat, wovon wir allerdings zunächst noch nichts wissen. Ich beginne damit, wie bemerkenswerte Eigenschaften bei der einem Kreis einbeschriebenen Dreiecksfigur zu entdecken sind. In Bild 24 ist $\overline{AB}$ ein Durchmesser des Kreises. Die darüber eingezeichneten Dreiecke sind bekanntermaßen rechtwinklig (Satz des Thales). Doch wieso treffen sich die Halbierenden der rechten Winkel bei C_1, C_2, C_3 im selben Kreispunkt P, der zudem noch genau auf der Mitte des Kreisbogens $\overparen{APB}$ liegt?

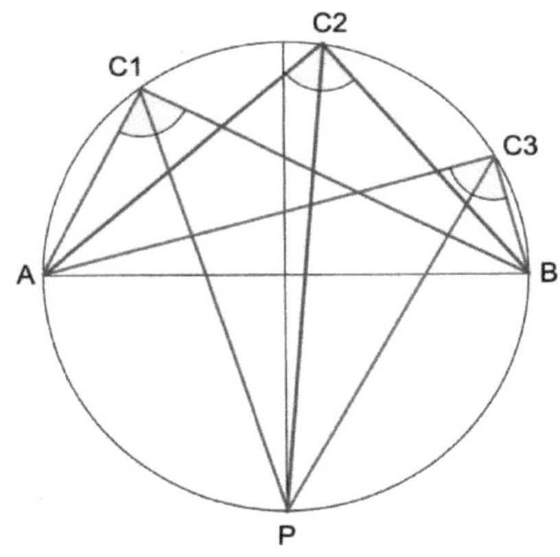

Bild 24

Ein Vorschlag zu einem Nachweis ist in *Übung 16* zu finden.

In Bild 25 ist ein rechtwinkliges Dreieck ABC dargestellt. Der zwischen den Eckpunkten A und C auf dem Kreisbogen liegende Punkt P halbiert den Bogen $\overset{\frown}{AC}$, d.h. das Dreieck ACP ist gleichschenklig. Wieso halbiert die Gerade PB den bei B liegenden Winkel β? Siehe *Übung 17.*

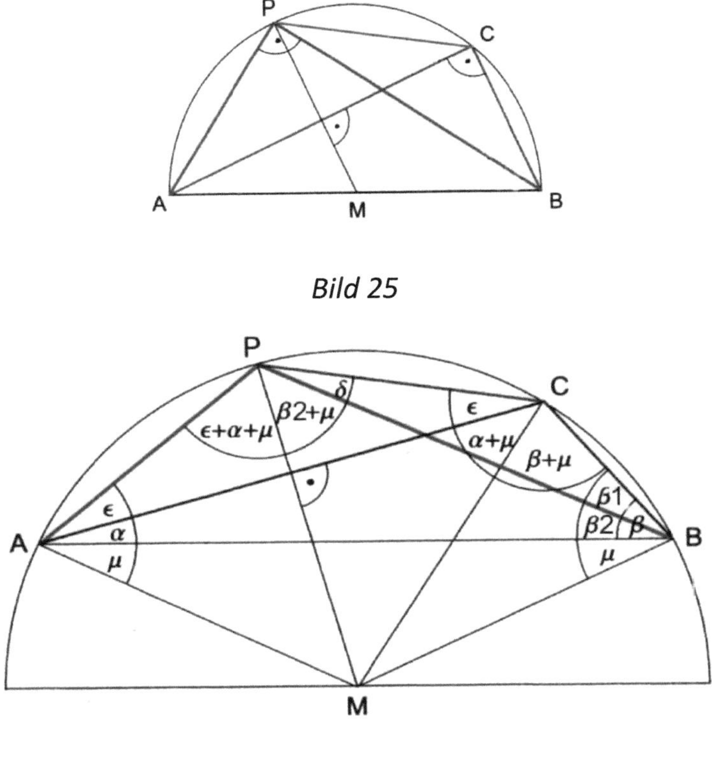

Bild 25

Bild 26

Die Beschränkung auf einen Durchmesser des Kreises für die Basisseite des Dreiecks ABC in Bild 25 ist nicht nötig, siehe

Bild 26. Das Dreieck ABC ist jetzt nicht mehr rechtwinklig, die Bögen $\overset{\frown}{AP}$ und $\overset{\frown}{PC}$ jedoch sind wieder gleich lang. Auch hier sind die Dreiecke AMP und MCP gleichschenklig und kongruent. Auch hier halbiert die Strecke $\overline{PB}$ den Winkel β, siehe *Übung 18*.

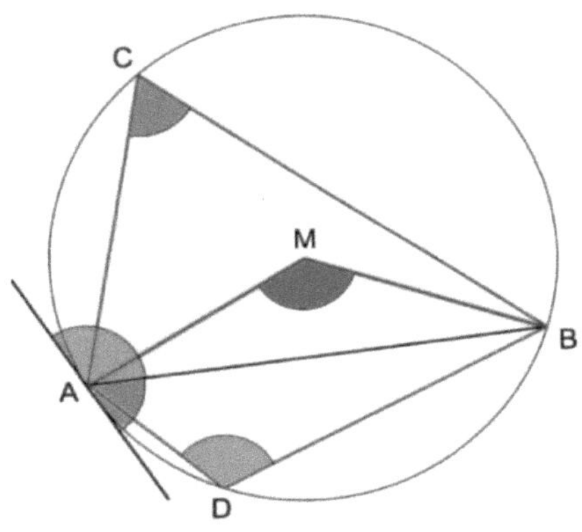

Bild 27

Selbstverständlich steckt hinter unseren bisherigen Nachweisen der Peripheriewinkelsatz. Zum Peripherie- oder Umfangswinkelsatz siehe Bild 27. Gleichfarbig gekennzeichnete Winkel sind gleich groß; alle Peripheriewinkel bei Kreispunkten C oberhalb der Sehne $\overline{AB}$ sind untereinander gleich und halb so groß wie der Mittelpunktswinkel bei M; alle Peripheriewinkel bei Kreispunkten D unterhalb der Sehne $\overline{AB}$ sind untereinander gleich und ergänzen sich mit den oberhalb gelegenen Peripheriewinkeln bei C zu 180°. Die beiderseits der Sehne $\overline{AB}$ gelegenen Peripheriewinkel bei C und bei D erscheinen bei A als Sehnen-Tangentenwinkel, die Ergänzung zu 180° ist sofort erkennbar.

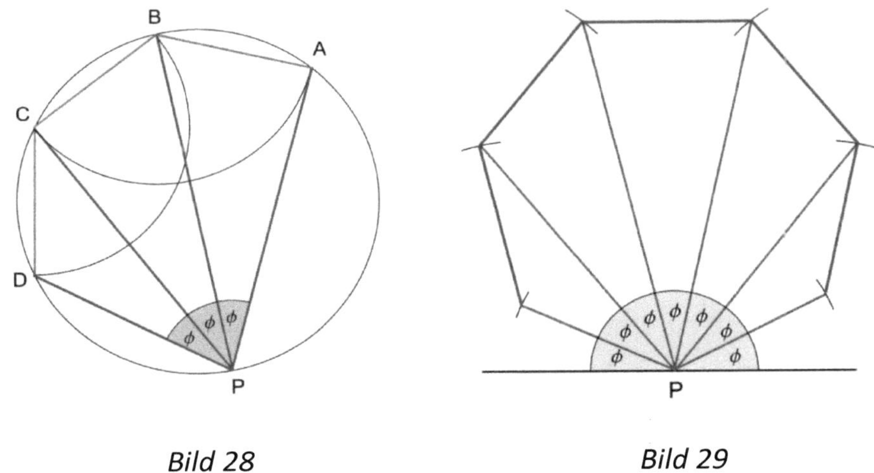

Bild 28   *Bild 29*

Der Peripherie- oder Umfangswinkelsatz lässt sich umkehren, siehe Bild 28: Sind die Bögen $\overparen{AB}$, $\overparen{BC}$ und $\overparen{CD}$ gleich lang, dann sind auch die zugehörigen Peripheriewinkel Φ gleich groß. Als Anwendung davon kann man regelmäßige n-Ecke auf schnelle Weise zeichnen (jedoch nicht konstruieren!). In Bild 29 ist dies am Beispiel des regelmäßigen 7-Ecks dargestellt. Man benötigt den Winkel $\Phi = 180°/7$. Wird der bei P sieben Mal in der dargestellten Weise eingezeichnet, kann das 7-Eck nach Wahl der Seitenlänge und Abtragung auf den jeweiligen Schenkeln mit Hilfe eines Zirkels sofort gezeichnet werden.

Spezielle quadratische Gleichungen I

Zu den großen Schreckgespenstern der Anfangsmathematik in der Schule zählen die quadratischen Gleichungen. Es gibt gute Gründe, sie den Schülerinnen und Schülern nicht zu ersparen. Wozu sie gut sind, wird ihnen in der Regel allerdings nicht mitgeteilt. Es stimmt: In der mathematischen Praxis sind nur selten Anwendungsfälle für quadratische Gleichungen zu finden, schon gar nicht solche, die sich zur Motivation in der Anfangsmathematik eignen. Quadratische Gleichungen dienen eher dazu, sich über die Behandlung linearer Gleichungen hinaus mit einer Vorstellung von der Problematik der Lösung von Gleichungen überhaupt vertraut zu machen. Motivationsfördernd könnte sein, mit solchen speziellen quadratischen Gleichungen zu beginnen, die ein weiteres Interesse erregende Ergebnisse zur Folge haben. Das soll in diesem Kapitel geschehen.

Gegeben sei folgende sehr einfach aussehende quadratische Gleichung: $x^2 - x - 1 = 0$. Für Leser, die mit der Lösungsmethode einer solchen Gleichung nicht (mehr) so vertraut sind, ist in der *Übung 19* im Anhang ein Lösungsverfahren beschrieben. Mit dem dort beschriebenen Verfahren, dem ‚Suchen nach der quadratischen Ergänzung‘, hat man ein Verfahren an der Hand, mit dem man jede quadratische Gleichung knacken kann. Kenntnis und Verständnis von Lösungsformeln sind nicht notwendig.

Die Lösung der quadratischen Gleichung $x^2 - x - 1 = 0$ habe ich mit Absicht als erstes Beispiel für die Anwendung der Lösungsmethode in *Übung 19* genannt. Denn eine der beiden Lösungen, $x = \frac{1}{2}(1 + \sqrt{5}) = 1{,}6180339 \ldots$ ist eine besondere Zahl, eine irrationale Zahl, die in der Mathematik eine spezielle Bedeutung hat. Sie wird als ‚Verhältniszahl φ im Goldenen Schnitt‘ bezeichnet. Diese Zahl φ spielt nicht nur in der Mathematik eine Rolle, als ‚Goldener Schnitt‘ ist sie auch in Kunst, Graphik und Architektur sehr bedeutsam. Ein Rechteck, dessen Seitenlängen im Verhältnis des ‚Goldenen Schnittes‘ stehen, wird als besonders harmonisch, als besonders ansprechend, als besonders schön empfunden. Siehe dazu die *Übung 20*. Die Zahl φ des ‚Goldenen Schnittes‘ wird uns auch in diesem Buch noch einige Male begegnen.

$x = \varphi$ ist die eine Lösung der quadratischen Gleichung $x^2 - x - 1 = 0$. Die andere Lösung ist $x = 1 - \varphi$. Die oben genannte Näherung $\varphi \approx 1{,}6180339 \ldots$ und damit einen Näherungswert für die irrationale Zahl $\sqrt{5}$ kann uns schon ein simpler Taschenrechner verschaffen. Bei der Bedeutung dieser Zahl könnte die Frage entstehen, wie man auf eine solche Näherung kommen kann. Der Gleichung $x^2 - x - 1 = 0$ kann man etwas entnehmen, was man als Iterationsvorschrift bezeichnet. Sie erlaubt es, die irrationale Zahl φ bis auf beliebig viele Stellen nach dem Komma durch eine Dezimalzahl anzunähern: $x_{n+1} = 1 + \dfrac{1}{x_n}$ mit einer Laufzahl n und einem beliebigen Startwert $x_0 \neq 0$. Wie man das nutzen kann, ist in *Übung 21* zu finden.

Mit Hilfe einer Tabellenkalkulation kann man herrlich schnell erkennen, wie diese Iteration funktioniert. Die Näherungswerte schwanken alternativ um den Zielwert, sie liegen abwechselnd drunter und drüber. Die Konvergenz dieser Iteration ist recht schnell und unabhängig von der Wahl des Startwertes. Von Iterationen und ihrem Nutzen wird noch in einem späteren Kapitel zu sprechen sein.

Die Verhältniszahl φ hat einige bemerkenswerte Eigenschaften, die sich zwanglos ermitteln lassen. Wegen der beiden Lösungen $x = \varphi$ und $x = 1 - \varphi$ der quadratischen Gleichung $x^2 - x - 1 = 0$ und wegen des Vieta'schen Wurzelsatzes (*Übung 22*) ist $\varphi(1 - \varphi) = -1$ und deshalb $\varphi^2 = 1 + \varphi$. Damit können weitere Eigenschaften entwickelt werden, die hier tabellarisch notiert sind:

$$\varphi^1 = \varphi$$
$$\varphi^2 = 1 + \varphi$$
$$\varphi^3 = \varphi \cdot \varphi^2 = \varphi(1 + \varphi) = \varphi + \varphi^2 = 1 + 2\varphi$$
$$\varphi^4 = \varphi \cdot \varphi^3 = \varphi \cdot (1 + 2\varphi) = \varphi + 2\varphi^2 = 2 + 3\varphi$$
$$\varphi^5 = \varphi \cdot \varphi^4 = \cdots = 3 + 5\varphi$$
$$\varphi^6 = 5 + 8\varphi, \text{ usw.}$$

In diesen Darstellungen für φ^n findet man der Reihe nach besondere, in der Mathematik sehr bekannte Zahlen, die sogenannten Fibonacci-Zahlen. In der Folge 1,1,2,3,5,8,13,... tauchen sie sowohl beim Summanden wie um einen Schritt verschoben beim Faktor der φ^n auf. Das Besondere an diesen Zahlen ist die Tatsache, dass nach Angabe der beiden ersten Zahlen jede folgende Zahl die Summe der zwei vorhergehenden Zahlen ist. Für die Fibonacci-Zahlen existiert eine sogenannte Rekursionsformel $f_{n+1} = f_n + f_{n-1}, n \in N$. Mit den Anfangszahlen $f_0 = 1$ und $f_1 = 1$ entsteht die oben genannte Folge der gewöhnlichen Fibonacci-Zahlen. Mit anderen Anfangszahlen entstehen andere der Fibonacci-Folge ähnlichen Zahlen. Die Fibonacci-Zahlen werden uns noch in späteren Kapiteln begegnen.

Konstruktion regelmäßiger n-Ecke

Regelmäßige n-Ecke und deren Eigenschaften können immer wieder faszinieren. In diesem Kapitel stelle ich zwar bekannte, jedoch in der Literatur seltener zu findende Konstruktionen zusammen. Dort, wo sie nicht unmittelbar einsichtig sind, sondern es nötig ist, sie zu begründen, sind Übungen vorhanden. Die Konstruktion eines Quadrats ist in einem früheren Kapitel beschrieben. In diesem Kapitel werden Konstruktionen weiterer regelmäßiger Vielecke aus einem Basisquadrat heraus behandelt.

Das Fünfeck:

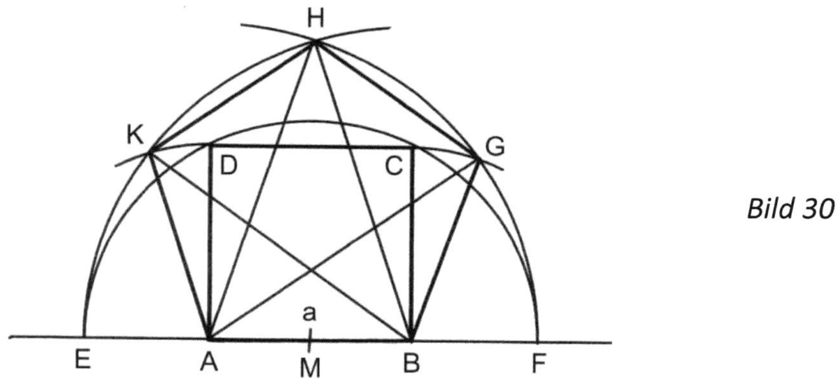

Bild 30

Die Konstruktion des regelmäßigen Fünfecks aus einem Quadrat mit der Seitenlänge a ist in Bild 30 skizziert. Die (hier nicht eingezeichnete) Strecke $\overline{MC} = \frac{a}{2}\sqrt{5}$ ist Radius eines

Kreises um M, der die Gerade AB in den Punkten E und F schneidet. Damit ist $\overline{EB} = \overline{AF} = \frac{a}{2}\left(1 + \sqrt{5}\right) = a\varphi$ mit $\varphi = \frac{1}{2}\left(1 + \sqrt{5}\right) \approx 1{,}618\ldots$ die Länge der Diagonalen im regelmäßigen Fünfeck, φ ist die Verhältniszahl im Goldenen Schnitt. Die beiden Kreise um A mit Radius $\overline{AF}$ sowie um B mit Radius $\overline{EB}$ schneiden sich im Punkt H. Mit den Kreisen um A mit Radius a sowie um B mit Radius a ergeben sich nach Bild 18 die Punkte K und G. Die Punkte $ABGHK$ bilden dann ein regelmäßiges Fünfeck mit der Seitenlänge a. Der Nachweis hierzu ist keineswegs einfach (*Übung 23*).

Das Sechseck:

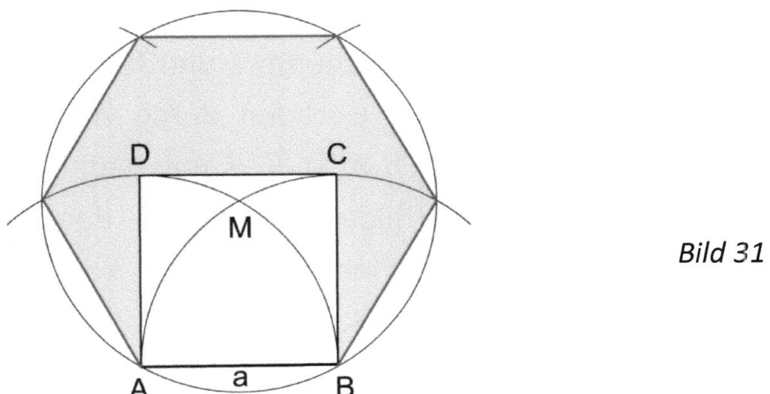

Bild 31

Die in Bild 31 skizzierte Sechseckkonstruktion ist natürlich bekannt: Vom Quadrat $ABCD$ aus findet man den Mittelpunkt M des Sechsecks.

Das Achteck:

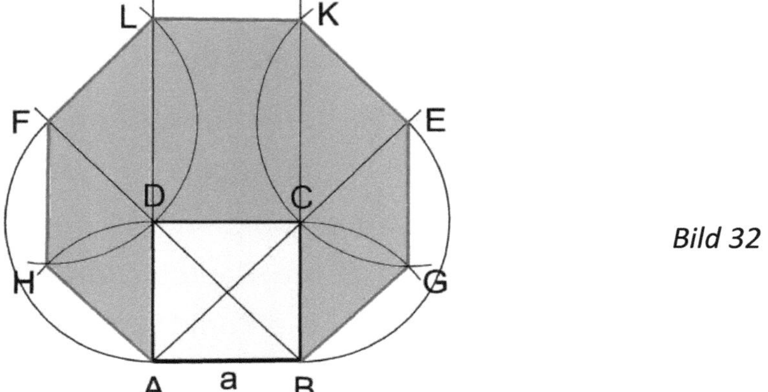

Bild 32

Unter den Konstruktionen des regelmäßigen Achtecks aus einem Quadrat $ABCD$ mit der Seitenlänge a heraus ist die in Bild 32 skizzierte deshalb besonders einfach, weil sie nur mit Kreisbögen desselben Radius ausgeführt werden kann: Die Achteckpunkte liegen auf den Geraden durch AC, AD, BC, BD sowie auf Kreisen um A, B, C, D, E, F mit Radius $r = a$. Obwohl der Eindruck des Bildes 20 wegen der beiden Kreisbögen um C und D täuschen mag: das so konstruierte Achteck ist regelmäßig. Der Nachweis hierfür ist leicht geführt.

Das Zehneck:

Der Beginn der Konstruktion eines regelmäßigen Zehnecks aus einem Quadrat $ABCD$ mit der Seitenlänge a heraus kann so wie beim Fünfeck in Bild 30 aussehen: Der Punkt H dort ist der Mittelpunkt M des Zehnecks hier. Damit sind auch alle weiteren Eckpunkte E, F, G, H, I, K, L, N bekannt. In die Konstruktion des Bildes 33 sind weitere Diagonalen eingezeichnet, die interessante konstruktive Aspekte vermitteln (wie z.B. die Bedeutung der Punkte P und Q und die Kenntnis von Winkeln als Peripheriewinkel, siehe das Kapitel „Winkel im Kreis").

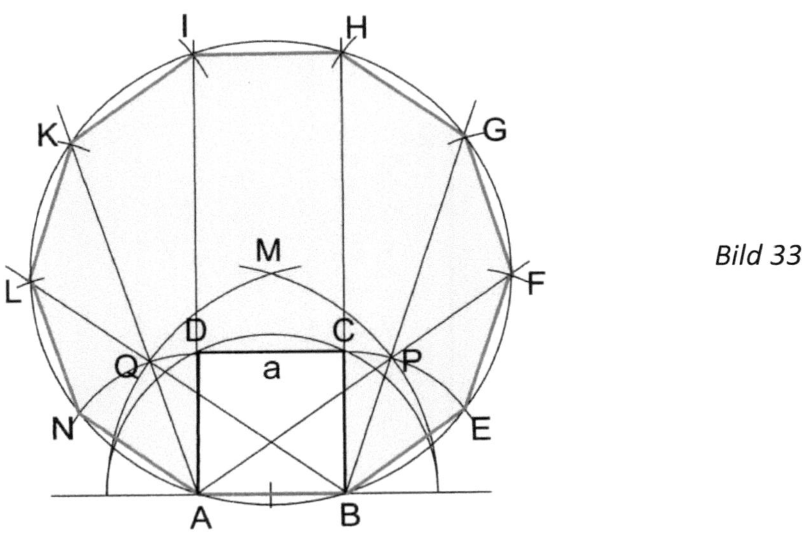

Bild 33

Das Zwölfeck:

Eine Konstruktion des regelmäßigen Zwölfecks aus einem Quadrat $ABCD$ mit der Seitenlänge a heraus ist in Bild 34 skizziert. Zuerst findet man die Punkte E und P als Eckpunkte gleichseitiger Dreiecke über $\overline{BC}$ und $\overline{AD}$. Der Mittelpunkt M des Zwölfecks befindet sich im Schnittpunkt der Kreise um E mit Radius $r = \overline{ED}$ und um P mit dem gleichgroßen Radius $r = \overline{PC}$ oder im Schnittpunkt der Kreise um C bzw. D mit Radius $r = a$. Nach Zeichnung des Kreises um M mit $r = \overline{MA}$ ergeben sich auch die Eckpunkte G und N. Die restlichen Eckpunkte liegen auf den Schnittpunkten der Kreise um E bzw. P mit den Radien $r = \overline{ED}$, $r = \overline{EP}$ und $r = \overline{EO}$ mit dem Kreis um M, siehe auch *Übung 24.*

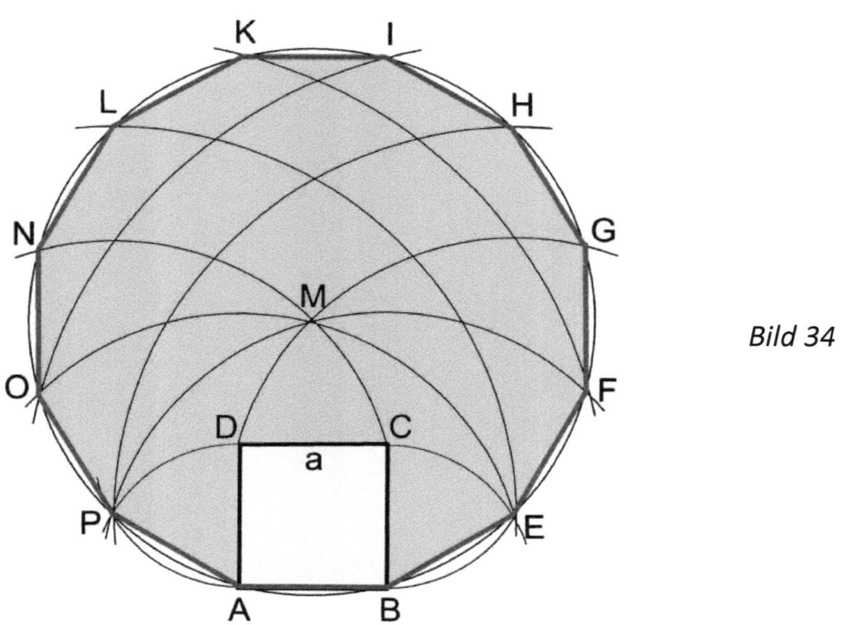

Bild 34

Pythagoreische Zahlentripel

Der nach dem Griechen Pythagoras benannt Lehrsatz gilt als der wohl bekannteste Lehrsatz in der Anfangsmathematik. Für ihn existieren über 500 Beweise. Heute weiß man, dass der damit beschriebene Sachverhalt schon tausende Jahre vorher bekannt gewesen ist: In einem rechtwinkligen Dreieck mit den Seitenlängen a, b, c, der rechte Winkel von a, b gebildet, gilt $a^2 + b^2 = c^2$. Das Dreieck mit den Seitenlängen 3, 4 und 5 cm erfüllt diese Bedingung und ist deshalb rechtwinklig. Das Tripel $(a, b, c) = (3,4,5)$ wird deshalb als ‚pythagoreisches Zahlentripel' bezeichnet. Es existieren viele andere Tripel aus natürlichen Zahlen, die diese Bedingung erfüllen. In diesem Kapitel geht es darum, wie man diese Tripel finden kann.

Vereinbart sei, unter sogenannten echten pythagoreischen Zahlentripeln solche Tripel zu verstehen, deren Elemente teilerfremd sind. Demnach ist $(6, 8, 10)$ zwar ein Tripel, jedoch im Vergleich zum Tripel $(3, 4, 5)$ kein echtes Tripel. In der Literatur findet man in der Regel ein Verfahren zur Erzeugung echter pythagoreischer Tripel, das mit zwei erzeugenden Zahlen Laufzahlen m, n beschrieben wird: mit $m > n$ liefert $(a, b, c) = (m^2 - n^2, 2mn, m^2 + n^2)$ echte

Tripel. Alternative Verfahren sind kaum bekannt, erst recht kein Verfahren, das mit einer einzigen Laufzahl auskommt.

Der Gleichung $a^2 + b^2 = c^2$ mit natürlichen Zahlen a, b, c kann entnommen werden, welche wichtigen Eigenschaften echte Tripel haben:

(1) Die Zahlen a, b, c dürfen außer der 1 keine natürliche Zahl als gemeinsamen Teiler haben.

(2) a, b können nicht gleichzeitig gerade Zahlen sein, denn dann hätten sie zusammen mit c den Teiler 2 gemeinsam, das Tripel (a, b, c) wäre nicht echt.

(3) Die Zahl c kann nicht gerade sein. Wäre sie gerade, dann müssten a, b entweder beide gerade oder beide ungerade sein. Der Fall a, b beide gerade ist mit (2) schon ausgeschlossen worden. Warum auch der Fall a, b beide ungerade auszuschließen ist, wird in der *Übung 25* entschieden. Die dort beschriebene Überlegung ist typisch für die mathematische Denkweise (indirekter Beweis).

(4) Wenn c stets ungerade ist, dann muss eine der beiden Zahlen a, b ebenfalls ungerade, die andere gerade sein. Demnach sind alle echten pythagoreischen Zahlentripel entweder aus $(a\colon gerade, b\colon ungerade, c\colon ungerade)$ oder aus $(a\colon ungerade, b\colon gerade, c\colon ungerade)$ zu bilden.

Ein Suchalgorithmus zum Auffinden echter pythagoreischer Zahlentripel kann daher so gestaltet werden, dass Resultate für pythagoreische Zahlentripel, die den Eigenschaften (1) bis (4) nicht entsprechen, aussortiert werden. Doch welcher Suchalgorithmus eignet sich besonders gut?

Ein naheliegender und aus der Gleichung $a^2 + b^2 = c^2$ folgender Suchalgorithmus kann schnell ausgeschlossen werden. Wegen $b = \sqrt{c^2 - a^2}$ folgt für die Gestalt eines pythagoreischen Zahlentripels sofort $\left(a, \sqrt{c^2 - a^2}, c\right)$ mit $c > a$ als Darstellung irgendeines pythagoreischen Zahlentripels (a, b, c). Das Problem ist sofort erkennbar: Wie kann man natürliche Zahlen a, c mit der Bedingung $c^2 - a^2$ eine Quadratzahl finden?

Betrachtet sei deshalb ein anderer Suchalgorithmus, der sich vom oben in der Literatur verwendeten Algorithmus unterscheidet: $(a, b, c) = \left(n, \frac{n^2 - m^2}{2m}, \frac{n^2 - m^2}{2m} + m\right)$, n, m natürliche Zahlen mit $n > m$. Man kann $\frac{n^2 - m^2}{2m} + m$ zwar noch zu $\frac{n^2 + m^2}{2m}$ zusammenfassen, doch das hilft hier nicht weiter. Zur Herkunft dieses Suchalgorithmus siehe *Übung 26.*

Bei Beachtung der oben genannten Eigenschaften (1) bis (4) eines echten Tripels und der Anwendung des Suchalgorithmus spielt nach Wahl von $a = n$ der Term $b = \frac{n^2 - m^2}{2m}$ eine entscheidende Rolle. Die Laufzahlen n und m müssen bestimmte natürliche Zahlen sein, damit b eine natürliche Zahl ist und (a, b, c) damit ein echtes pythagoreisches Tripel sein kann. Sofort zu erkennen ist, dass für alle Tripel $a < b < c$ gilt. Beim Ausprobieren stellt man fest: das erste Tripel entsteht mit $n = 3$ und $m = 1$, es ist das echte Tripel (3,4,5). Mit $n = 4$ ist kein Tripel zu bilden. Erst mit $n = 5$ und $m = 1$ entsteht das nächste Tripel (5,12,13). Jedes andere $m \neq 1$ führt zu keinem Tripel. Mit $n = 6$ und $m = 1$ ist $b = \frac{n^2 - m^2}{2m}$ keine natürliche Zahl. Mit $m = 2$ entsteht das Tripel (6,8,10), das allerdings nicht echt ist (Teiler 2). In der Tabelle ist bis zu $n = 20$ zusammengestellt, wann überhaupt Tripel entstehen, und welche Tripel echt sind. Wird in der dritten Spalte ein Teiler angegeben, dann entstehen solche Tripel, die nicht echt sind. Bei den echten Tripeln in der letzten Spalte ist erkennbar, in welcher Weise die oben genannten Eigenschaften (1) bis (4) erfüllt sind.

Auffällig ist, dass es bei den Primzahlen unter den n in der ersten Spalte (in der Tabelle fettgedruckt) jeweils nur einen Wert $m = 1$ gibt, bei dem die Zahl b in der dritten Spalte eine natürliche Zahl ist. Warum ist das so? Siehe *Übung 27.*

n	m	b	c	Echtes Tripel
(1)	-	-	-	-
(2)	-	-	-	-
3	1	4	5	(3,4,5)
5	1	12	13	(5,12,13)
6	2	Teiler 2	-	-
7	1	24	25	(7,24,25)
8	2	15	17	(8,15,17)
	4	Teiler 2	-	-
9	1	40	41	(9,40,41)
	3	Teiler 3	-	-
10	2	Teiler 2	-	-
11	1	60	61	(11,60,61)
12	2	35	37	(12,35,37)
	4	Teiler 2	-	-
	6	Teiler 2	-	-
13	1	84	85	(13,84,85)
14	2	Teiler 2	-	-
15	1	112	113	(15,112,113)
	3	Teiler 3	-	-
	5	Teiler 5	-	-
16	2	63	65	(16,63,65)
	4	Teiler 2	-	-
	8	Teiler 2	-	-
17	1	144	145	(17,144,145)
18	2	Teiler 2	-	-
	6	Teiler 2	-	-
19	1	180	181	(19,180,181)
20	2	99	101	(20,99,101)
	4	Teiler 2	-	-
	8	21	29	(20,21,29)
	10	Teiler 5	-	-

Ist (a, b, c) ein echtes pythagoreisches Zahlentripel, dann gilt dies auch für das „quasi-echte" Tripel (b, a, c). In einem Suchprogramm sollte die Bildung solcher Tripel daher verhindert werden. Echte Tripel (a, b, c) haben das Erkennungsmerkmal $a < b < c$. Das in der Tabelle notierte Verfahren sichert, dass bis zur Grenze n (hier $n = 20$) <u>alle</u> echten Zahlentripel gefunden werden können. So wird selbst das Tripel $(20, 21, 29)$, das leicht übersehen werden kann, erfasst. Dem in der Literatur manchmal genannten Ziel, solche Tripel mit nur einer Laufzahl zu erzeugen, kann man jedoch, wie das hier geschilderte Verfahren zeigt, nicht näher kommen. Vermutlich existiert kein Suchalgorithmus, der mit nur einer Laufzahl alle echten pythagoreischen Zahlentripel liefert. Man kann die Suche aber in gewisser Weise einschränken, siehe *Übung 28*.

Spiegelung von Parabeln

Fragt man nach dem Typ von Aufgaben, die heutigen Abiturienten im Fach Mathematik zu stellen sind, dann gelten jene Aufgaben, in denen es um Parabeln geht, als zu wenig anspruchsvoll. Parabeln sind allenfalls noch ein Thema für Absolventen der zehnten Klasse, nicht aber für Abiturienten. Es gibt allerdings auch Aufgaben mit Parabeln, die es in sich haben! Ein Beispiel ist Thema dieses Kapitels. Doch Vorsicht: Es könnte sein, dass diese Parabelaufgabe selbst für interessierte Abiturienten zu anspruchsvoll ist.

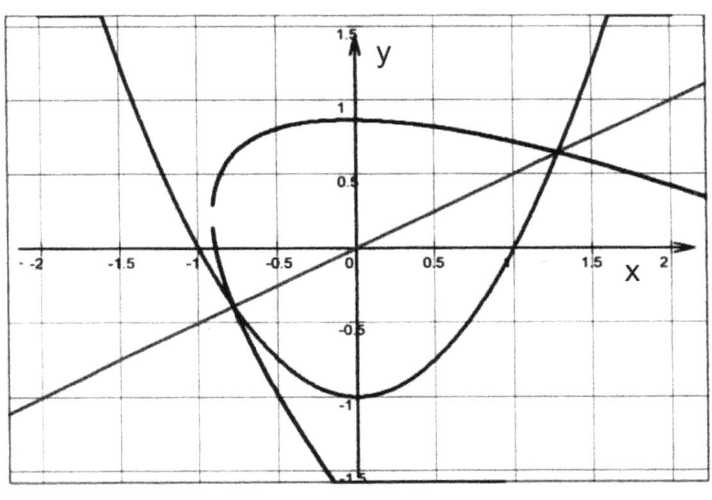

Bild 35

Die in Bild 35 skizzierte um eine Einheit nach unten verschobene Normalparabel soll an der eingezeichneten Geraden gespiegelt werden. Wie das geometrisch geht, ist einfach, siehe Bild 36. Doch wie das algebraisch gemacht werden kann, ist hier die Frage.

Diesem Bild kann man entnehmen, wie die Spiegelung eines Punktes P an einer vorliegenden Geraden mit $y = mx$ geschehen kann. Wegen des eingezeichneten Dreiecks ist

$m = \dfrac{\Delta y}{\Delta x} = \dfrac{y - \overline{y}}{x - \overline{x}}$ die Steigung der Geraden durch $P, \overline{P}$. Für den Spiegelpunkt $\overline{P}$ gilt daher $\overline{x} = x - \dfrac{1}{m}(\overline{y} - y)$ (oder damit identisch: $\overline{y} = y - m(\overline{x} - x)$). Dies ist anzuwenden auf jeden Punkt des Graphen einer Funktion $y = f(x)$. Es zeigt sich schnell, dass zur Ortsangabe $\overline{x}$ des Bildpunktes eine zweite Gleichung erforderlich ist.

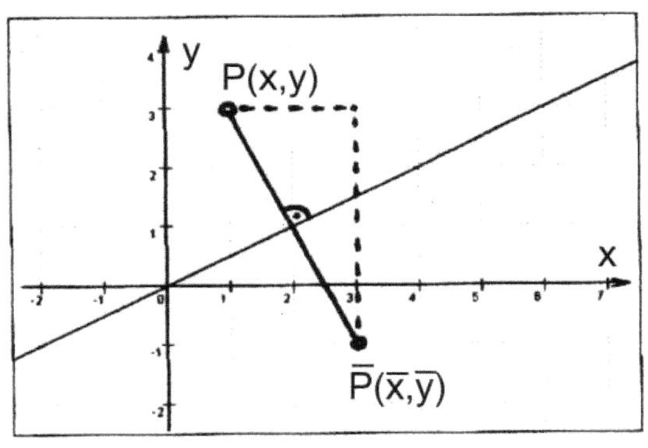

Bild 36

Diese Ortsangabe kann durch eine weitere Eigenschaft dieser Spiegelung an derartigen Geraden gefunden werden. Dazu betrachten wir mit Bild 37 die Schar der Ursprungsgeraden mit der Gleichung $y = mx$. An diesen Geraden soll der Punkt $P(x_P | y_P)$ gespiegelt werden. Wo werden dann die Spiegelpunkte $\overline{P}$ liegen?

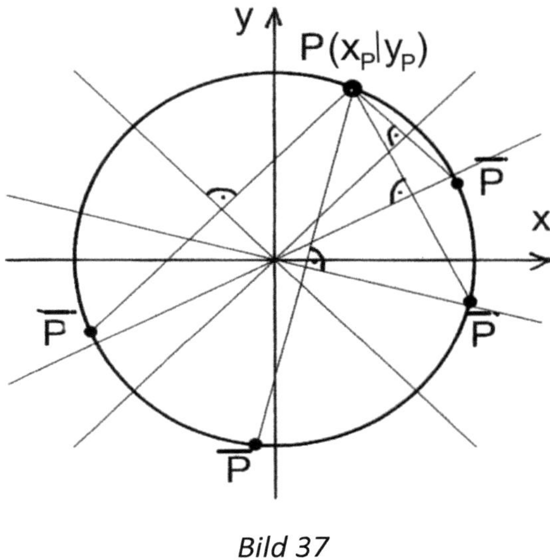

Bild 37

Mit Bild 37 ist schnell erkennbar: die durch die Ursprungs- geraden bestimmten Spiegelpunkte $\overline{P}$ liegen auf einem Kreis, dessen Mittelpunkt im Ursprung liegt und der die Gleichung $x^2 + y^2 = x_P^2 + y_P^2$ hat. Alle Spiegelpunkte von P bezüglich der Geradenschar zu $y = mx$ sind Schnittpunkte der Geraden durch $P, \overline{P}$ mit der Steigung $-\dfrac{1}{m}$, d.h. der Geraden mit der Gleichung $y = y_P - \dfrac{1}{m}(x - x_P)$ und dem Kreis mit der Gleichung $x^2 + y^2 = x_P^2 + y_P^2$. Die Be- stimmung der Schnittpunkte von Gerade und Kreis ist eine algebraisch schon durchaus anspruchsvolle Sache, siehe *Übung 29.*

Jetzt stehen für die Ausführung der Spiegelungsabbildung an der Geraden zu $y = \frac{1}{2}x$ folgende Abbildungsgleichungen für die Koordinaten der Bildpunkte zur Verfügung:

$$\text{(I)} \qquad \overline{x} = \frac{4y+3x}{5} \qquad \text{und} \qquad \text{(II)} \qquad \overline{y} = \frac{4x-3y}{5},$$

anzuwenden auf die Parabel mit der Gleichung $y = x^2 - 1$. Jetzt sind Original- und Bildkoordinaten getrennt, wodurch eine Bearbeitung mit Mitteln der Algebra möglich ist. In dieser Form eignen sich die Abbildungsgleichungen für die Anwendung einer Tabellenkalkulation (bei der Auswertung mit Hilfe einer Tabellenkalkulation muss jedoch beachtet werden, dass die neuen $\overline{x}$-Werte in das Diagramm mit den vorherigen x-Werten gehören, die sonst übliche graphische Darstellung aus der neuen Wertetabelle heraus liefert nicht das gewünschte Resultat). Mit $y = x^2 - 1$ lauten die Abbildungsgleichungen

$$\text{(I)} \qquad \overline{x} = \frac{4(x^2-1)+3x}{5} \qquad \text{und} \qquad \text{(II)} \qquad \overline{y} = \frac{4x-3(x^2-1)}{5}.$$

Die Aufgabe bei der Invertierung der Abbildungsgleichungen besteht darin, die x-Koordinaten zu eliminieren, siehe *Übung 30*.

Mit den beiden Lösungen für x geht man schließlich in die Gleichung $\overline{y} = \frac{5x - 3\overline{x}}{4}$ und erhält die algebraische Darstellung der beiden Äste der Bildparabel in Bild 35:

$$\overline{y} = \frac{5\left(-\frac{3}{8} + \frac{1}{8}\sqrt{73 + 80\overline{x}}\right) - 3\overline{x}}{4} \quad \text{und}$$

$$\overline{y} = \frac{5\left(-\frac{3}{8} - \frac{1}{8}\sqrt{73 + 80\overline{x}}\right) - 3\overline{x}}{4}.$$

Wieder kann man sehen, wozu quadratische Gleichungen gut sind! Ist die abzubildende Funktion $y = f(x)$ von höherer Art wie z.B. eine Exponentialfunktion, ist eine analytische Beschreibung der Spiegelungsabbildung an Geraden $y \neq x$ in der Regel nicht mehr möglich. Das liegt daran, dass die Invertierung der Abbildungsgleichungen auf algebraische Weise nicht mehr exakt, sondern nur noch näherungsweise möglich ist.

Scherung von Parabeln

Wir bleiben noch bei den angeblich so einfachen Parabeln und beschreiben eine Abbildung, die man in der Literatur nur selten finden wird: die Scherung. In der Geometrie ist die Scherungsabbildung als Beispiel einer flächentreuen

Abbildung bekannt, siehe Bild 38. Das Rechteck ist nach rechts geschert zu einem Parallelogramm, das denselben Flächeninhalt hat (Cavalieri-Prinzip).

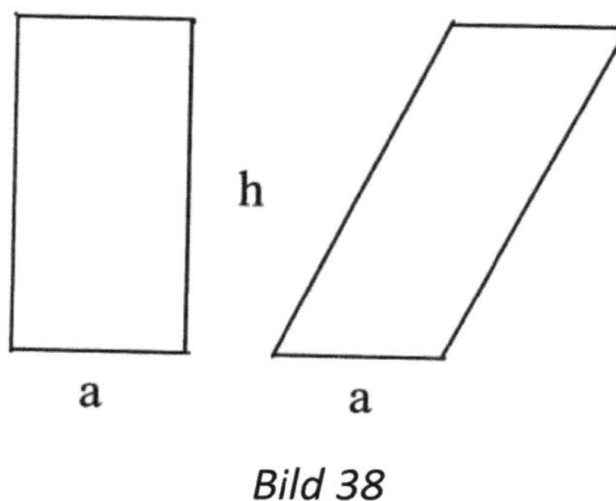

Bild 38

Macht man das mit einer an der x-Achse gescherten quadratischen Parabel im Koordinatensystem, dann sieht das so wie in Bild 39 aus. Welche Abbildungsgleichungen sind dafür zuständig?

$$\bar{x} = x + ny \qquad x = \bar{x} - ny \qquad \text{anzuwenden auf}$$

$$\bar{y} = y \qquad\qquad y = \bar{y} \qquad\qquad y = ax^2,$$

darin a, n Konstante. Bild 39 zeigt den Fall $a = \frac{1}{4}$ und $n = 1$, siehe dazu die *Übung 31*. Ähnlich wie bei der Spiegelung an einer Geraden nach Bild 35 entsteht auch hier aus einem Funktionsgraphen der Graph einer Relation.

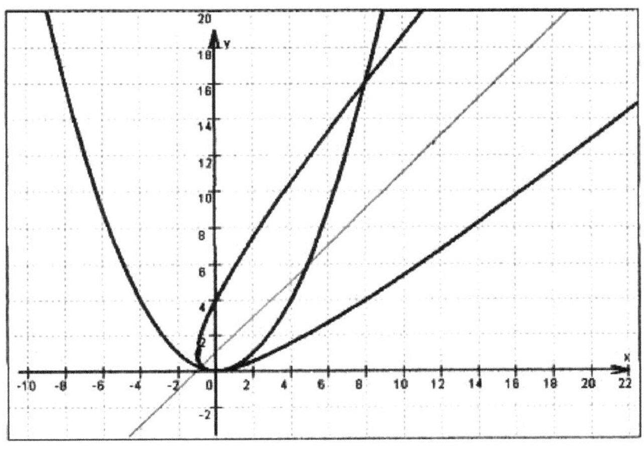

Bild 39

Die Abbildungsgleichungen für die Scherung einer quer-
liegenden Parabel mit der Gleichung $y = \left|\sqrt{ax}\right|$, a eine
reelle Zahl, an der y-Achse lauten entsprechend:

$$\overline{x} = x \qquad\qquad x = \overline{x} \qquad\qquad \text{anzuwenden auf}$$
$$\overline{y} = y + nx \qquad y = \overline{y} - nx \qquad y = \left|\sqrt{ax}\right|,$$

a, n Konstante. Die Gleichung der Bildparabel ist schnell
gefunden: $\overline{y} = \left|\sqrt{a\overline{x}}\right| + n\overline{x}$. Bild 40 zeigt den Fall $a = 4$
und $n = 1$. Wie die Bilder 39 und 40 zeigen, liegen die
beiden gescherten Parabeln symmetrisch zur Geraden zu
$y = x$, d.h. sie stellen jeweils Umkehrrelationen dar. Der
Parameter a bestimmt die Öffnungsweite der gescherten

Parabel, der Parameter n die Neigung der Bildparabel im Koordinatensystem.

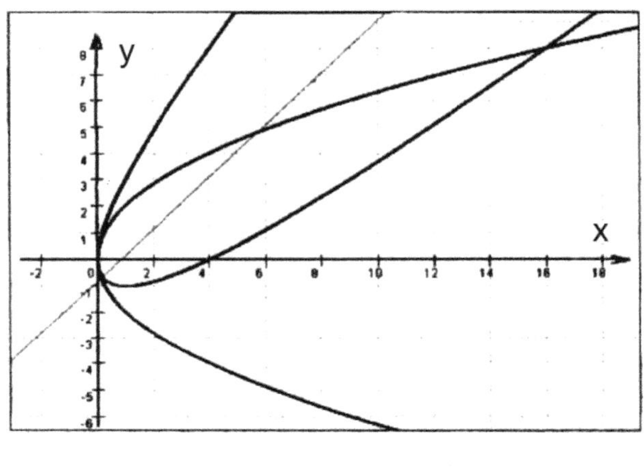

Bild 40

Zu dieser Abbildung , der der y-Achse gescherten Parabel, gibt es eine praktische Anwendung. Tragflügelprofile (Querschnitte von Tragflügeln eines Flugzeugs) sind im einfachsten Fall symmetrisch, d.h. die Oberseite ist ebenso wie die Unterseite gekrümmt. Ein derartiger einem langgezogenen Tropfen gleichender Konturverlauf ist wegen seiner Bedeutung für die Minderung des bei Umströmungen auftretenden Widerstands Gegenstand der aerodynamischen Forschung. Dabei bleiben die für solche Konturverläufe verwendeten Funktionen meist unbekannt. Im einfachsten Fall folgt die Kontur dem Verlauf einer sehr flach liegenden gescherten Parabel mit zwei Nullstellen. Unter bestimmten Bedingungen kann man höhere Auftriebe erreichen, sind Ober- und Unterseite unterschiedlich gekrümmt. In Bild 41 ist ein derartiges Tragflügelprofil skizziert. Man kann sich dieses Bild aus den Graphen zweier an der y-Achse gescherter Parabeln zusammengesetzt denken, eine vom Typ $y = \sqrt{a_1 x} - nx$ und eine vom Typ $y = -\sqrt{a_2 x} + nx$, darin $a_{1,2}$ und n frei wählbare bzw. anzupassende Parameter. Erstere beschreibt die Kontur der Oberseite, die andere die der Unterseite des Flügelquerschnitts im Bereich zwischen den beiden Nullstellen von y. Da die Angaben von Profildaten gern auf eine Normtiefe (wie z.B. 10 cm) bezogen werden, liegen die beiden Nullstellen in Bild 41 bei $x = 0$ und bei $x = 10$. Man erhält „vernünftige" Profile für $a_{1,2} < 1$, n muss mit Hilfe der Nullstelle bei $x = 10$ angepasst werden. Die Ermittlung der für das Profil des Bildes 41 zuständigen Gleichungen erfordert gute Kenntnisse algebraischer Umformungen, siehe *Übung 32.* Gewölbte Flügelprofile erhält man dann durch „Unterschieben" einer gekrümmten Skelettlinie (wer hier Genaueres wissen möchte: siehe das am Ende genannte Buch „Wie geht Fliegen?").

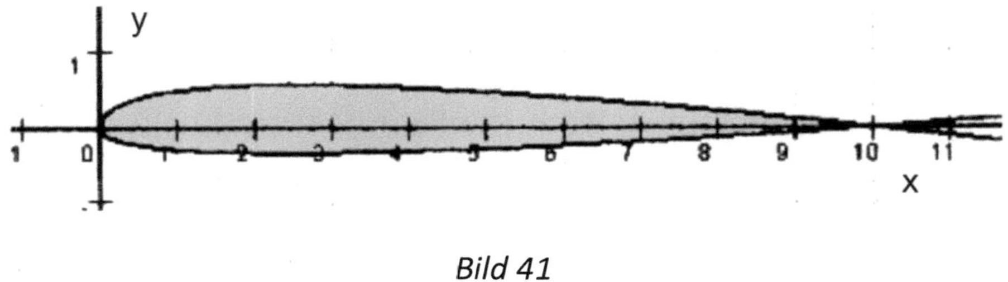

Bild 41

Vom Parabelnetz zur Gleitzahl

Wenn wir schon einmal beim Thema Parabeln sind, sollte eine weitere Anwendung nicht verschwiegen werden. Doch diese Anwendung erfordert einige Vorkenntnisse. Ich komme noch einmal auf den im Vorwort „In" erhobenen Vorwurf zurück, die Mathematik sei „viel zu abstrakt und abgehoben und im Alltag nicht brauchbar". Diejenigen, die Mathematik anzuwenden haben, werden anderer Meinung sein. Leider erweisen sich die meisten Probleme, bei denen manchmal überraschend einfache Mathematik zur Anwendung kommt, als ziemlich speziell. Diese Erfahrung können jene machen, die komplexe Sachverhalte zu beschreiben haben. Eines der Beispiele, bei dem mit einfacher Schulmathematik ein solcher komplexer Sachverhalt geklärt werden kann, ist jetzt Inhalt dieses Kapitels. Doch bevor es an die Rechnung geht, muss man sich die Mühe machen, den zu klärenden Sachverhalt erst einmal zu verstehen. Und das erweist sich oft als das größere Problem: Wer anwendungsorientierte Mathematik wünscht, muss sich zunächst mit dem Anwendungsfall auseinandersetzen.

Es geht um ein Problem aus der Fliegerei, aus der Flugphysik. Wenn es um die Güte des Gleitens eines Segelflugzeugs geht, findet man zwei Daten, die in Datenblättern zu Segelflugzeugen genannt werden: die Sinkgeschwindigkeit und die Gleitzahl. In diesem Kapitel geht es um die Gleitzahl. Sie gibt an, wie weit ein Flugzeug ohne Antrieb und bei ruhiger Luft aus einer bestimmten Höhe gleiten kann. Betrachten wir ein modernes Leistungssegelflugzeug. Wenn dort als Gleitzahl 46 angegeben wird, dann bedeutet das: Nach einer (horizontal gemessenen) Flugstrecke von 46 Metern befindet sich das Flugzeug einen Meter tiefer, ruhige Luft vorausgesetzt. Der Pilot, der sich am späten Nachmittag, wenn die thermischen Aufwinde erlahmen, 1000 Meter über Grund befindet, wird sich nicht weiter als maximal 45 Kilometer von seinem Heimatflugplatz entfernen dürfen, will er dort noch sicher hinkommen. Zur Gleitzahl eines Flugzeugs tragen mehrere Parameter bei. Einer ist besonders wichtig, nämlich die Wölbung des Flügels, genauer des Flügelquerschnitts, des Profils. Die Beobachtung, die man an den besten Gleitern machen kann – das sind die Raubvögel in der Natur oder die von Menschen konstruierten Leistungssegelflugzeuge – zeigt, der erreichbare Auftrieb hängt bis zu einer Grenze erheblich von der Wölbung des Flügels ab. Um diesen Zusammenhang wird es in diesem Kapitel gehen.

Zur Beurteilung der Wirkung jener Parameter, die zur Gleitzahl eines Flugzeugs beitragen, dient in der Luftfahrt das sogenannte Polardiagramm (meist kurz Polare genannt). Das gewöhnliche Polardiagramm ist eine Auftragung des Auftriebs gegen den Widerstand, repräsentiert durch den Auftriebsbeiwert c_a und den Widerstandsbeiwert c_w. Im Idealfall, nämlich dann, wenn der Flügel störungsfrei umströmt wird, hat diese Polare die Gestalt einer querliegenden quadratischen Parabel, d.h. eines Graphen, der in der Schulmathematik sehr bekannt ist und den wir mittlerweile auch kennen. Bild 42 zeigt eine solche Polare, wie sie für einen Modellgleiter zutreffen könnte. Die zu diesem Graphen gehörige Gleichung lautet

$$\left| c_a - 4\pi \frac{w}{t} \right| = \sqrt{\pi\Lambda(c_w - c_{w0}) - \left(4\pi \frac{w}{t} \right)^2}.$$ In dieser zunächst verwirrend erscheinenden Formel (an die Anmerkungen zur Anwendungsnähe von Mathematik sei erinnert!) stecken hauptsächlich dimensionslose Daten, die den Gleiter in wesentlichen Eigenschaften erfassen sollen: Λ ist die

sogenannte Streckung des Flügels, d.h. das Verhältnis von Spannweite zu mittlerer Flügeltiefe (in Bild 42 beträgt die Streckung 12); c_{w0} ist der Beiwert des sogenannten Schadwiderstands, der das gesamte Flugzeug betrifft und der in der Regel nur abgeschätzt werden kann (hier ist der für Modellflugzeuge typische Wert 0,03 eingesetzt worden); $\frac{w}{t}$ ist das sogenannte Wölbungsmaß des Flügels (hier ist dafür 0,05 verwendet worden, was bedeutet, dass die Aufwölbung w des Flügels 5 % der Flügeltiefe t (Profiltiefe) beträgt). Das Zustandekommen dieser Formel muss jetzt nicht erklärt werden (siehe das am Ende genannte Buch „Wie geht Fliegen?").

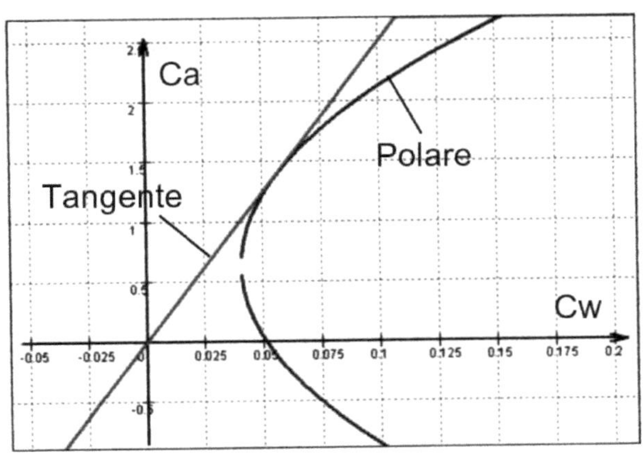

Bild 42

Unter der Gleitzahl ε versteht man den Quotienten der beiden Beiwerte: $\varepsilon = \frac{c_a}{c_w}$. Wir bleiben beim Idealfall, d.h. die in Bild 42 skizzierte Polare möge im ganzen dargestellten Bereich für einen bestimmten Gleiter zutreffen (in Wahrheit sind die Umströmungsbedingungen komplexer, wodurch die bei einem konkreten Flügel gemessenen Polaren von dieser Idealform abweichen). Zu jedem Punkt dieser Polaren gehört ein bestimmter Quotient $\varepsilon = \frac{c_a}{c_w}$ und damit ein bestimmter Flugzustand. Geometrisch gesehen ist die Gleitzahl ε als Verhältnis von c_a und c_w die Steigung jener Ursprungsgeraden, die durch den Punkt $(c_w | c_a)$ des Graphen in Bild 42 verläuft. Dadurch entstehen ganz verschiedene Gleitzahlen. Unter diesen Gleitzahlen ist eine maximal groß, nämlich dann, wenn die Ursprungsgerade durch den Punkt $(c_w | c_a)$ zugleich Tangente an die Polare ist. Dieser für die Flugpraxis bedeutsame Fall ist in Bild 42 eingezeichnet.

Wird bei ansonsten gleichbleibenden anderen Parametern das Wölbungsmaß $\frac{w}{t}$ des Flügels in Schritten von 0,01 variiert, wird die querliegende Parabel sowohl nach oben wie nach rechts verschoben, siehe Bild 43. Zur Verdeutlichung sind nur die oberen Hälften der querliegenden Parabeln gezeichnet. Dabei ändert sich die maximal erreichbare Gleitzahl, d.h. die Steigung der Ursprungstangente an die jeweilige Polare. Jetzt kristallisiert sich die eigentliche Aufgabe dieses Kapitels heraus: Gesucht ist die Polare der Schar in Bild 43 mit der maximal möglichen Steigung der Ursprungstangente und damit diejenige Wölbung des Flügels, die zu einer maximalen Gleitzahl führt. Bei Betrachtung des Bildes 43 wird deutlich, dass hier ein Problem der Flugphysik in ein geometrisch-analytisches Problem der Mathematik übersetzt worden ist, in dem Parabeln eine bedeutsame Rolle spielen.

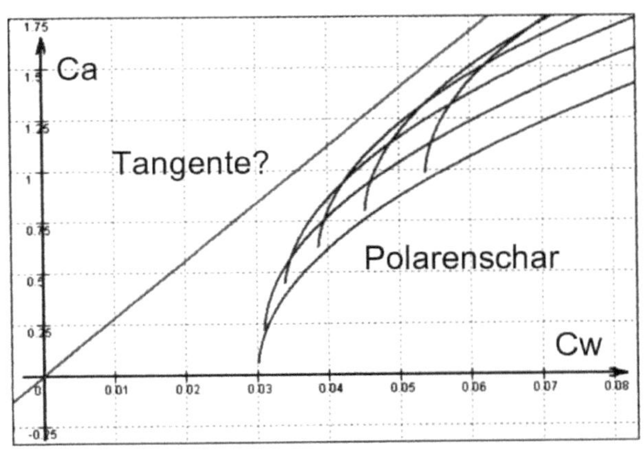

Bild 43

In Bild 43 fällt auf, dass die Scheitelpunkte der verschobenen querliegenden Parabeln allesamt auf dem Graphen der Parabel mit dem Wölbungsmaß Null liegen, d.h. auf dem Graphen von $|c_a| = \sqrt{\pi\Lambda(c_w - c_{w0})}$. Mit der Schulmathematik formuliert ist das eine Gleichung vom Typ $|y| = \sqrt{ax - b}$, $c_a \triangleq y$, $c_w \triangleq x$, $\pi\Lambda \triangleq a$ und $\pi\Lambda c_{w0} \triangleq b$.

Exkurs: Zur Veranschaulichung des weiteren Vorgehens wird die querliegende Parabel mit $|y| = \sqrt{ax - b}$ wieder in die gewohnte aufrechte Lage gebracht. Das mathematische Verfahren dafür ist die Bildung der Umkehrfunktion. Die Umkehrfunktion lautet $y = \frac{1}{a}x^2 + \frac{b}{a}$. Mit den Konstanten $a = 1$ und $b = 0$ wird daraus die Gleichung der Normalparabel, mit der jetzt ein solches Parabelnetz konstruiert wird, das den verschobenen Parabeln des Bildes 43 gleicht. In Bild 44 ist skizziert, wie eine Normalparabel mit ihrem Scheitelpunkt um die Strecke s auf dem Graphen der Normalparabel verschoben wird. Die Gleichung der verschobenen Parabel kann sofort angegeben werden: $y = (x - s)^2 + s^2$. In Bild 45 ist mit der Schrittweite 0,4 eine Schar dieser nach rechts und links oben verschobenen Parabeln dargestellt, es entsteht eine Art Parabelnetz.

Dieses Netz liegt praktisch vollständig innerhalb einer einhüllenden Parabel. Die Gleichung dieser Hüllparabel lautet $y = kx^2$, k ein Streck- oder Stauchfaktor. Zur Bestimmung von k siehe *Übung 33.*

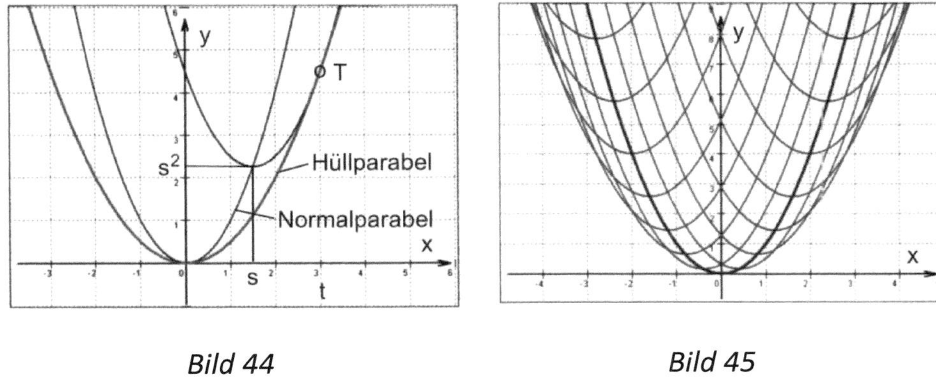

Bild 44   Bild 45

Kennen wir mit Bild 44 die Einhüllende der Parabelschar, dann läuft die weitere Rechnung auf die Bestimmung der Steigung derjenigen Geraden hinaus, die als Tangente an die Hüllparabel durch den Ursprung des Koordinatensystems verläuft. Dies sei an der aufrechten Parabelschar in Bild 46 gezeigt. Dazu kann man zwei Lösungen angeben, siehe *Übung 34.*

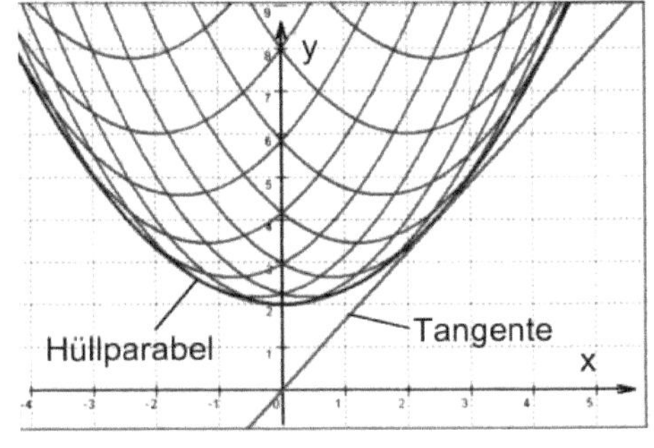

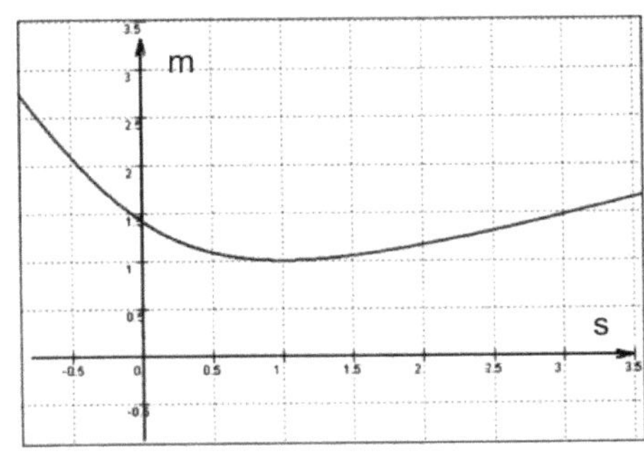

Bild 46   Bild 47: $m(s)$ für $a = \frac{1}{2}$, $b = 1$

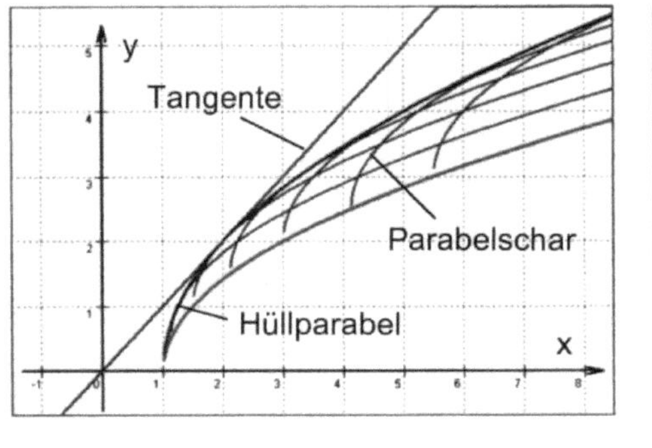

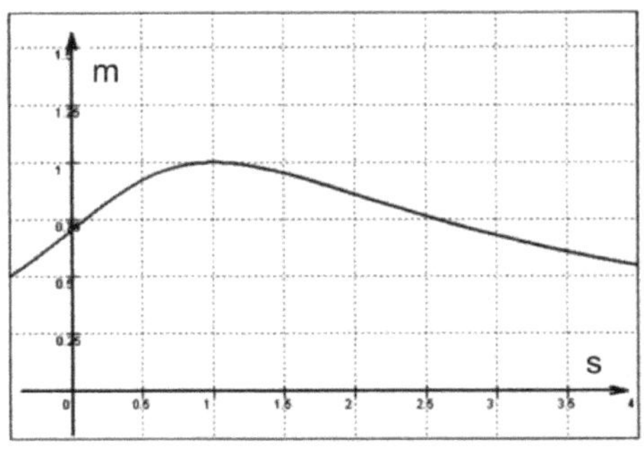

Bild 48

Bild 49: $m(s)$ für $a = \frac{1}{2}$, $b = 1$

Mit diesem Rüstzeug für aufrechte Parabeln versehen geht es nun an die querliegenden Parabeln. Querliegende Parabeln entstehen aus aufrechten Parabeln durch Umkehrung, d.h. durch eine Spiegelung an der Geraden zu $y = x$, siehe *Übung 35*. Ähnlich wie oben im Fall der Bilder 46 und 47 kann auch im Fall der Bilder 48 und 49 die Steigung m der Ursprungstangente als Funktion des Parameters s ermittelt werden, siehe *Übung 36*.

Jetzt können wir endlich auf unser ursprüngliches Problem zurückkommen, der Bestimmung der maximalen Gleitzahl eines Segelflugzeugs. Beim Vergleich der beiden Gleichungen

$$\left| c_a - 4\pi \frac{w}{t} \right| = \sqrt{\pi\Lambda(c_w - c_{w0}) - \left(4\pi \frac{w}{t}\right)^2} \quad \text{und}$$

$$|y - s| = \sqrt{\frac{1}{a}(x - b) - s^2} \quad \text{sieht man, dass beide Glei-}$$

chungen dieselbe mathematische Struktur besitzen: $c_a \triangleq y$, $4\pi\frac{w}{t} \triangleq s$, $\pi\Lambda \triangleq \frac{1}{a}$, $c_w \triangleq x$, $c_{w0} \triangleq b$. Die Gleichung der Einhüllenden der oberen querliegenden Parabeln in Bild 43 lautet daher $c_a = \sqrt{2\pi\Lambda(c_w - c_{w0})}$ mit der Steigung $m = \sqrt{\dfrac{\pi\Lambda}{2c_{w0}}}$ der Ursprungstangente als maximal erreichbarer Gleitzahl. Für den anfangs genannten Modellgleiter mit $\Lambda = 12$ und $c_{w0} = 0{,}03$ ergibt sich als maximale Gleitzahl 25. So weit die Theorie. Ob diese Gleitzahl auch in der Praxis erreichbar ist, hängt von weiteren Bedingungen ab, die zu den zentralen Forschungen der Luftfahrt gehören und hier nicht zur Diskussion stehen (siehe dazu den Buchhinweis zum Fliegen am Ende).

Eine Frage der bisherigen Überlegungen ist jedoch noch nicht beantwortet: Welche Wölbung $\frac{w}{t}$ des Flügels (des Flügel-profils) gehört zu dieser maximalen Gleitzahl? In *Übung 37* ist darauf eine Antwort zu finden.

Tatsächlich macht man die Beobachtung, dass Modellgleiter mit einer Flügelwölbung von um die 6 % recht gut gleiten können. Bei den Leistungssegelflugzeugen sieht es jedoch etwas anders aus. Dort haben sich Flügelwölbungen zwi-schen 3 und 4 % bewährt. Das hat Gründe, die vom dop-pelten Zweck gesteuerter Gleiter (geringstes Sinken in der

Thermikblase oder bestes Gleiten beim Durchqueren von Abwindgebieten) und von der Qualität der Umströmung gewölbter Flügel abhängen. Das jedoch ist ein anderes sehr weites Thema ...

Dieses lange und umfangreiche Kapitel aus der immer wieder geforderten Anwendung von Schulmathematik auf ein Problem der Praxis macht deutlich, wo die Grenze dessen liegt, was in einer normalen Instruktion zur Mathematik zumutbar ist. Hier geht es nicht nur darum, dass von der Lehrkraft ein umfassendes Wissen erforderlich ist, hier geht es auch um den Zweck der Instruktion, bei dem es um die Übung von Basisfähigkeiten der elementaren und der höheren Mathematik geht und nicht um ein spezielles Problem der Flugphysik.

Transversalen im Dreieck

Von Transversalen in ebenen geometrischen Figuren ist schon im Kapitel „Schräge Geometrie" die Rede gewesen. Hier geht es zunächst um etwas sehr Bekanntes: um Transversalen in Dreiecken. Darunter werden Strecken verstanden, die von einem jeweils festliegenden Punkt einer Seite zum gegenüberliegenden Eckpunkt verlaufen. Die bekanntesten Transversalen im Dreieck sind die Seitenhalbierenden, siehe Bild 50. Die zahlreichen damit verbundenen Eigenschaften seien zu Beginn aufgezählt.

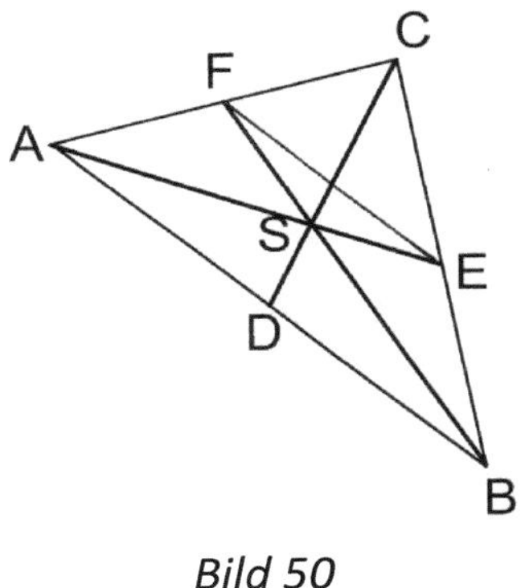

Bild 50

- Die Seitenhalbierenden eines jeden Dreiecks schneiden sich in einem Punkt S;
- dieser Punkt S liegt jeweils auf 2/3 einer Transversalen, von einer Ecke aus gezählt;
- dieser Punkt S ist in mechanischer Hinsicht Schwerpunkt des Dreiecks;
- liegt dieses Dreieck in einem cartesischen Koordinatensystem, kann der Ort dieses Punktes S über das arithmetische Mittel der Eckpunktkoordinaten bestimmt werden;
- die Flächen aller Teildreiecke, von denen eine Seite auf dem Rand des Dreiecks liegt, sind jeweils gleich groß;

- die Vektoren $\vec{SA}, \vec{SB}, \vec{SC}$ in Bild 50 bilden in mechanischer Hinsicht ein Kräfteparallelogramm.

Das sind recht viele interessante Eigenschaften! Zu ihrer Begründung kann man Hilfsmittel der elementaren Geometrie, der Vektoralgebra oder der Integralrechnung heranziehen (das könnte lohnendes Thema einer Facharbeit sein). Manche der genannten Eigenschaften sind auseinander herleitbar, andere lassen sich daraus folgern. Alles das ist jedoch nicht Thema dieses Kapitels.

In diesem Kapitel geht es um andere Transversalen. Wir stellen uns jetzt solche Transversalen vor, die von einer Ecke aus nicht auf die Seitenmitte, sondern auf andere ausgewählte Punkte der gegenüberliegenden Seiten treffen. In den Bildern 51 und 52 ist der Fall skizziert, bei dem die Transversalen die gegenüberliegenden Seiten im Verhältnis 1 : 2 teilen. Der Schwerpunkt spaltet dabei in drei Punkte S_1, S_2, S_3 auf. Einige überraschende Eigenschaften sind nachzuweisen: die an den Ecken A, B, C befindlichen spitzwinkligen Dreiecke (hellgrau) sind flächengleich; die Vierecksfiguren (mittelgrau) haben dieselben Inhalte; das $\Delta S_1 S_2 S_3$ (dunkelgrau) ist dem ΔABC ähnlich und hat den Schwerpunkt an derselben Stelle; die Transversalen schneiden einander in gleichen Teilungsverhältnissen.

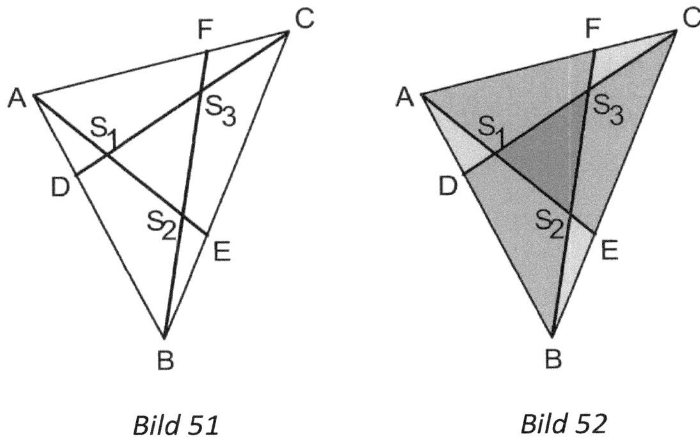

Bild 51   *Bild 52*

Unsere Beweisführung sei nicht auf das in den Bildern 51 und 52 erkennbare Teilungsverhältnis $1 : 2$ beschränkt, sondern gleich für das allgemeine Teilungsverhältnis $1 : n$ ausgeführt. Zuerst soll die Teilung der Transversalen durch die Punkte S_1, S_2, S_3 mit Hilfe der Vektorrechnung bestimmt werden, siehe *Übung 38.*

Figuren gleicher Fläche sind in Bild 52 im selben Grauton (hell- und mittelgrau) gekennzeichnet. Sei mit $F(\Delta CFS_3)$ der Flächeninhalt des kleinen Dreiecks bei C bezeichnet. Es genügt, zu zeigen, dass $F(\Delta CFS_3) = F(\Delta ADS_1)$. Unter Nutzung der in Übung 38 ermittelten Teilungsverhältnisse ist dies mit elementargeometrischen Hilfsmitteln möglich, siehe *Übung 39.*

Aus der Flächengleichheit der kleinen Teildreiecke ADS_1, BES_2, CFS_3 folgt wegen der Flächengleichheit der großen Teildreiecke ABE, BCF, CAD dann sofort die Flächengleichheit der Vierecke $AS_1S_3F, BS_2S_1D, CS_3S_2E$. Die Restfläche $\Delta S_1S_2S_3$ kann dann so wie in *Übung 40* bestimmt werden.

Wie der Schwerpunkt des $\Delta S_1S_2S_3$ bestimmt werden kann, ist in *Übung 41* unter Verwendung der Ortsvektoren dargestellt. Der Schwerpunkt dieses inneren Dreiecks liegt somit an derselben Stelle wie der Schwerpunkt des Dreiecks ABC.

Analysis ohne Ableitungen

Jeder Abiturient ist es gewohnt, klassische Aufgaben der Analysis wie die Bestimmung von Extrema und Wendepunkten eines Funktionsgraphen mit Hilfe des Ableitungskalküls zu bearbeiten. Für einige Funktionstypen geht das aber auch ohne dieses Kalkül! Voraussetzung dafür ist der folgende Satz: Ist eine Funktion f im Intervall $[a, b]$ stetig und glatt (differenzierbar), und hat f bei $x_e \in [a, b]$ eine doppelte Nullstelle, dann hat f dort ein lokales Extremum, d.h. eine Stelle mit horizontaler Tangente. Liegt dort eine dreifache Nullstelle vor, hat f dort einen Sattelpunkt, d.h. eine Wendestelle mit horizontaler Tangente. In Umkehrung dieses Satzes kann man sagen: Hat f bei x_e ein lokales Extremum (einen Sattelpunkt), dann existiert eine vertikale Verschiebung v von f derart, dass bei $f + v$ eine doppelte (dreifache) Nullstelle entsteht.

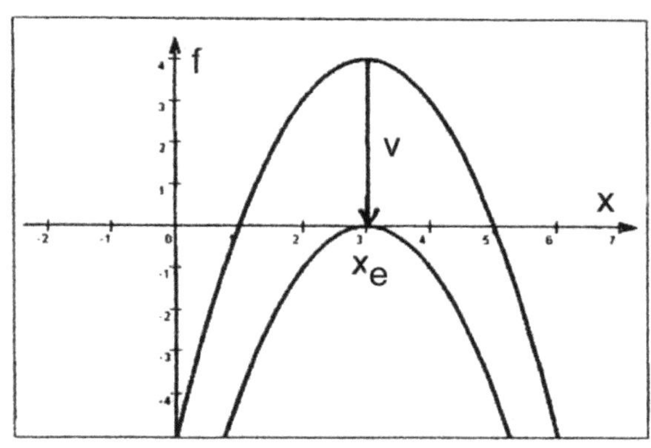

Bild 53

Der Sachverhalt sei einem trivialen Fall erläutert, siehe Bild 53. Gegeben sei f mit $f = -x^2 + 6x - 5$ mit zwei Nullstellen, eine bei 1 und eine bei 5. Im Intervall $[1,5]$ ist $f(x) \geq 0$, sonst $f(x) < 0$. Also wird in $[1,5]$ wenigstens ein lokales Maximum liegen. Mit v wird f in vertikaler Richtung so weit verschoben, bis bei $x_e \in [1,5]$ eine doppelte Nullstelle entsteht. Für die neu entstandene Funktion g gibt es dann zwei Darstellungen:

(I) $\qquad g = f + v = -x^2 + 6x - 5 + v$

$$(II) \qquad g = -(x - x_e)^2 \, .$$

Nach Auflösung der Klammer in (II) ergibt der Koeffizientenvergleich $2x_e = 6$ und $x_e^2 = 5 - v$ mit den Resultaten $x_e = 3$ und $v = -4$. $f(3) = -v = 4$ ist somit der Ort des lokalen Maximums.

Das Verschiebungsverfahren kann auch bei einigen anderen Funktionen angewendet werden. Wir betrachten zunächst die ganzrationale Funktionenschar f_k mit $f_k = \frac{1}{3}x^3 - 2x^2 + kx$, $k \in R$. In Bild 54 sind die Graphen von f_0 , f_2 und f_4 dargestellt. Für $k < 4$ hat f_k zwei Extrema, ein Maximum und ein Minimum. Im Sonderfall $k = 4$ hat f_k keine Extrema mehr, dafür eine Sattelstelle, das ist ein Wendepunkt mit horizontaler Tangente. Für $k > 4$ existiert für keinen Punkt von f_k eine horizontale Tangente.

Die Funktion f_k hat maximal drei Nullstellen; das ist der Fall bei $k = 2$, siehe Bild 42. Für $k = 4$ fallen alle drei Nullstellen zusammen. Der Ort dieser Sattelstelle kann auf ähnliche Weise wie in Bild 53 bestimmt werden, siehe *Übung 42*. Zur Bestimmung der Extrema siehe die *Übung 43*. Keine Frage: Mit dem Ableitungskalkül ist man hier wie auch bei den Folgebeispielen schneller am Ziel. In diesem Kapitel kommt es nur darauf an zu zeigen, dass es bei einigen Funktionen auch ohne geht.

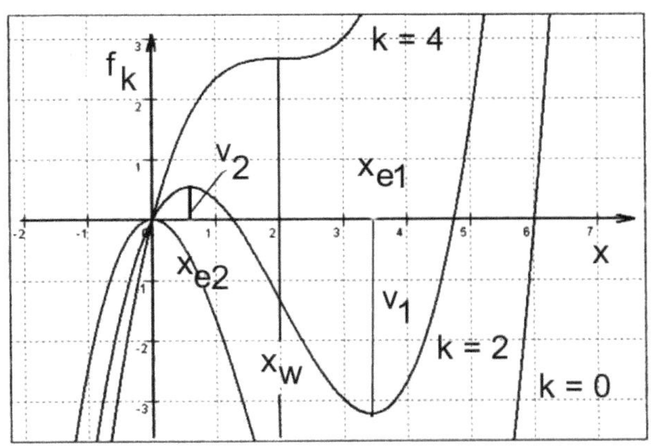

Bild 54

Ist das Verfahren auch auf andere als ganzrationale Funktionen anwendbar? Eine Funktion f sei durch das Produkt gh mit g eine ganzrationale Funktion und h eine zumindest in der Umgebung der Extrema von f von Null verschiedene Funktion darstellbar. Dann kann das gerade beschriebene Verfahren angewendet werden. Beispiel: f mit $f_k(x) = x + 1 + \dfrac{k}{x} = (x^2 + x + k) \cdot \dfrac{1}{x}$, vgl. dazu Bild 55, der Graph mit $k = 1$ gezeichnet. Zur Rechnung siehe *Übung 44*.

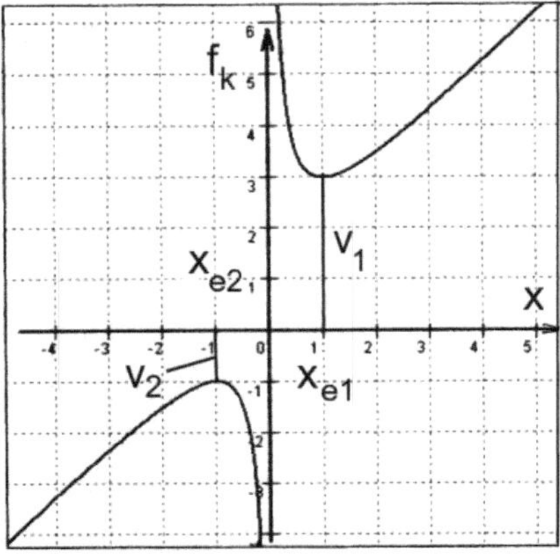

Bild 55

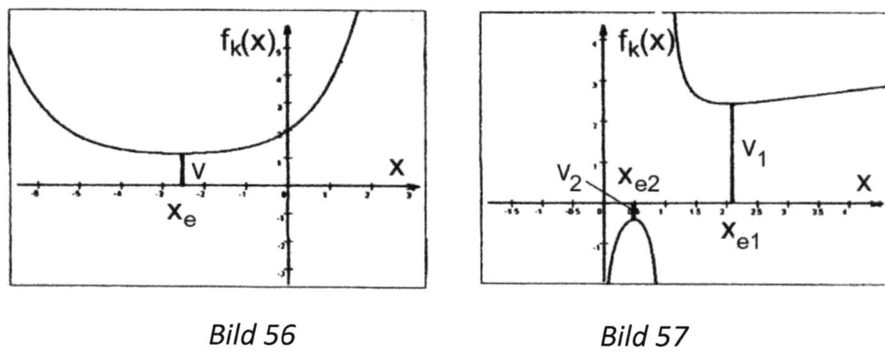

Bild 56   *Bild 57*

Haben andere Funktionen eine ähnliche Struktur wie die zu Bild 55, kann das Verfahren auch hier erfolgreich angewendet werden: Beispiel $f_k(x) = e^x + 1 + ke^{-x} = (e^{2x} + e^x + k) \cdot e^{-x}$, in Bild 56 für $k = 0{,}005$ gezeichnet, siehe dazu *Übung 45*, oder $f_k(x) = \ln x + 1 + \dfrac{k}{\ln x} =$

$((ln\,x)^2 + ln\,x + k) \cdot \dfrac{1}{ln\,x}$, in Bild 57 für $k = 0{,}5$ gezeichnet, siehe *Übung 46*.

Nach dieser merkwürdigen Mathematik wird es Zeit, sich zur Erholung einem ganz anderen Thema zuzuwenden.

Ein anderes Zahlenquadrat

3	2	1		2	7	6		11	12	13
2	1	3		9	5	1		21	22	23
1	3	2		4	3	8		31	32	33

Bild 58

Bekannte Zahlenquadrate sind das Lateinische Quadrat und das Magische Quadrat, siehe Bild 58 links und Mitte. Beim Lateinischen Quadrat sind die Summen der Zahlen in allen Zeilen und Spalten gleich, beim Magischen Quadrat auch, dazu aber noch die Summen in den beiden Diagonalen. Für die Spalten-, Zeilen- und Diagonalensummen im Magischen Quadrat gilt $Z(n) = S(n)/n$, darin $S(n)$ die Summe aller Zahlen und n die Ordnung des Quadrats; im Magischen Quadrat des Bildes 58 ist $n = 3$, $S(n) = 45$ und damit $Z(n) = 15$.

Das Zahlenquadrat in Bild 58 rechts dagegen ist von völlig anderer Art. Bildet man die Summen jener Zahlen, die Bild 59 zufolge an den markierten Stellen stehen, erhält man immer dieselbe Summe: $Z(3) = 66$. Die Summe aller Zahlen beträgt $S(3) = 198$, d.h. wie beim Magischen Quadrat ist $Z(3) = S(3)/3$. Für dieses Quadrat dritter Ordnung existieren insgesamt 8 Fälle. Bei 6 Fällen kommt pro Zeile oder pro Spalte nur eine Zahl vor, bei 2 Fällen ist pro Zeile bzw. pro Spalte mehr als eine Zahl beteiligt.

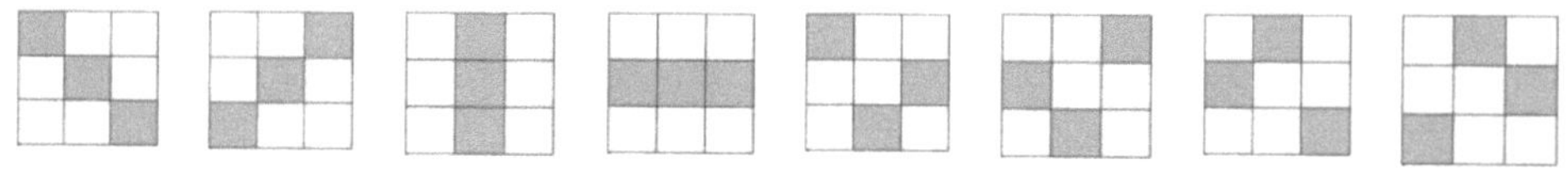

Bild 59

Woher kommt das Zahlenquadrat des Bildes 58 rechts? Es ist der Indizierung der Elemente einer quadratischen Matrix der Ordnung 3 nachempfunden (Elemente $a_{i,k}$ einer Zeile, Elemente $a_{k,i}$ einer Spalte). Auswahl und Anordnung der Indices dort wie der Zahlen hier sind allerdings nicht willkürlich.

11	12	13	14
21	22	23	24
31	32	33	34
41	42	43	44

Bild 60

Bild 60 zeigt das entsprechende Zahlenquadrat vierter Ordnung. Dort beträgt die Diagonalensumme $Z(4) = 110$, die Summe aller vorhandener Zahlen beträgt $S(4) = 440$, somit ist auch hier $Z(4) = S(4)/4$. Die Diagonalensumme $Z(4) = 110$ entsteht auch bei allen jenen vier Zahlen, die dem Muster in Bild 61 folgend ausgewählt werden.

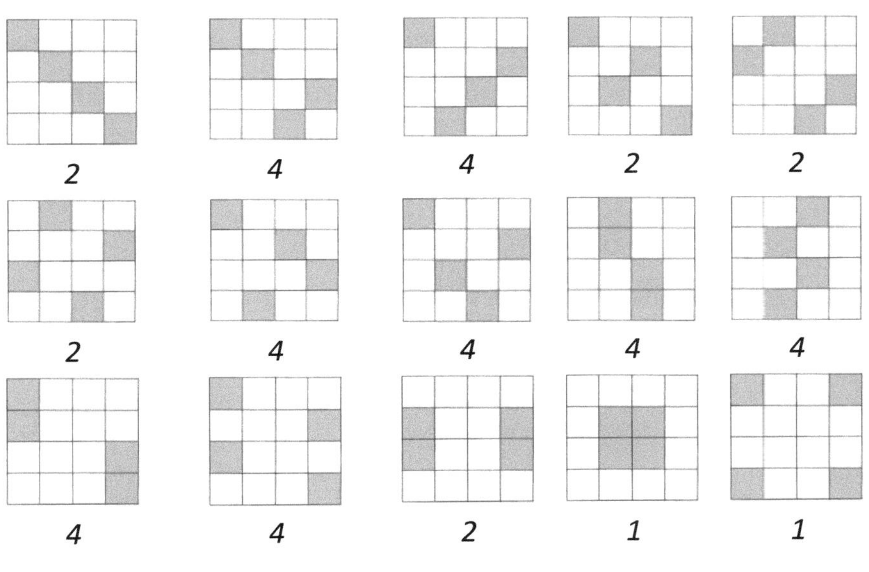

Bild 61

Die Zahlen unter den einzelnen Mustern in Bild 61 sind die Anzahlen jener Varianten, die durch Drehung oder Spiegelung daraus hervorgehen. Die Zahl der Möglichkeiten für die Diagonalensumme $Z(4) = 110$ ist hier schon recht groß, sie beträgt 44! Wie Bild 61 zeigt, existieren offenbar zwei

Gruppen: eine Gruppe von 24 Anordnungen, bei denen pro Zeile und pro Spalte genau je eine Zahl vorkommt, und eine Gruppe von 20 achsen- oder punktsymmetrischen Anordnungen, bei denen leere Zeilen oder Spalten auftreten.

Für eine der beiden Gruppen von Anordnungen, jene, bei denen pro Zeile und Spalte genau eine Zahl vorkommt, existiert ein bekanntes mathematisches Modell: die Antwort auf die Frage, wie viele Anordnungen von n Türmen es auf einem $n \times n -$ Schachbrett gibt, bei denen kein Turm einen anderen Turm schlagen kann. Es sind $n!$ Anordnungen. Im Fall des $3 \times 3 -$ Bretts sind es $3! = 6$, im Fall des $4 \times 4 -$ Bretts sind es $4! = 24$ Anordnungen, siehe die Bilder 59 und 61.

n	1	2	3	4	5	6
$Z(n)$	11	33	66	110	165	231
Δ_1	-	22	33	44	55	66
Δ_2	-	-	11	11	11	11

Die Bestimmung der Anzahl aller Fälle $Z(5)$ bei Diagonalensummen im Zahlenquadrat der Ordnung fünf ist schon ziemlich mühsam, siehe *Übung 47*. In der Tabelle sind die Diagonalensummen $Z(n)$ für $n = 1$ bis 6 für Zahlenquadrate der Art des Bildes 48 zusammen mit den ersten beiden Differenzbildungen angegeben. Aus den Angaben dieser

Tabelle lässt sich ein Bildungsgesetz für die $Z(n)$ entwickeln, siehe *Übung 48.*

Bevor wir genauer untersuchen, woran es liegt, dass diese Zahlenquadrate so funktionieren, einige Beispiele für Zahlenquadrate mit abweichender Struktur, siehe Bild 62.

24	22	20	18
22	20	18	16
20	18	16	14
18	16	14	12

a)

24	27	30	33
12	15	18	21
6	9	12	15
3	6	9	12

b)

108	36	12	4
110	38	14	6
112	40	16	8
114	42	18	10

c)

128	64	32	16
64	32	16	8
32	16	8	4
16	8	4	2

d)

Bild 62

Im Quadrat a) werden die Folgezahlen nach Wahl des Startwertes 24 in allen Zeilen und Spalten fortlaufend um 2 erniedrigt. Es ist $Z(4) = 72$ und $S(4) = 288$. Alle Muster des Bildes 61 sind anwendbar und ergeben $Z(4)$.

Im Quadrat b) werden nach Wahl des Startwertes 24 die Folgezahlen der ersten Spalte fortlaufend halbiert, danach erscheinen die Folgewerte in den Spalten fortlaufend um 3 erhöht. Es ist $Z(4) = 63$ und $S(4) = 252$. Von den Mustern des Bildes 61 sind nur diejenigen anwendbar, die zur Anzahl 4! beitragen, nur sie ergeben $Z(4)$.

Im Quadrat c) werden nach Wahl des Startwertes 108 die Folgezahlen der ersten Zeile fortlaufend gedrittelt, danach erscheinen die Folgewerte in den Zeilen fortlaufend um 2 erhöht. Es ist $Z(4) = 172$ und $S(4) = 688$. Von den Mustern des Bildes 61 sind auch hier nur diejenigen anwendbar, die zur Anzahl 4! beitragen, nur sie ergeben $Z(4)$.

Das Quadrat d) hat eine ähnliche Struktur wie das Quadrat a): alle Folgezahlen in den Zeilen und Spalten sind nach Wahl des Anfangswertes 128 fortlaufend halbiert. Es ist keine solche Diagonalensumme Z angebbar, die auch bei irgendeiner Auswahl anderer vier Zahlen vorkommt. Von den Mustern des Bildes 61 ist keines anwendbar.

Wie ist das erfolgreiche Zahlenquadrat des Bildes 60 zu beschreiben? In diesem Zahlenquadrat werden nach Wahl des Startwertes 11 die Folgezahlen der ersten Zeile fortlaufend um 1 erhöht, während die Zahlen der nachfolgenden Zeilen jeweils um 10 erhöht werden. Es ähnelt damit dem Quadrat a) des Bildes 62.

Mit Hilfe der *Übung 49* kann eine allgemeine Struktur aller jener Zahlenquadrate angegeben werden, deren Diagonalsummen $Z(n)$ mindestens $n!$-mal vorkommen. Das Resultat in Übung 49 kann auch auf den Fall der Vertauschung von Zeilen und Spalten übertragen werden.

Man könnte zum Schluss noch den Unterschied zwischen unseren Zahlenquadraten und den magischen Quadraten ansprechen. Denn auch die magischen Quadrate haben Diagonalensummen mit der Eigenschaft $Z(n) = S(n)/n$. Unsere speziellen Zahlenquadrate unterscheiden sich von den magischen Quadraten in zwei Eigenschaften, die mit Bild 59 erkennbar sind: (1) die Spalten- oder Zeilensummen sind im Gegensatz zu den Magischen Quadraten nicht gleich; und (2) die Diagonalensummen unserer Quadrate treten im Gegensatz zu den Magischen Quadraten auch an weiteren Auswahlmustern auf.

Fibonacci-Zahlen

Die Mathematik der Fibonacci-Zahlen gehört zu einem der interessantesten Teilgebiete der Zahlentheorie. Sie kommen in ganz verschiedenartigen Zusammenhängen vor, einer davon ist im Kapitel „Spezielle quadratische Gleichungen" schon angesprochen worden. Um einige weitere werde ich mich in diesem Buch noch kümmern. In diesem Kapitel geht es zunächst um ein Zerlegungsproblem, das so einfach ist, dass es schon in der Grundschule verstanden werden kann. Wie das in der Mathematik häufig der Fall ist, werden wir am Schluss allerdings in der höheren Mathematik landen.

Jede natürliche Zahl $n > 1$ kann als Summe anderer natürlicher Zahlen dargestellt werden. Im Fall $n = 2$ besteht die Summe aus zwei Zahlen: $2 = 1 + 1$. Unter einer Zerlegung verstehen wir jetzt eine solche Summenbildung. Die von der Größe der Zahl n abhängige Anzahl solcher Zerlegungen kann zu interessanten Zahlenfolgen führen, werden dabei bestimmte Regeln eingehalten. Hier geht es um die Beachtung zweier Regeln, die zu den Fibonacci-Zahlen führt.

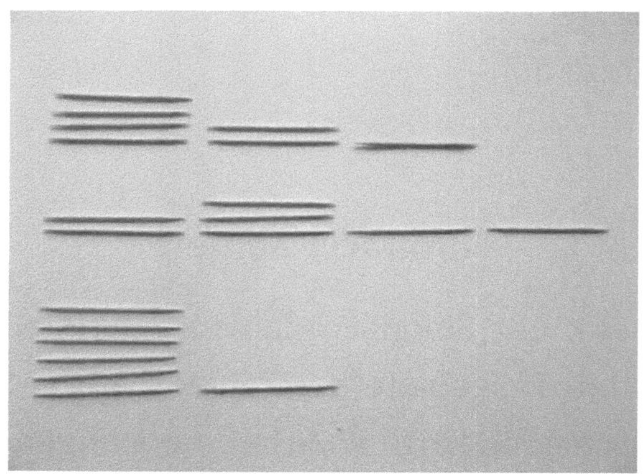

Bild 63

Gegeben sei ein Bündel Zahnstocher. Auf wie viele verschiedene Weisen kann man 7 Hölzchen einzeln oder in

Gruppen zu mehreren legen, wenn folgende beiden Regeln eingehalten werden: (1) in jeder Zerlegung muss wenigstens ein einzelnes Hölzchen vorkommen; (2) einzelne Hölzchen bilden immer das Ende einer Zerlegung. Bild 63 zeigt drei Beispiele solcher Zerlegungen im Fall $n = 7$.

Bei einer Gruppe von Kindern wird man einzelne Arbeitsaufträge mit verschiedenen Anzahlen n von Hölzchen vergeben. Gleichgültig, wie die Kinder mit einem solchen Auftrag umgehen, interessant wird sein, wie ihre Vorgehensweise sich von zuerst eher chaotischem zu dann strategisch sinnvollerem Suchen wandelt. In Bild 63 sind für $n = 7$ die Zerlegungsfälle 421, 2311 und 61 dargestellt. Unter Beachtung der beiden Regeln gibt es insgesamt 13 verschiedene Zerlegungsfälle. In geordneter Reihenfolge sind dies die Fälle 61, 511, 421, 241, 331, 4111, 3211, 2311, 2221, 31111, 22111, 211111, 1111111, hier wie auch weiterhin die Pluszeichen weggelassen.

Hilfreich für das Entdecken einer Suchstrategie wird sein, die Zerlegungen in bestimmter Weise tabellarisch zu ordnen, nämlich nach steigender Anzahl der Summanden, siehe die Tabelle mit dem Beispiel der Zerlegungen der Zahl 7. Hinweis: Neben 6 + 1 kann 7 natürlich auch in die Summanden 5 + 2, 2 + 5, 4 + 3 und 3 + 4 zerlegt werden. Diese

Zerlegungen zählen jedoch nicht, weil sie die oben genannte Regel (1) verletzen. Ebenso zählen andere Zerlegungen wie 1 + 5 + 1 oder 4 + 1 + 2 nicht, weil sie die Regel (2) verletzen.

n = 7	61	511	4111	31111	211111	1111111
		421	3211	22111		
		241	2311			
		331	2221			

Tabelle: Zerlegungen der Zahl 7

In der großen Tabelle sind alle Zerlegungsfälle von $n = 1$ bis $n = 10$ dargestellt. Was verrät uns diese Tabelle? Jetzt ist Entdeckerspürsinn gefragt.

α) Zwischen den Anzahlen der jeweiligen Fälle für $n = 1$ bis $n = 10$, die in der Spalte „Fibo" vermerkt sind, besteht ein Zusammenhang: Ab $n = 3$ ist die jeweilige Anzahl der Zerlegungsfälle gleich der Summe der beiden vorherigen Anzahlen, hier $n = 1$ und $n = 2$. Eine solche Zahlenfolge ist als Fibonacci-Zahlenfolge bekannt.

(β) Mit einer bekannten Anzahl von Zerlegungsfällen für den Fall n ist ein bestimmter Teil der Anzahl der Zerlegungsfälle für $n + 1$ bekannt: Es sind jene Fälle, bei denen eine abschließende „1" als Summand hinzukommt. Dies ist in der Tabelle beispielhaft für die Zerlegungen von $n = 8$ und $n = 9$ durch Grautönung markiert. Die heller markierten Zer-

Zerlegungen

n	Fibo									
1	1	1								
2	1	11								
3	2	21	111							
4	3	31	211	1111						
5	5	41	311	2111	11111					
			221							
6	8	51	411	3111	21111	111111				
			321	2211						
			231							
7	13	61	511	4111	31111	211111	1111111			
			421	3211	22111					
			241	2311						
			331	2221						
8	21	71	611	5111	41111	311111	2111111	11111111		
			521	4211	32111	221111				
			251	2411	23111					
			431	3311	22211					
			341	3221						
				2321						
				2231						
9	34	81	711	6111	51111	411111	3111111	21111111	111111111	
			621	5211	42111	321111	2211111			
			261	2511	24111	231111				
			531	4311	33111	222111				
			351	3411	32211					
			441	4221	23211					
				2421	22311					
				2241	22221					
				3321						
				3231						
				2331						
10	55	91	811	7111	61111	511111	4111111	31111111	211111111	1111111111
			721	6211	52111	421111	3211111	22111111		
			271	2611	25111	241111	2311111			
			631	5311	43111	331111	2221111			
			361	3511	34111	322111				
			541	4411	42211	232111				
			451	4321	24211	223111				
				4231	22411	222211				
				2431	33211					
				5221	32311					
				2521	23311					
				2251	32221					
				3421	23221					
				3241	22321					
				2341	22231					
				3331						

legungen für $n = 8$ erscheinen um eine Spalte nach rechts verschoben und mit einem zusätzlichen Summanden „1" versehen als dunkler markierte Zerlegungen für $n = 9$. Gleiches gilt für andere Zerlegungen wie z.B. die für $n = 7$ auf $n = 8$ oder von $n = 9$ auf $n = 10$. Sollte dieser Sachverhalt für alle weiteren Fälle korrekt sein, wäre die Aufstellung weiterer Zerlegungen wie z.B. die für $n = 11$ deutlich weniger mühsam.

(γ) Interessant sind nach der Entdeckung der Eigenschaft (β) die Anzahlen der jeweils neu hinzukommenden Zerlegungsfälle. Es sind dies bei $n = 3$ ein neuer Fall, bei $n = 4$ ebenfalls ein neuer Fall, bei $n = 5$ sind es zwei, bei $n = 6$ sind es drei, bei $n = 7$ sind es fünf, bei $n = 8$ sind es acht, bei $n = 9$ sind es 13 und bei $n = 10$ sind es 21 neue Fälle. Wieder erscheint eine Folge von Fibonacci-Zahlen!

Im Anschluss an die Beobachtung (γ) kann die Frage entstehen, wodurch diese neuen Fälle auftreten. Dazu kann ein Teilgebiet der Wahrscheinlichkeitsrechnung herangezogen werden, die Kombinatorik. Für die Ziffern a,b,1, $a \neq b \neq 1$, existieren zwei Kombinationen: ab1 und ba1, siehe Spalte 4 der großen Tabelle. Für die Ziffern a,a,b,1 existieren die drei Kombinationen aab1, aba1 und baa1, siehe Spalte 5 der Tabelle. Für die Ziffern a,b,c,1 existieren sechs Kombinationen: abc1, acb1, bac1, bca1, cab1, cba1, siehe Spalte 5 der Tabelle, Fall n = 10, usw.

Nun noch ein paar Angaben zu den Fibonacci-Zahlen. Gewöhnliche Fibonacci-Zahlen $f(n), n \in N$ entstehen aus der Rekursionsvorschrift $f(n+2) = f(n+1) + f(n)$ mit $f(1) = f(2) = 1$. Es resultiert die Zahlenfolge 1,1,2,3,5,8,13,21,34,55, … Andere fibonnacci-ähnliche Zahlenfolgen entstehen mit anderen Anfangszahlen $f(1)$ und $f(2)$. Nach Moivre-Binet kann aus der Rekursionsvorschrift eine explizite Darstellung der Fibonacci-Zahlen entwickelt werden, siehe *Übung 50*.

Der oben genannte Hinweis auf die Kombinatorik führt auf die Frage: Was haben die Fibonacci-Zahlen mit der Kombinatorik zu tun? Eine Antwort darauf liefert das sogenannte Pascal-Dreieck, siehe Tabelle. Im Pascal-Dreieck sind die Koeffizienten der Binomialentwicklung von $(a+b)^n, n \in N_0$, notiert. Die Additionen jener Koeffizienten, die längs der grauen Geraden in der Tabelle liegen, ergeben der Reihe nach die Fibonacci-Zahlen. Anmerkung: Das „n" der Darstellung in der Tabelle ist um Eins kleiner als das „n" der großen Tabelle auf der Seite 119. Der Grund dafür liegt darin, dass bei der Ermittlung der Zahl der Fälle in der großen Tabelle $n \in N$, im Fall des Pascaldreiecks jedoch $n \in N_0$ ist.

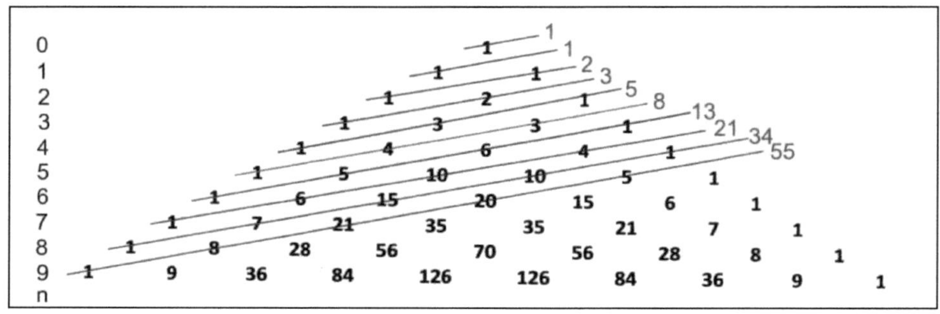

Tabelle: Pascal-Dreieck und Fibonacci-Zahlen

Schon schwerer zu entdecken sind jene Anzahlfolgen längs der schrägen Geraden in dieser Tabelle, die ebenfalls in der großen Tabelle vorkommen. Die Zahlenfolge 1, 6, 10, 4 in der Tabelle, deren Summe die Fibonacci-Zahl 21 ergibt, erscheint bei der großen Tabelle beim Fall $n = 10$ als Folge der gegenüber dem Fall $n = 9$ jeweils neu hinzugekommenen Zerlegungsfälle in den Spalten 3, 4, 5, und 6. Gleiches gilt für die Zahlenfolge 1, 5, 6, 1 in der Tabelle, deren Summe die Fibonacci-Zahl 13 ergibt, und der beim Fall $n = 9$ gegenüber dem Fall $n = 8$ jeweils neu hinzugekommenen Zerlegungsfälle in der großen Tabelle, usw.

Nun kann ein Zusammenhang der Fibonacci-Zahlen mit den Binomialkoeffizienten hergestellt werden, siehe *Übung 51*.

Obwohl naheliegend, ist keineswegs sicher, dass beim Zerlegungsverfahren nach all den Eigenschaften, die beispielsweise in den Tabellen dokumentiert sind, auch für alle weiteren n Fibonacci-Zahlen entstehen werden. Solange es keine Zählvorschrift gibt, die Anzahl der Zerlegungen der großen Tabelle zu bestimmen, bleibt die Annahme, dass dieses Zerlegungsverfahren auch für beliebige n auf Fibonacci-Zahlen führt, eine Vermutung. Für Leserinnen und Leser, die noch nicht genug haben, sei auf die *Übung 52* verwiesen.

Eine didaktische Anmerkung zu diesem Kapitel ist angebracht. Es geht um die Frage, wie tiefgreifend die Ausbildung einer Fachkraft für den Mathematikunterricht sein sollte, die auf die Idee kommt, einer Gruppe von 10-jährigen Kindern die zu Beginn dieses Kapitels beschriebene Hölzchenaufgabe zu stellen, ohne eine Ahnung davon zu haben, welche Mathematik dahintersteckt. Ich würde mich sehr unwohl fühlen, wenn mir solche Ausbildungsinhalte unbekannt geblieben wären! Jede Grundschullehrerin, jeder Grundschullehrer hat ein Abitur hinter sich, für das auch mathematische Kenntnisse erforderlich gewesen sind, mögen sie nun beliebt gewesen sein oder nicht. Wie einfach wäre es doch, solchen Lehrkräften, die Mathematikunterricht in der Primarstufe unterrichten wollen, während ihres Studiums eine Weiterbildung in Sachen höherer Mathematik anzubieten, ja, von ihnen zu verlangen! Bei einer Lehrkraft kommt es nicht nur auf die Persönlichkeit an, sondern auch auf deren Fachkenntnis, will man erreichen, dass „Mathe" für junge Menschen nicht mehr so unbeliebt bleibt.

Spezielle n-Eck-Teilungen

Dieses Kapitel ist ein nur kurzes ‚Schmankerl' mit keineswegs einfachen Rechnungen, die aber nicht weiter ausgeführt werden.

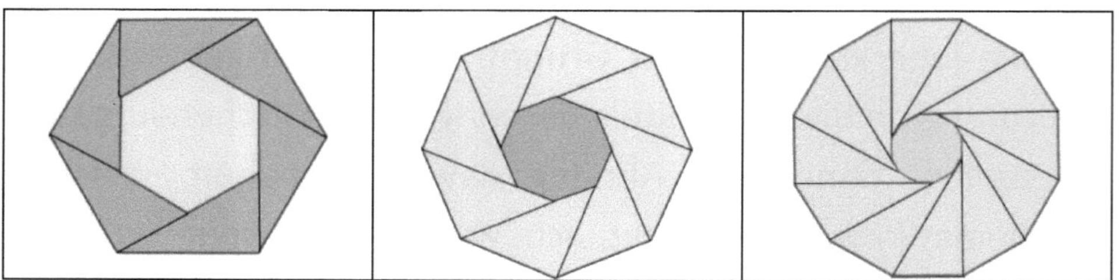

Bild 64a bis c

In den Bildern 64a bis c sind spezielle Teilungen regelmäßiger n-Ecke skizziert, die besonders bei höheren n Ähnlichkeit mit der Bauart der Verschlussblende einer Kamera haben. Die „Lamellen" bestehen aus rechtwinkligen Dreiecken mit einer

Kathete a, der jeweiligen Seitenlänge des n-Ecks. Diese Lamellen erzeugen ein ähnliches n-Eck im Zentrum, dessen Daten bestimmt werden können. Dazu kann eine allgemeine Gleichung angegeben werden, die mit Hilfe von Bild 65 ermittelt wird.

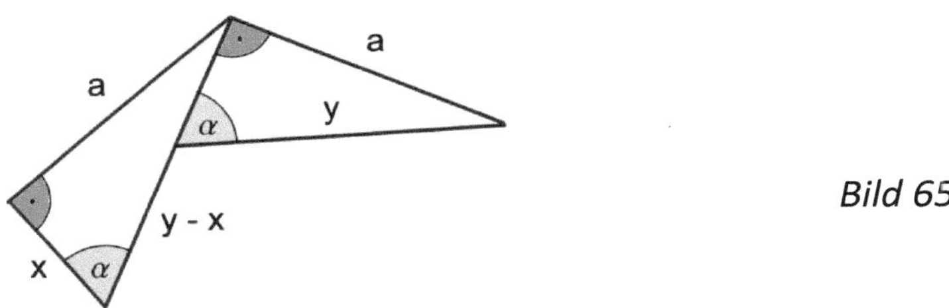

Bild 65

Es sind $y = \sqrt{x^2 + a^2}$ und $x = \dfrac{a}{tan\alpha}$, a die Seitenlänge des äußeren n-Ecks. Demnach beträgt die Seitenlänge des inneren n-Ecks $y - x = \dfrac{a}{tan\alpha}\left(\sqrt{1 + tan^2\alpha} - 1\right)$. In der Tabelle ist notiert, welche Seitenlängen und Radien r_i die inneren n-Ecke sowie welche Radien r_a die äußeren n-Ecke haben. Besonders beim Fünf- wie beim Zehneck ergeben sich beim Vergleich mit den Literaturwerten merkwürdige Wurzelidentitäten.

n	α	$tan\alpha$	$\dfrac{y-x}{a}$	$\dfrac{r_i}{a}$	$\dfrac{r_a}{a}$
5	72°	$\sqrt{5+2\sqrt{5}}$	$\dfrac{\sqrt{6+2\sqrt{5}}-1}{\sqrt{5+2\sqrt{5}}}$	$\dfrac{1}{2}(\sqrt{5}-1)$	$\dfrac{1}{2}\cdot\dfrac{\sqrt{14+6\sqrt{5}}}{\sqrt{5+2\sqrt{5}}}$
6	60°	$\sqrt{3}$	$\dfrac{1}{\sqrt{3}}$	$\dfrac{1}{\sqrt{3}}$	1
8	45°	1	$(\sqrt{2}-1)$	$\dfrac{1}{2}\sqrt{3}(\sqrt{2}-1)$	$\dfrac{1}{2}\sqrt{3}$

10	36°	$\dfrac{\sqrt{5+2\sqrt5}}{\sqrt{9+4\sqrt5}}$	$\dfrac{\sqrt{14+6\sqrt5}-\sqrt{9+4\sqrt5}}{\sqrt{5+2\sqrt5}}$	$\dfrac{1}{2}(1+\sqrt5)$ $\cdot\dfrac{\sqrt{14+6\sqrt5}-\sqrt{9+4\sqrt5}}{\sqrt{5+2\sqrt5}}$	$\dfrac{1}{2}(1+\sqrt5)$
12	30°	$\dfrac{1}{\sqrt3}$	$(2-\sqrt3)(2-\sqrt3)$	$\sqrt{2-\sqrt3}$	$\sqrt{2+\sqrt3}$

Was sind Kettenwurzeln?

Zunächst ein paar Anmerkungen zu etwas Bekanntem: den Kettenbrüchen. Mit Hilfe einer Gleichung wie $x=\frac{1}{1+x}$ kann man einen Kettenbruch definieren. Der einfachste Vertreter ist dieser Art Bruch ist $\cfrac{1}{1+\cfrac{1}{1+\cfrac{1}{1+\cdots}}}=\frac{1}{2}(\sqrt5-1)$. Die rechte Seite ist eine Lösung jener quadratischen Gleichung, die wir schon kennen: $x^2+x-1=0$, die auch eine Lösung von $x=\frac{1}{1+x}$ ist (es lohnt sich, das nachzuprüfen). Die linke Seite ist dadurch entstanden, dass für jedes weitere x im Nenner der Term $\frac{1}{1+x}$ eingesetzt wird. Je nachdem, wie lang man dies fortsetzt, kommt man dem exakten Wert des Kettenbruchs $\frac{1}{2}(\sqrt5-1)$ und damit der irrationalen Zahl $\sqrt5$ immer näher, siehe *Übung 53*.

Die quadratische Gleichung $x^2+x-1=0$ hat eine zweite reelle Lösung: $\frac{1}{2}(\sqrt5+1)$. Diese Lösung ist zugleich die einzige reelle Lösung der Gleichung $x = \sqrt{1+x}$, die durch Umstellung aus der Gleichung $x^2 + x - 1 = 0$ entsteht. Ähnlich wie oben beim Kettenbruch kann durch $x = \sqrt{1+x}$ eine Kettenwurzel definiert werden: $\frac{1}{2}(\sqrt{5}+1) = \sqrt{1 + \sqrt{1 + \sqrt{1 + \cdots}}}$. Während zu Kettenbrüchen viel Literatur existiert, kann man zu Kettenwurzeln nur wenig finden. Ebenso, wie man viele Arten von Kettenbrüchen kennt, darunter auch sogenannte periodische Kettenbrüche wie der weiter oben Genannte, gibt es viele Arten von Kettenwurzeln, darunter auch sogenannte periodische Kettenwurzeln wie die gerade Genannte.

Mit solchen periodischen Kettenwurzeln will ich mich in diesem Kapitel befassen. $w_k(q) = \sqrt[k]{q + \sqrt[k]{q + \sqrt[k]{q + \cdots}}}$ sei die allgemeine Definition einer periodische Kettenwurzel. Ein solcher Term sei definiert für einen (positiven) Radikanden q und eine Ordnung k der Wurzel. Beide, q und k, seien vorerst natürliche Zahlen, damit wir uns bei der Untersuchung des Terms $w_k(q)$ vorerst in gewohnten Gewässern befinden. Eine äquivalente Darstellung dieser Kettenwurzel ist $w_k(q) = \left(\cdots \left(\left(q^{\frac{1}{k}} + q \right)^{\frac{1}{k}} + q \right)^{\frac{1}{k}} + q \right)^{\frac{1}{k}}$. Diese Art der Dar-

stellung eignet sich für eine Tabellenkalkulation zur näherungsweisen Bestimmung derartiger Kettenwurzeln, siehe *Übung 54*. Damit sind Näherungsbestimmungen solcher Terme für natürliche Zahlen q und k leicht möglich.

Beim Spiel mit der Wurzelordnung $k = 2$ und einigen Werten für $q \in N$ fällt auf: (1) Die fortlaufenden Näherungswerte für $w_2(q)$ konvergieren im Allgemeinen recht schnell; je größer q, desto schneller. Einige Resultate sind in der Tabelle aufgeführt.

q	1	2	5	10	20	50	100
$w_2(q)$	1,618	2	2,791	3,702	5	7,589	10,512

(2) Gelegentlich werden bekannte Zahlen angenähert: die natürlichen Zahlen 2 oder 5 im Fall $q = 2$ oder $q = 20$, oder auch die Verhältniszahl im Goldenen Schnitt $\varphi = \frac{1}{2}(\sqrt{5} + 1)$ im Fall $q = 1$. Damit existieren merkwürdige Identitäten wie

$$2 = \sqrt{2 + \sqrt{2 + \sqrt{2 + \cdots}}} \quad \text{oder} \quad 5 = \sqrt{20 + \sqrt{20 + \sqrt{20 + \cdots}}}$$

$$= \sqrt{4 \cdot 5 + \sqrt{4 \cdot 5 + \sqrt{4 \cdot 5 + \cdots}}}.$$

Beim Ausprobieren des Tabellenkalkulationsprogramms für weitere Werte des Parameters q kann man eine Vermutung bestätigt finden: $w_2(q) = n$, falls $q = n(n-1)$. Diese Vermutung ist leicht zu beweisen, siehe *Übung 55*. Dort ist darauf verwiesen, dass die Erweiterung der bisherigen Überlegungen von natürlichen Zahlen q auf positive reelle Zahlen r als Radikanden der Wurzeln wie auch auf allgemeinere Ordnungen k der Wurzeln zwanglos möglich. Demnach gilt $w_k(q) = r$, wenn $q = r(r^{k-1} - 1)$ ist. Als Folge hiervon findet man solche merkwürdigen Identitäten

wie $\sqrt{12 + \sqrt{12 + \sqrt{12 + \cdots}}} = 2\sqrt[3]{6 + \sqrt[3]{6 + \sqrt[3]{6 + \cdots}}}$ bzw.

$w_2(12) = 2w_3(6)$, siehe dazu *Übung 56*.

Mit Hilfe der Tabellenkalkulation aus Übung 54 ist schnell eine Wertetabelle der $w_2(q)$ für $q \in [1; 100]$ erstellt. Bei der doppelt-logarithmischen Auftragung $w_2(q)$, siehe Bild 66, wird erkennbar, dass $w_2(q)$ sich für große q offenbar asymptotisch der Funktion $f(q) = \sqrt{q}$ nähert. Lässt sich die Vermutung $\lim_{q \to \infty} w_k(q) = \sqrt[k]{q}$ beweisen? Man kann es sich zunächst einfach machen und die Beziehung $w_k(q) = r = \sqrt[k]{q + r}$ heranziehen, mit der die Vermutung unter

Zuhilfenahme der Übung 55 sofort beweisbar ist. Es geht aber auch anders, siehe *Übung 57.*

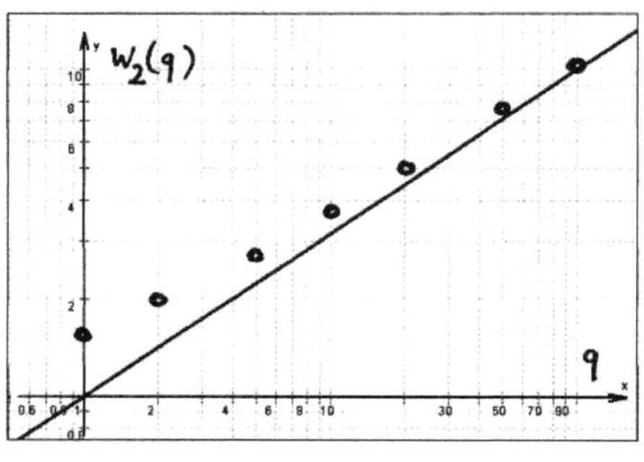

Bild 66

Die in Übung 54 beschriebene Tabellenkalkulation erlaubt natürlich auch die Erforschung von Ketten"wurzeln", deren Ordnungen k irgendwelche reellen Zahlen sind. Probedurchläufe zeigen: Ketten"wurzeln" lassen sich für alle reellen k außer für $0 \leq k \leq 1$ bestimmen. Die Beträge aller Ketten"wurzeln" für $k < 0$ liegen zwischen 0 und 1, und zwar konvergieren sie um so näher bei 1, je größer der Betrag von k ist. Der Konvergenzwert wird durch abwechselnd höhere und niedere Werte eingeschachtelt.

Das Thema „Kettenwurzeln" ist mit diesem Kapitel aber noch längst nicht ausgeschöpft. Einige weitere Angaben sind in den Kapiteln „Quadratwurzeln mit negativen Radikanden?" und „Von Kettenwurzeln zu Kettenbrüchen" zu finden.

Billard verrückt

Normalerweise versteht man unter dem Billardspiel das Spiel auf einem rechteckigen Tisch mit dem Seitenverhältnis 2 : 1. Sehen wir uns das einfachste Spiel mit zwei Kugeln an, einer weißen Kugel W als Stoßkugel und einer roten R als Zielkugel. Beim sogenannten Einbänder lautet die Aufgabe, die rote Kugel über die Reflexion an einer Bande zu treffen. Dazu visiert man ein bestimmtes Spiegelbild der roten Kugel an, siehe Bild 67. Sofern die Kugeln W und R im Inneren des Tisches liegen, gibt es bei vier Banden auch vier Lösungen.

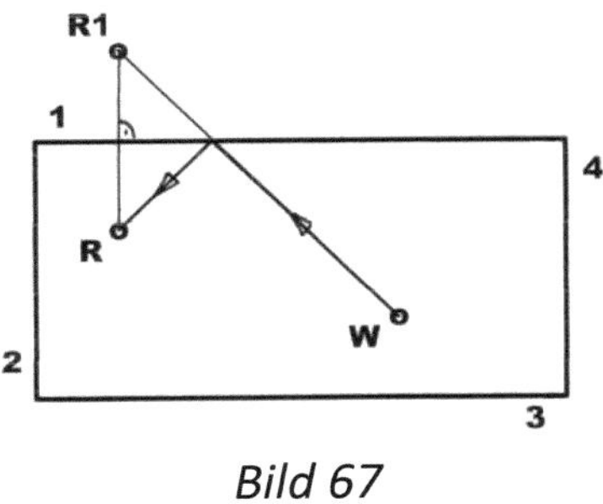

Bild 67

Schon das Billardspiel auf dem rechteckigen Tisch kann Probleme aufwerfen, die es in sich haben. Erst recht, wenn der Tisch keine rechteckige Gestalt mehr hat. In diesem Kapitel wird eine ungewöhnliche Frage gestellt, nämlich, wie das Billardspiel auf einem kreisrunden Tisch aussehen könnte. Meines Wissens hat sich um diese Frage bislang noch niemand gekümmert. Damit das Problem nicht zu komplex wird, beschränke ich mich auf den Einbänder auf solch einem Tisch, d.h. einer Reflexion an der kreisförmigen Bande. Wir vermuten, dass es wie beim rechteckigen Tisch mehr als eine Lösung gibt. Doch eine Warnung ist notwendig, bevor man sich mit diesem Problem beschäftigt. Schnell zeigt sich nämlich, dass das Auffinden von Lösungen sich sowohl geometrisch wie algebraisch als ein Problem besonderer Art erweist.

In Bild 68 und in *Übung 58* ist gezeigt, wie man an das Problem der Reflexion an einem Kreis auf elementare Weise herangehen kann.

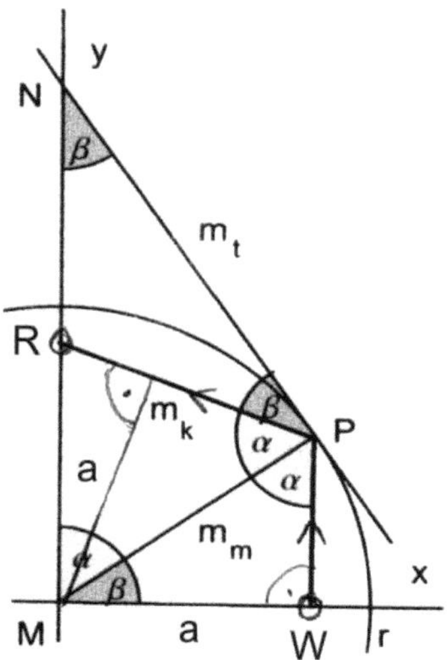

Bild 68

Die Frage nach einer Lösung oder gar der Anzahl aller möglichen Lösungen für einen Einbandstoß beim kreisförmigen Billardtisch ist zwar einfach gestellt, jedoch gar nicht einfach zu beantworten. Schon das Problem, überhaupt eine Lösung für einen solchen Stoß zu finden, ist groß. Dass es wenigstens eine Lösung geben muss, kann an den trivialen Beispielen der Bilder 69 und 70 gesehen werden. Es kann sogar gezeigt werden, dass es wenigstens zwei Lösungen gibt, siehe die Bilder 69 und 71, sofern die Zielkugel R nicht gerade auf dem Mittelpunkt des Tisches liegt.

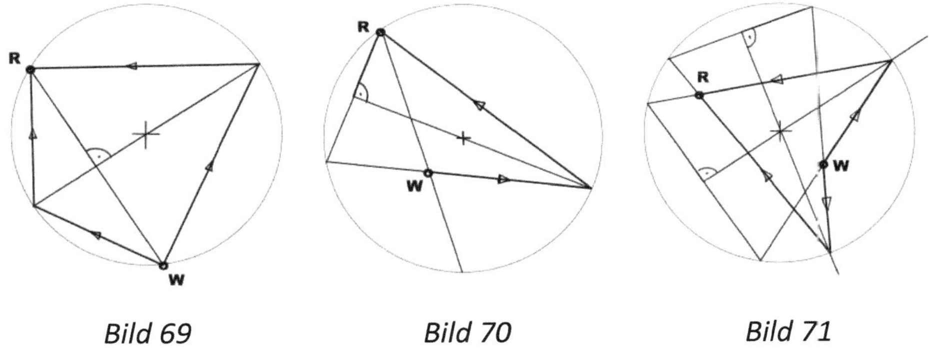

Bild 69   Bild 70   Bild 71

Wie die Bilder 69 bis 71 verdeutlichen, spielen dem Kreis einbeschriebene gleichschenklige Dreiecke für die zu ermittelnden Bahnen der Stoßkugel W eine bedeutsame Rolle. Dieselben Bahnen gelten aber auch für alle anderen Positionen der Kugeln auf den Schenkeln der Dreiecke. Damit kann man aber nur arbeiten, wenn diese Dreiecke bekannt sind. Daher die Frage: Existiert ein geometrisch-konstruktives

Verfahren zum Auffinden solcher Dreiecke? Da mir zu dieser Frage keine Antwort eingefallen ist, kehre ich zur analytisch-geometrischen Bearbeitung dieser Frage zurück, siehe Bild 72.

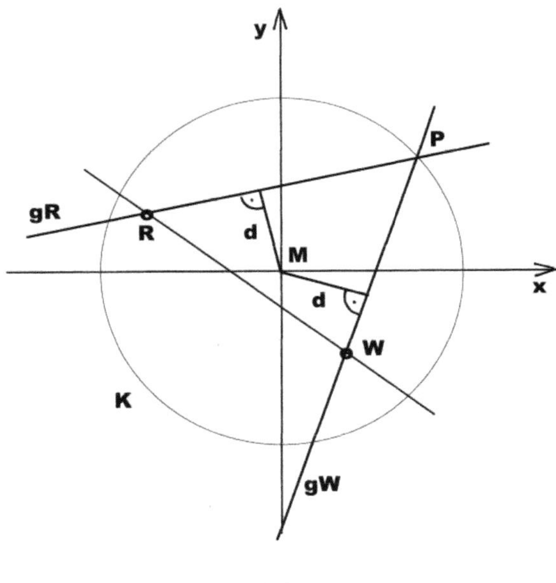

Bild 72

Mit Hilfe dieses Bildes sind folgende Sachverhalte bekannt: Durch die Kugelörter R und W sowie durch den Reflexionspunkt P am Kreis verlaufen zwei Geraden, die vom Mittelpunkt des Kreises denselben Abstand d haben. Ziel ist die Bestimmung der Koordinaten von P aus den gegebenen Koordinaten von R und W sowie dem Kreisradius $\overline{MP} = r$. Wer sich an diesem Problem versucht, wird mit viel Glück bei einer komplexen algebraischen Gleichung höherer Ordnung mit mehreren potentiellen reellen Lösungen landen. Daraus kann man schließen, dass es auch keine geometrische Konstruktion gibt, mit der dem Kreis einbeschriebene gleichschenklige Dreiecke wie die in den Bildern 69 bis 71 auffindbar sind.

Mit Bild 67 haben wir gesehen, wie das Erfolgsrezept beim Stoß an der geradlinigen Bande des gewöhnlichen Billardspiels lautet: stoße W in Richtung der an der Bande gespiegelten Kugel R. Ist dieses Rezept auf die Spiegelung an einer kreisförmigen Bande übertragbar? Dazu muss man eine Vorstellung davon haben, wo sich die am Kreis gespiegelte Kugel R befindet. Es geht also um die Spiegelungsabbildung am Kreis.

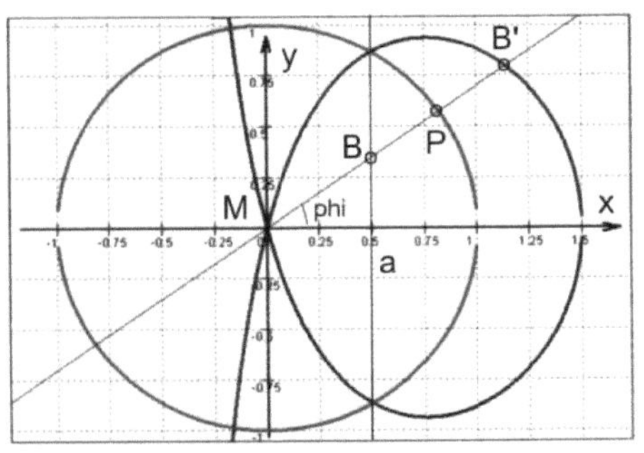

Bild 73

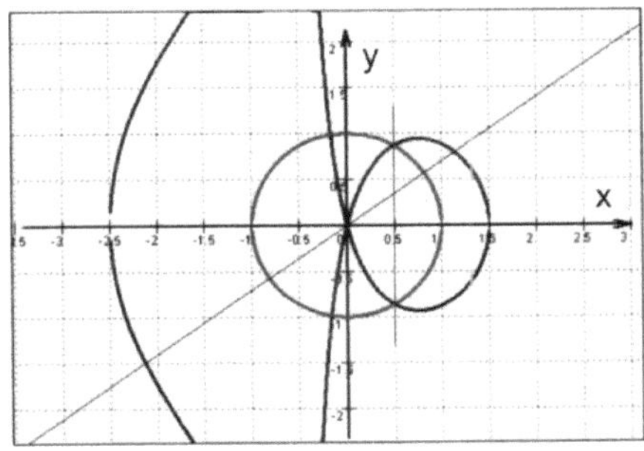

Bild 74

In Bild 73 liegt bei $x = a$ eine vertikale Sehne des Kreises um den Koordinatenursprung (für die Darstellung ist $a = \frac{1}{2}r$ gewählt worden). Auf dieser Sehne liegt ein Punkt B. Eine Abbildung dieses Punktes am Kreis hat zur Folge, dass der Bildpunkt B' auf der Ursprungsgeraden MP im Abstand $\overline{BP}$ außerhalb des Kreisbogens liegt. In Bild 74 ist zu erkennen, wohin der Bildpunkt fällt, findet die Abbildung in der Gegenrichtung statt. Wird die Menge aller Punkte auf der Sehne am Kreis gespiegelt, liegt die Menge dieser Spiegelpunkte auf einer schleifenförmigen Kurve einerseits und dem links davon liegenden zweiten Kurventeil andererseits. Zur Arbeit mit Bild 73 siehe die *Übung 59*.

Wir ermitteln die Steigung der Schleifenkurve an ihren Schnittpunkten mit dem Kreis, d.h. in den Fixpunkten der Kreisabbildung, siehe Bild 73. Die Ableitung der Funktionsgleichung $|y| = 2r \dfrac{x}{x+a} \sqrt{1 - \left(\dfrac{x+a}{2r}\right)^2}$ lautet $|y'| = \dfrac{\frac{2ar}{(x+a)^2} - \frac{x+a}{2r}}{\sqrt{1 - \left(\frac{x+a}{2r}\right)^2}}$.

An der Stelle $x = a$, d.h. in den Fixpunkten beträgt die Steigung somit $|y'_{x=a}| = \dfrac{r/2a - a/r}{\sqrt{1 - (a/r)^2}}$, und das ist dasselbe wie das m_k in Bild 68 und Übung 58.

Die Steigung der in den Fixpunkten einmündenden Schleife gibt somit die Reflexionsrichtung der Stoßkugel W in

Richtung der Zielkugel R an. Dies ist in Bild 75 skizziert. Diesem Bild entnimmt man, dass es dann, wenn die Stoßkugel nicht gerade auf der y-Achse liegt (d.h. für $a \neq 0$) auf jeden Fall eine Lösung geben wird. Weitere Lösungen können vermutet werden: je eine Reflexion der Stoßkugel an der Kreisbande rechts und links der y-Achse.

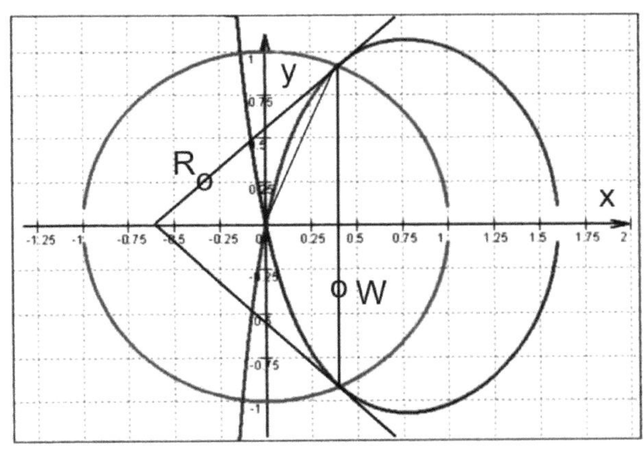

Bild 75

Zur Behandlung des schrägen Themas dieses Kapitels ist offenbar eine gehörige Portion höherer Mathematik erforderlich. Angesichts der Vermutung, dass selbst der einfachste Stoß auf dem kreisförmigen Billardtisch nicht exakt lösbar zu sein scheint, sollte man lieber die Finger von einem solchen Tisch lassen. Es wird Zeit, sich wieder in einfachere Gefilde der Mathematik zu begeben.

Spezielle Dreieckszerlegungen regelmäßiger n-Ecke

Schon seit längerer Zeit gehen Elemente der Graphentheorie in die Anwendungsmathematik ein. Es geht um Fragestellungen, die ursprünglich aus der Unterhaltungs- und Spielmathematik stammen, jetzt aber helfen, Probleme der Block-, der Netz- oder der Turnierplanung einem praktikablen Näherungsverfahren oder gar einer optimalen Lösung zuführen zu können. Zu einem der ältesten Probleme aus diesem Bereich der Mathematik zählt die Frage: Auf wie viele Weisen kann ein konvexes n-Eck durch sich im Inneren nicht schneidende Diagonalen in Teildreiecke zerlegt werden? Diese Frage ist erstmalig von *GOLDBACH* gestellt und von *EULER* beantwortet worden. Die von n abhängigen Anzahlen solcher Zerlegungen sind heute unter dem Begriff *CATALAN*-Zahlen in der Literatur bekannt.

In diesem Kapitel sei das *GOLDBACH-EULER*-Problem insofern reduziert, als jedes Teildreieck wenigstens eine n-Eckseite als Dreieckseite haben soll. Die *CATALAN*-Zahl 14 steht für das konvexe Sechseck. Zieht man die beiden Fälle von Teildreiecken, die bis auf die Eckpunkte im Inneren der Sechseckfigur liegen, ab, bleiben 12 Fälle, die in Bild 76 dargestellt sind. Zur Wahrung der Übersicht sind alle kongruenten Teildreiecke im selben Grauton gehalten. Die skizzierten Fälle sind dadurch unterschieden, dass bei Vorliegen eines in jeder Hinsicht unregelmäßigen Sechsecks je zwei Figuren weder durch Drehungen noch durch Spiegelungsabbildungen aufeinander abzubilden sind.

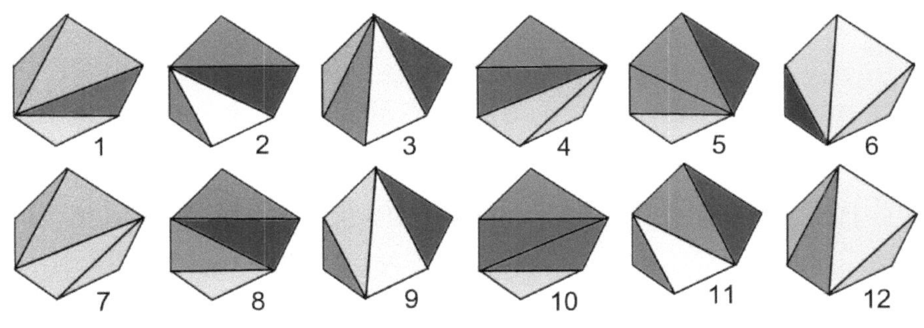

Bild 76

Nun folgt der zweite Reduktionsschritt. Ist das Sechseck regelmäßig, existieren nur noch zwei Fälle, die weder durch eine Drehung noch durch eine Spiegelung aufeinander abbildbar sind: einen vom Typ 1 – 6 sowie einen vom Typ 7 – 12, siehe Bild 77. Man kann diese Typen durch hier als „offen" bezeichnete Graphen darstellen, die sich aus den Anordnungen der Diagonalen ergeben, siehe Bild 78. Nur diese beiden Graphen sind Strukturmerkmale der Figuren des Bildes 76. In diesen Graphen haben durch kleine Kreise hervorgehobene Knoten folgende Bedeutung: dort enden (beginnen) zwei oder mehr Diagonalen.

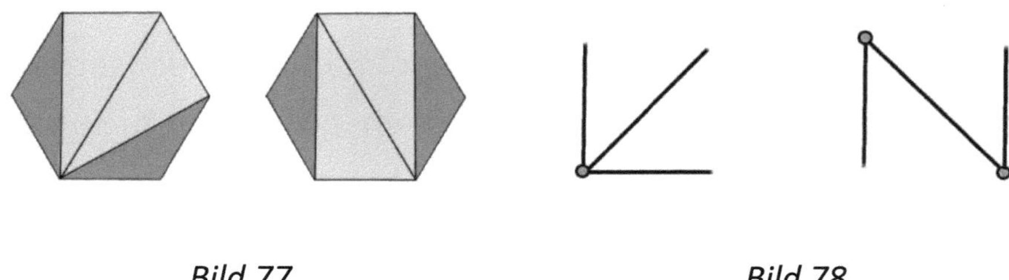

Bild 77   Bild 78

Lässt man Teildreiecke zu, die nur aus Diagonalen bestehen, ist das Strukturmerkmal: offener Graph nicht mehr möglich. Dies ist am Beispiel des regelmäßigen Siebenecks in den Bildern 79 und 80 dargestellt. Dort ist der Fall eines (teilweise) „geschlossenen" Graphen vorhanden.

Bild 79   Bild 80

Die Reduzierung der Gestalt der n-Eck-Figuren auf regelmäßige Figuren stellt somit die Reduzierung des *GOLDBACH-EULER*-Problems auf ein Anzahlproblem bestimmter Graphen dar. Damit sind Dreieckteilungen regelmäßiger n-Ecke Veranschaulichungen für dieses Anzahlproblem.

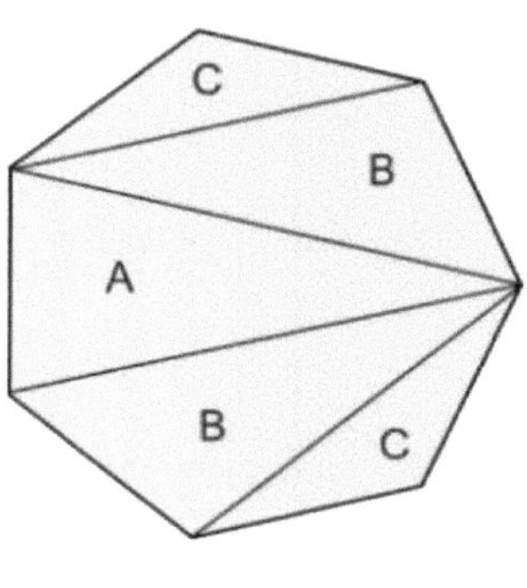

Bild 81

Ein weiterer Vorteil der Verwendung regelmäßiger n-Ecke ist in Bild 81 an einem Teilungsfall des regelmäßigen Siebenecks skizziert: Dort entstehen fünf Teildreiecke, von denen zwei Dreiecke B sowie zwei Dreiecke C jeweils kongruent sind. Solche Kongruenzen ermöglichen bei geteilten regelmäßigen n-Ecken eine wesentlich einfachere Beurteilung unterschiedlicher Fälle (siehe auch Bild 83).

Nach diesen Reduktionsschritten kann folgende Aufgabenstellung formuliert werden:

Wie viele offene Graphen zu Dreieckszerlegungen eines konvexen n-Ecks durch sich nicht schneidende Diagonalen gibt es?

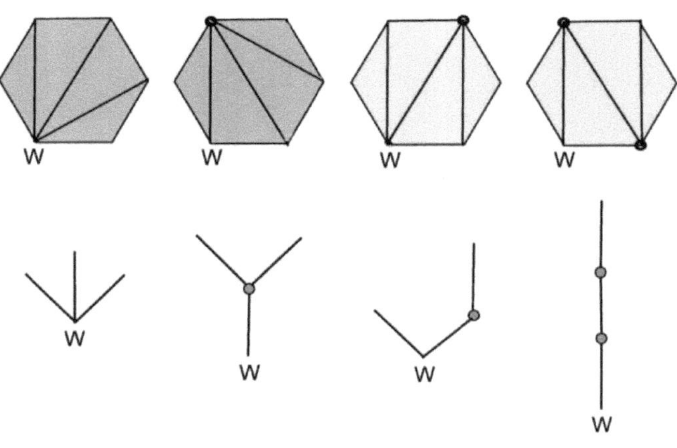

Bild 82

Offene Graphen werden häufig auch als Bäume bezeichnet. Wie Bild 82 am Beispiel des konvexen Sechsecks veranschaulicht, eignen sich Baumdiagramme für die Bearbeitung der eben gestellten Frage nicht, weil sie gerichtete offene Graphen meinen: Je zwei der vier Baumdiagramme beziehen sich auf dieselbe Zerlegung, d.h. betreffen Zerlegungen, die durch Drehungen und/oder Spiegelungen aufeinander abgebildet werden können (mit W ist die „Wurzel" der Baumdarstellung bzw. des Baumes bezeichnet).

In Bild 78 ist angedeutet, wie offene Graphen zur Veranschaulichung von Fällen geteilter regelmäßiger n-Ecke verwendet werden können. Am Beispiel der Teilungsfälle des regelmäßigen Achtecks ist dies in Bild 83 in Einzelheiten dargestellt. Je zwei kongruente Dreiecke sind sofort erkennbar. Im konvexen Achteck gibt es in der o.g. Reduktion fünf Diagonalen, die sich nicht schneiden. Demzufolge haben alle Graphen fünf Kanten. Da bei höheren n selbst das Auffinden aller zuständigen Graphen schwierig werden kann, ist eine Kennung der Graphen sinnvoll, die die Zusammensetzung der Knotengrade wiedergibt.

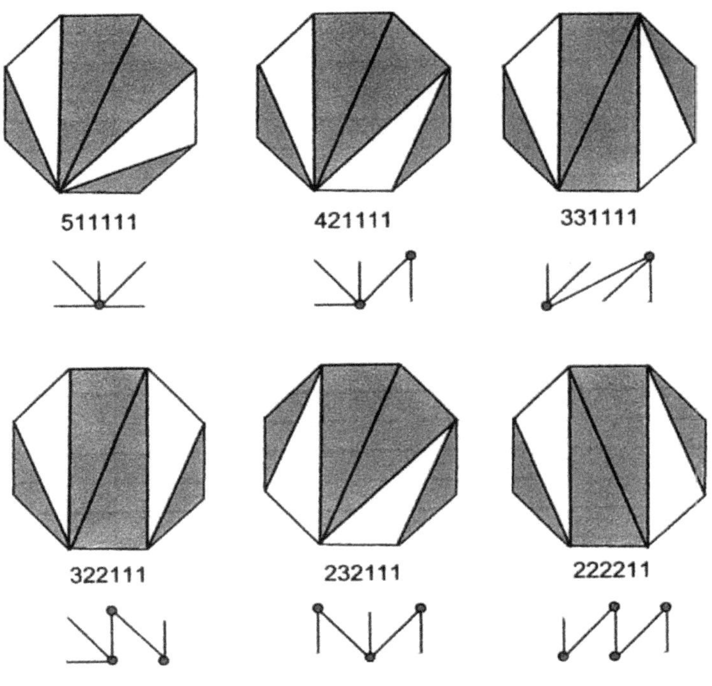

Bild 83

Der Graph mit der Kennung „232111" in Bild 83 enthält einen Knoten mit dem Grad 2, dem ein Knoten mit dem Grad 3 folgt, gefolgt von einem Knoten mit dem Grad 2; alle restlichen Knoten vom Grad 1 werden angehängt. Die Summe $S_n(P)$ der Knotengrade beim konvexen n-Eck ist eine Konstante: $S_n(P) = 2(n-3)$, sie beträgt beim konvexen Achteck 10.

Die zu den sechs Fällen einer Zerlegung des regelmäßigen Achtecks gehörenden Graphen können bei gleicher Verteilung der Knotengrade durchaus unterschiedlicher Gestalt sein, was eine Zusammenstellung aller Fälle nicht gerade vereinfacht. Die in Bild 83 notierten Graphen sind an den Verläufen der Diagonalen der darüber gezeichneten Achtecke orientiert. Es zeigt sich, dass noch einfacher als das Zusammenstellen unterschiedlicher Graphen die Notierung der Knotenkennungen ist. Man kann sich daher auf solche Knotenkennungen als Kennzeichnung der einzelnen Fälle beschränken.

In der nachstehenden sich über mehrere Seiten erstreckenden Tabelle ist zusammengestellt, welche Anzahlen von Zerlegungen von konvexen n-Ecken sich mit Hilfe von Knotenkennungen dieser Art ergeben (n Anzahl der Ecken des n-Ecks, k Anzahl der Kanten des Graphen). In Bild 84 sind die vier in der Tabelle grau hervorgehobenen Fälle für $n = 10$ nochmals als konkrete Teilungen des Zehnecks gezeichnet, um sich davon zu überzeugen, dass dies Fälle sind, die nicht durch Drehungen und/oder Spiegelungen aufeinander abgebildet werden können.

n/k	Kennung (Aufzählung der Knotengrade)	$Z(k)$	$F(k)$	$C(n)$
4/1	11	1	1	2
5/2	211	1	1	5
6/3	3111 2211	2	2	14
7/4	41111 32111 22211	3	3	42
8/5	511111 421111 331111 322111 232111 222211	6	5	132
9/6	6111111 5211111 4311111 4221111 2421111 3321111 3231111 3222111 2322111 2222211	10	8	429
10/7	71111111 62111111 53111111 52211111 25211111 44111111 43211111 34211111 32411111 42221111 24221111 33311111 33221111 32321111 32231111 23321111 32222111 23222111 22322111 22222211	20	13	1430
11/8	811111111 721111111 631111111 622111111 541111111 532111111 352111111 523111111 522211111 252211111 442111111 424111111 433111111 343111111	35	21	4862

	432211111						
	423211111	*422311111*	*243211111*	*224311111*			
	242311111						
	422221111	*242221111*	*224221111*	*333211111*			
	332311111						
	332221111	*323221111*	*322321111*	*322231111*			
	233221111						
	232321111	*322222111*	*232222111*	*223222111*			
	222222211						
12/9	*9111111111*	*8211111111*	*7311111111*	*7221111111*	*70*	*34*	*167*
	2721111111						*96*
	6411111111	*6321111111*	*6231111111*	*3621111111*			
	6222111111						
	2622111111	*5511111111*	*5421111111*	*4521111111*			
	5241111111						
	5331111111	*3531111111*	*5322111111*	*5232111111*			
	5223111111						
	3522111111	*3252111111*	*2352111111*	*5222211111*			
	2522211111						
	2252211111	*4431111111*	*4341111111*	*4422111111*			
	4242111111						
	4224111111	*4332111111*	*3432111111*	*3423111111*			
	3342111111						
	4233111111	*4323111111*	*4322211111*	*4232211111*			
	4223211111						

4222311111 *2432211111* *2243211111* *3422211111* *2242311111*			
2422311111 *4222221111* *2422221111* *2242221111* *3333111111*			
3332211111 *2333211111* *3323211111* *3322311111* *3233211111*			
3232311111 *3322221111* *3232221111* *3223221111* *3222321111*			
3222231111 *2332221111* *2233221111* *2323221111* *2322321111*			
3222222111 *2322222111* *2233222111* *2223222111* *2222222211*			

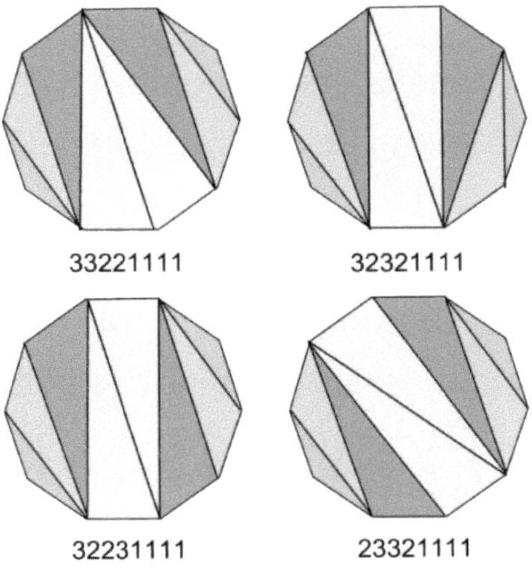

Bild 84

Die hier auftretenden Fallzahlen $Z(k)$ sind in den drei letzten Spalten der Tabelle mit bekannten Zahlen verglichen: Den CATALAN-Zahlen $C(n)$ und den FIBONACCI-Zahlen $F(k)$. Die FIBONACCI-Zahlen stellen offenbar so etwas wie eine untere Grenze der Fallzahlen dar. Ähnlich wie bei den FIBONACCI-Zahlen zeigt eine logarithmische Auftragung der Fallzahlen $Z(k)$ gegen k solche Unregelmäßigkeiten, die nicht auf die Möglichkeit der Darstellung durch eine einzige Funktion hinweist, sondern auf zwei (oder mehr) Funktionen: Eine, die einen prinzipiell exponentiellen Verlauf beschreibt und somit Näherungswerte liefert, und eine zweite (oder weitere), die deren Funktionswerte auf ganze Zahlen korrigiert (bei den FIBONACCI-Zahlen tun dies die MOIVRE-BINETschen Formeln, siehe Übung 50).

Die in der großen Tabelle erscheinenden Fallzahlen $Z(k)$ sind keine zufälligen Zahlen. Bei Betrachtung des gewöhnlichen PASCAL-Dreiecks fällt auf, dass die $Z(k)$ der Tabelle bestimmten Zahlen in diesem Dreieck zu entsprechen scheinen, hier fett hervorgehoben. Diese Zahlen sind die Beträge der jeweils größten Binomialkoeffizienten einer Zeile, d.h. $Z(k) = \binom{k-1}{\frac{k-1}{2}}$. Es muss allerdings unterschieden werden: Ist k eine ungerade Zahl, dann ist $\frac{k-1}{2}$ eine ganze

Zahl, und es ist $Z(k) = \dfrac{(k-1)!}{\left(\frac{k-1}{2}\right)!\left(\frac{k-1}{2}\right)!}$. Ist k eine gerade Zahl, dann ist $\dfrac{k-1}{2}$ nicht ganz, und es ist $Z(k) = \dfrac{(k-1)!}{\left(\frac{k-2}{2}\right)!\left(\frac{k}{2}\right)!}$. Beispiel: In Zeile 8 ist $Z(8) = \binom{7}{7/2} = \dfrac{7!}{3!\cdot 4!} = 35$. Es ist zwar mühsam, die Zahl der Fälle für $k = 10$ aus der Zahl der Knotengrade zu bestimmen, doch man erhält 126 Fälle, die nicht durch Drehungen und/oder Spiegelungen aufeinander abgebildet werden können. Ein Nachweis, dass dieser Zahl immer der jeweils größte Binomialkoeffizient entspricht, ist damit allerdings noch nicht erbracht.

$$
\begin{array}{ccccccccccccccccc}
 & & & & & & & & 1 & & & & & & & & \\
 & & & & & & & 1 & & 1 & & & & & & & \\
 & & & & & & 1 & & 2 & & 1 & & & & & & \\
 & & & & & 1 & & 3 & & 3 & & 1 & & & & & \\
 & & & & 1 & & 4 & & 6 & & 4 & & 1 & & & & \\
 & & & 1 & & 5 & & 10 & & 10 & & 5 & & 1 & & & \\
 & & 1 & & 6 & & 15 & & 20 & & 15 & & 6 & & 1 & & \\
 & 1 & & 7 & & 21 & & 35 & & 35 & & 21 & & 7 & & 1 & \\
1 & & 8 & & 28 & & 56 & & 70 & & 56 & & 28 & & 8 & & 1 \\
\end{array}
$$

$$
1 \quad 9 \quad 36 \quad 84 \quad 126 \quad 126 \quad 84 \quad 36 \quad 9 \quad 1
$$

PASCAL-Dreieck

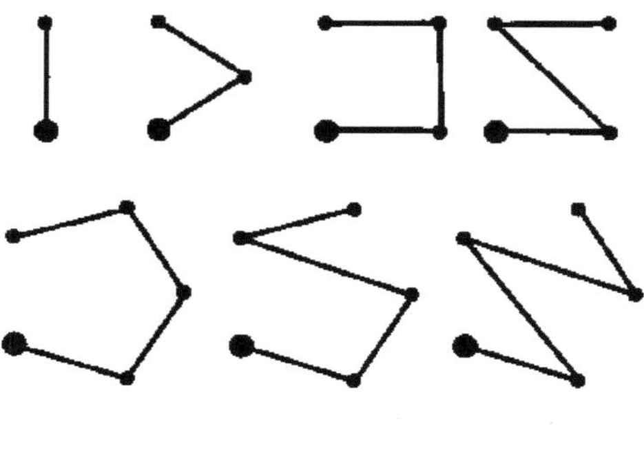

Bild 85

Es existiert ein anderer Repräsentant dieser offenen Graphen, siehe Bild 85. Es geht um die Anzahl von Wegen, die von einem Startpunkt aus die k an den Eckpunkten eines konvexen $(k + 1)$-Ecks angeordnete Ziele in einem Durchlauf („in einem Zug") ohne Überschneidungen der Wege zu verbinden. In Bild 85 sind die Fälle $k = 1, 2, 3, 4$ dargestellt, der Startpunkt jeweils hervorgehoben. Wege, die durch Drehungen und/oder Spiegelungen aufeinander abgebildet werden können, gelten als gleich. Auch hier gilt für die Anzahl aller solcher Wege offenbar $Z(k) = \binom{k-1}{\frac{k-1}{2}}$.

In Bild 86 sind die 20 Fälle des Beispiels $k = 7$ dargestellt, die einzelnen Wege stärker hervorgehoben. Ob $Z(k) = \binom{k-1}{\frac{k-1}{2}}$ für alle konvexen $(k + 1)$-Ecke gilt, ist mit den bisherigen Überlegungen noch nicht erwiesen. Vielleicht findet jemand einen weiteren Repräsentanten solcher offener Graphen, bei dem ein Beweis möglich ist.

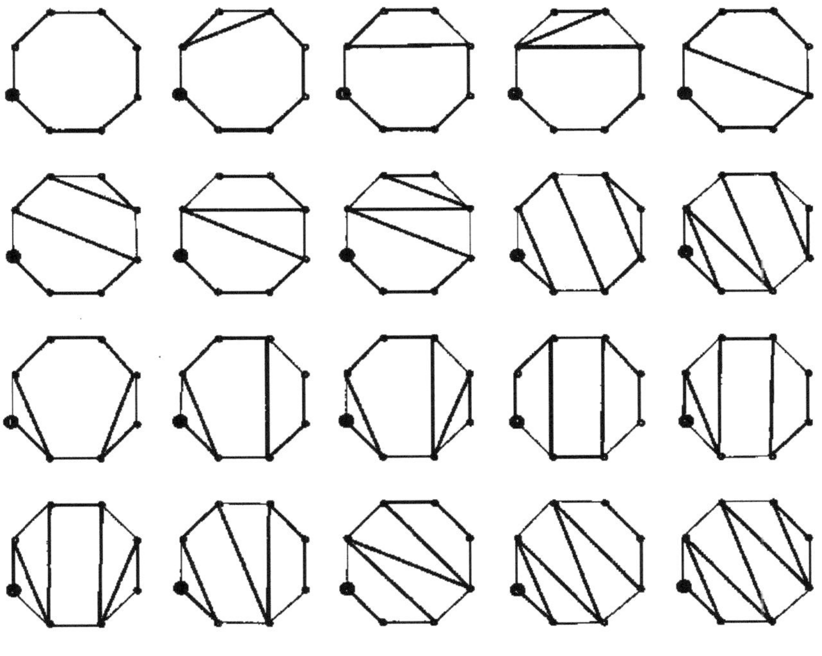

Bild 86

Eine Krümmungssonde

In diesem Kapitel wird ein zwar singuläres, dennoch ziemlich schräges und sehr merkwürdiges Problem beschrieben. Zunächst geht es um die Frage der Existenz sogenannter Scheitelkreise bei Potenzfunktionen. Bild 87 zeigt den allgemein bekannten Fall des Scheitelkreises einer quadratischen Parabel.

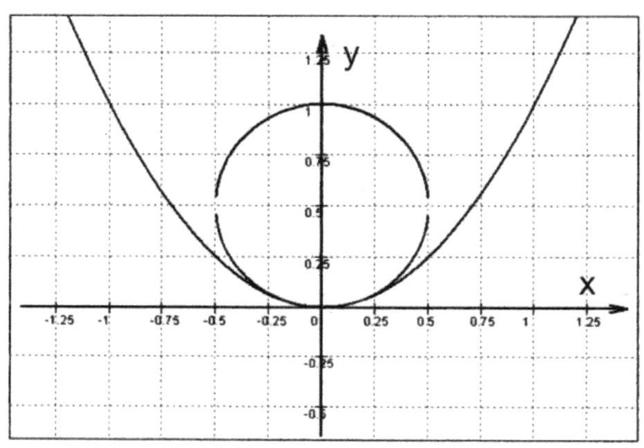

Bild 87

So selbstverständlich die Existenz eines solchen Scheitelkreises erscheint, so wenig wird danach gefragt, ob es derartige Scheitelkreise auch bei anderen Potenzfunktionen gibt. Und da stößt man auf Überraschungen! Die Frage nach dem Scheitelkreis hat mit dem merkwürdigen Verhalten der allermeisten Potenzfunktionen an der Stelle $x = 0$ zu tun. Zunächst zur Definition: Scheitelkreise sind solche Kreise, die sich einer Kurve in ihrem Scheitelpunkt anschmiegen (das Problem des Anschmiegens wird im Kapitel „Vom Nutzen von Schmiegekurven" angesprochen). Sind Scheitelpunkte einer Kurve jene Punkte, in denen die Krümmung ein Extremum hat, hat ein dort angeschmiegter Kreis in einer beschränkten Umgebung mit der zugehörigen Kurve genau einen Punkt gemeinsam. In Bild 87 ist dies der Punkt $(0|0)$. Ohne Überprüfung könnte man der Meinung sein: solche Scheitelkreise müsse es doch auch bei anderen Potenzfunktionen geben, die keine quadratischen Parabeln sind, bei $x = 0$ aber ebenfalls ein Extremum haben. Doch schon bei jeder anderen Potenzfunktion mit $y = x^p$ und $p \neq 2$ gelingt es nicht mehr, einen Scheitelkreis zu bestimmen. Das ist sehr überraschend! Woran liegt das?

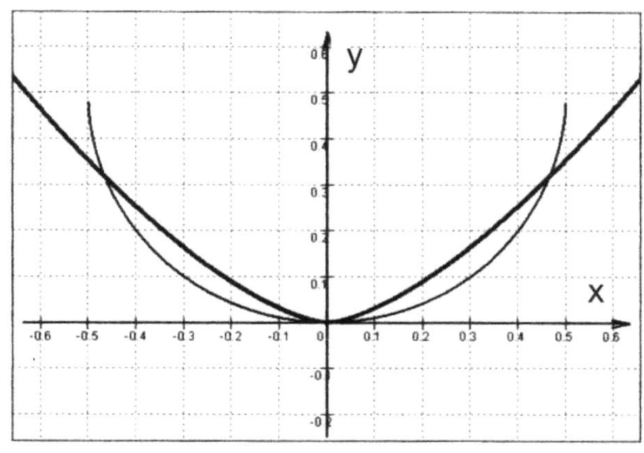

Bild 88

Bekannte Potenzfunktionen mit $y = x^p$ und $p \neq 2$ sind die kubische Parabel $y = x^3$ oder höhere Parabeln $y = x^n$ mit n eine natürliche Zahl. Aber auch unter den ‚Parabeln' $y = x^p$

mit p eine Bruchzahl gibt es bekannte Kurven wie z. B. die Neil- oder semikubische Parabel $y = |x|^{\frac{3}{2}}$, deren Schaubild in der Umgebung von $x = 0$ in Bild 88 skizziert ist.

Neben der stärker hervorgehobenen Neil-Parabel ist hier im Scheitelpunkt versuchsweise ein „Berührkreis" eingezeichnet. Für dieses Bild ist schon ein kleiner Maßstab verwendet worden. Doch auch bei jeder weiteren Verkleinerung des Maßstabes wird es nicht gelingen, einen „Scheitelkreis" zu finden. Bei $x = 0$ liegt offenbar ein seltsames Verhalten vor: Jeder noch so kleine näherungsweise verwendete „Berührkreis" hat wie in Bild 88 drei Punkte mit der Kurve zu $y = |x|^{\frac{3}{2}}$ gemeinsam. Dies wird mit *Übung 60* nachgerechnet. Was folgt aus dieser Beobachtung? Offenbar gibt es keine beschränkte Umgebung, in der ein Kreis mit dem Mittelpunkt in $(0|r)$ nur einen Punkt mit der Kurve zu $y = |x|^{\frac{3}{2}}$ gemeinsam hat, sei der Radius des Kreises noch so klein, aber verschieden von Null. Die Bedingungen unter denen ein „Scheitelkreis" bei allgemeinen Potenzfunktionen $y = x^p$, $p \in R$, existieren könnte, werden in *Übung 61* genannt.

Für die Potenzfunktionen $y = x^p$ ist in dieser Übung im Fall $x \neq 0$ ein „Scheitelkreis"-Radius von $r = \frac{1}{2}\left(x^p + \frac{1}{x^{p-2}}\right)$ gefunden worden. Was geschieht mit diesem Term im Fall

$x \to 0$? Ist $p = 2$, geht $\lim_{x \to 0} r \to \frac{1}{2}$, siehe Bild 87. Ist $p > 2$, geht $\lim_{x \to 0} r \to \infty$, ist $1 < p < 2$, geht $\lim_{x \to 0} r \to 0$ (!). Die Neil-Parabel des Bildes 88 hat demnach bei $x = 0$ einen „Scheitelkreis"-Radius von $r = 0$. Das muss beim Anblick von Bild 88 seltsam anmuten!

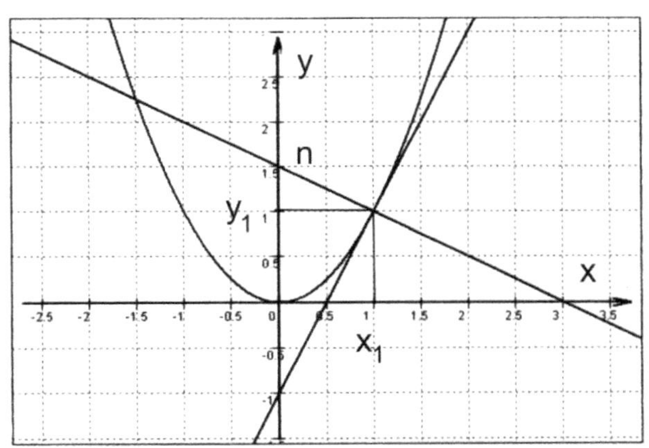

Bild 89

Gibt es eine Möglichkeit, das merkwürdige Verhalten der Potenzfunktionen in der unmittelbaren Umgebung von $x = 0$ zu veranschaulichen? Ich stelle mir eine „Sonde" vor, durch die es möglich ist, dieses merkwürdige Krümmungsverhalten erkennen zu können. Für eine solche Sonde benötige ich die Schar der Normalen einer Potenzfunktion. Die Normale einer Potenzfunktion in einem gegebenen Punkt schneidet die y-Achse im Achsenabschnitt n, siehe Bild 89. Die Größe dieses

Achsenabschnitts n hängt empfindlich vom Krümmungsverhalten der Potenzfunktion ab, siehe *Übung 62*.

Die Funktion dieser „Sonde" kann so beschrieben werden: Das, was bei einer Potenzfunktion $y = x^p$ im winzig Kleinen, nämlich in der unmittelbaren Umgebung von $x = 0$ passiert, wird durch die Betrachtung des Achsenabschnitts n der Normalen sozusagen vergrößert. In Bild 90 ist dargestellt, welcher Gang der Größe des Achsenabschnittes $n(x) = \frac{1}{px^{p-2}} + x^p$ der Normalen bei typischen Potenzfunktionen in der Umgebung von $x = 0$ vorliegt, hier im Bereich $x > 0$ gezeichnet.

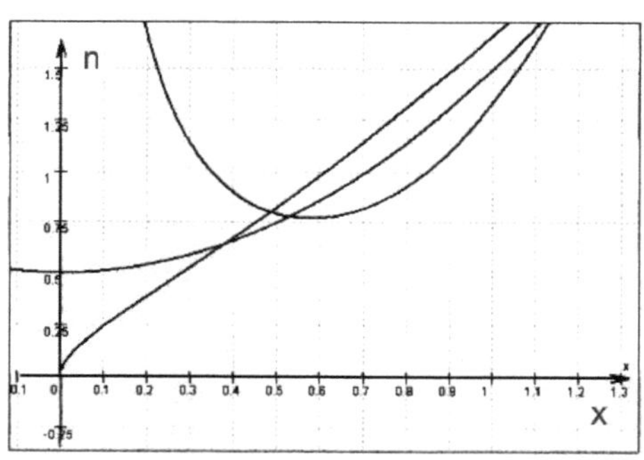

Bild 90

Die Kurve mit dem bei positiven x gelegenen Minimum gehört zur kubischen Parabel mit $p = 3$, die Kurve mit dem Minimum in $x = 0$ gehört zur quadratischen Parabel mit $p = 2$, die vertikal im Ursprung einmündende Kurve gehört zur Neil- oder semikubischen Parabel mit $p = \frac{3}{2}$. Das Verhalten bei der quadratischen Parabel ist bekannt. Das merkwürdige Verhalten bei der kubischen Parabel liegt daran, dass der Achsenabschnitt der Normalen und damit auch der Krümmungsradius eines „Scheitelkreises" bei Annäherung an $x = 0$ über alle Grenzen wachsen. Entgegengesetzt das Verhalten bei der Neil-Parabel: Weil mit dem Achsenabschnitt der Normalen bei Annäherung an $x = 0$ auch der Krümmungsradius Null wird, existiert kein „Scheitelkreis".

Die mit der Gleichung $n(x) = \frac{1}{px^{p-2}} + x^p$ gegebene „Krümmungssonde" erlaubt somit das Studium des Verhaltens von Potenzfunktionen $y = x^p$ mit Exponenten $p \approx 2$ in der unmittelbaren Umgebung von $x = 0$. Das in Bild 90 skizzierte Verhalten der Normalenabschnitte findet man bei allen Potenzfunktionen mit $p \approx 2$, mögen die Abweichungen von 2 noch so gering sein. Bei p knapp oberhalb 2 wird der Normalenabschnitt und damit auch der Krümmungsradius bei $x = 0$ stets unendlich und bei p knapp unterhalb 2 wird er stets Null. Dies ist in den Bildern 91 und 92 vergrößert dargestellt. Die Kurven liegen um so dichter beim Verlauf für die quadratische Parabel, je näher p bei 2 gewählt wird. Der Scheitelpunkt der quadratischen Parabel spielt somit eine singuläre Rolle, denn er ist der Punkt, in dem der Widerstreit von $n(0) \rightarrow \infty$ und $n(0) \rightarrow 0$ mit dem Kompromiss $n(0) = \frac{1}{2}$ endet. In der in Bild 91 dargestellten Kurvenschar wächst der Exponent p, in der in Bild 92 dargestellten Kurvenschar fällt der Exponent p von $p = 2$ aus in Schritten von 0,1.

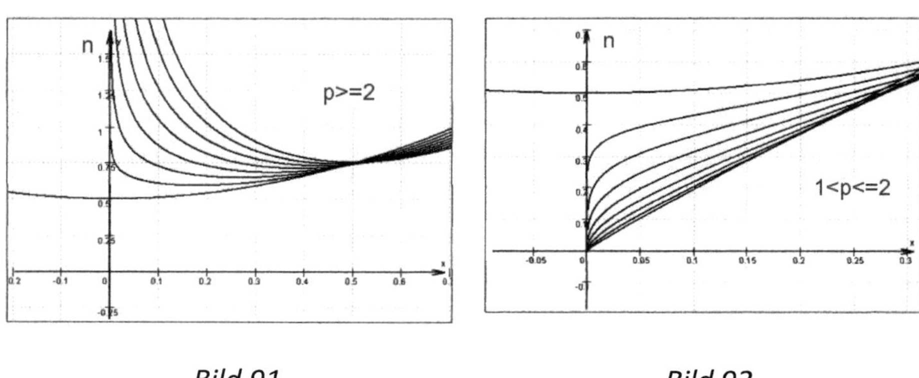

Bild 91

Bild 92

Das in Bild 91 und 92 dargestellte Verhalten der Achsenabschnitte der Normalen zeigt: alle „Scheitelkreise" der Potenzfunktionen $y = x^p$ mit $p > 2$ haben den Radius Unendlich, alle „Scheitelkreise" mit $1 < p < 2$ haben einen Radius, der gegen Null geht, nur der Scheitelkreis im Fall $p = 2$ ist bestimmbar und hat den Radius $\frac{1}{2}$.

Auf eine weitere Besonderheit sollte aufmerksam gemacht werden. Sie tritt auf, studiert man mit Hilfe der Krümmungssonde das Verhalten der Potenzfunktion $y = x^p$ für

$p \approx 0$ in der Umgebung von $x = 0$. Wird in $n(x) = \dfrac{1}{px^{p-2}} +$ x^p der Parameter p dicht bei Null gewählt, ergeben sich in der näheren Umgebung von $x = 0$ die in Bild 93 skizzierten Kurvenverläufe für die Achsenabschnitte der Normalen.

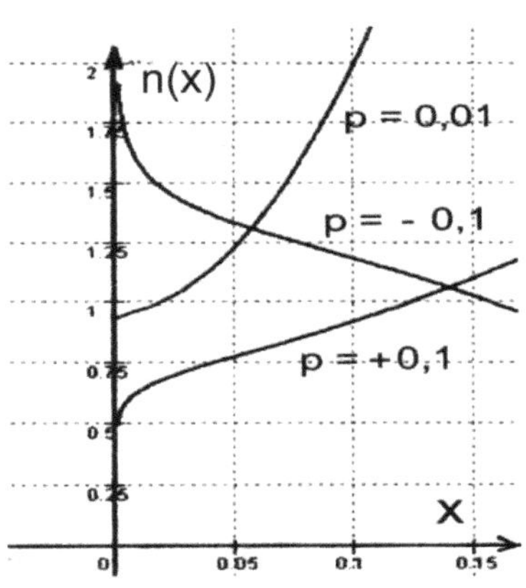

Bild 93

Bei Annäherung an $x = 0$ werden im Fall dem Betrage nach sehr kleiner p endliche Achsenabschnitte um 1 herum angesteuert mit einem im gewählten Ausschnitt zunächst kaum erkennbaren Abknicken kurz vor dem Erreichen von $x = 0$, das durch Zoomen dieses Bereiches deutlicher dargestellt werden kann. Werden dem Betrage nach etwas größere p gewählt, ist die abrupte Änderung in Richtung positiv bzw. negativ Unendlich deutlicher zu erkennen. Damit ist folgende Bedeutung verbunden: Für $p \to -0$ und $x \to 0$ gehen die n

und damit auch die Krümmungsradien gegen $+\infty$, für $p \to +0$ und $x \to 0$ entsprechend gegen $-\infty$. Ein Krümmungsradius vom Betrag Unendlich bedeutet eine Krümmung vom Betrag Null. Somit besitzen nicht nur die Potenzfunktionen zu $y = x^p$ mit $p > 2$ bei $x = 0$ die Krümmung Null, sondern anscheinend auch die mit $|p| \approx 0$ bei $x = 0$. Die Mathematik dieser Sonderfälle ist aber noch weitgehend unbekannt.

Randsummen im Zahlenquadrat

Bild 94　　　　　　　　　*Bild 95*

Nach diesem Kapitel ist eine Erholung nötig. Dazu eine kleine Knobelaufgabe, die an die ähnliche Knobelaufgabe „Randsummen im Zahlendreieck" anknüpft, und die als Vorübung zur Erstellung eines magischen Quadrats dienen kann: Gibt es eine solche Anordnung der acht Zahlen 1,2,3,4,5,6,7,8 in einem 3×3 - Quadrat mit leer bleibendem Feld in der Mitte, siehe Bild 94, bei der in jeder vollständigen Zeile und in jeder vollständigen Spalte dieselbe Summe entsteht?

Natürlich wird man eine Lösung wie die des Bildes 95 durch Probieren finden. Interessanter wäre, einer möglichen Lösungsstrategie auf die Spur zu kommen, die alle Lösungen liefert. Wieder verabreden wir: Nur jene Fälle sind neue Lösungen, die nicht durch Spiegelungen bzw. Drehungen des Quadrats aufeinander abgebildet werden können. Eine denkbare Strategie ist folgende. x bezeichne die Summe der drei Zahlen einer vollständigen Zeile oder Spalte, y die Summe der beiden Zahlen einer unvollständigen Zeile oder Spalte. Dann gilt: $2x + y = 36$, darin 36 die Summe aller vorhandenen Zahlen 1 bis 8. Da 36 und $2x$ gerade Zahlen sind, muss auch y eine gerade Zahl sein, die jeweils aus zwei gegenüberliegenden Zahlen zusammengesetzt ist. Zur Aufgabe, alle Fälle y zusammenzustellen, für die das zutrifft, dient die *Übung 63*.

Wie kann man die in Übung 63 genannten Zahlen der Tabelle nutzen, um vollständige Zahlenquadrate nach Bild 95 aufzufinden? Von den acht einzusetzenden Zahlen für die Felder y sind jeweils vier bekannt, die paarweise sofort in jenen Feldern eingesetzt werden können, die auf den Seitenmitten liegen. Es bleiben vier Zahlen, die jeweils an den

Eckfeldern des Quadrates so einzufügen sind, dass die Summen in den vollständigen Zeilen bzw. Spalten jeweils gleich sind und in diesem Fall 36 betragen. Das kann so geschehen: Man wählt eine der vier übrigen Zahlen aus und setzt sie beispielsweise in das linke obere Eckfeld. Danach prüft man, ob für die nächsten Eckfelder Zahlen vorhanden sind, die zu den erforderlichen Randsummen x passen. Ist das nicht der Fall, beginnt man diese Prozedur mit einer anderen Zahl. Auf diese Weise findet man die in Bild 96 dargestellten sechs Lösungen.

6	1	8		8	1	5		4	2	8		6	2	5		2	3	8		6	4	2
2		4		2		6		3		5		3		7		4		6		5		7
7	5	3		4	7	3		7	6	1		4	8	1		5	7	1		1	8	3

$y = 6$	$y = 8$	$y = 8$	$y = 10$	$y = 10$	$y = 12$
$x = 15$	$x = 14$	$x = 14$	$x = 13$	$x = 13$	$x = 12$

Bild 96: Die sechs Lösungen für die Zahlen 1,2,3,4,5,6,7,8

Natürlich lassen sich jetzt mit Zahlen $1 + r, 2 + r, 3 + r, \ldots$ ebenso wie mit allen Zahlen $r, 2r, 3r, \ldots$ mit beliebigen Summanden oder Faktoren r beliebig viele 3×3 - Zahlenquadrate bilden, bei denen die Summen aller vollständigen Zeilen bzw. Spalten, d.h. die Randsummen jeweils gleichgroß sind.

Jetzt wird's schon schwerer. In das 3×3 – Quadrat des Bildes 82 sollen die Zahlen 3,4,8,9,10,11,17,19 so eingesetzt werden, dass die Randsummen gleichgroß sind, siehe *Übung 64*.

Die Überlegungen für das 3×3 – Quadrat lassen sich auch auf Zahlenquadrate höherer Ordnung übertragen. Beispiel: Die natürlichen Zahlen von 1 bis 12 sind so in die Felder eines 4×4 – Quadrats mit einem quadratischen Loch im Zentrum einzusetzen, dass sich auch hier in jeder vollständigen Zeile und Spalte, d.h. an jedem Rand dieselbe Summe ergibt. Bild 97 zeigt eine Lösung, siehe *Übung 65*.

1	3	10	12
8			2
11			5
6	4	9	7

Bild 97

Zum Abschluss noch ein Schmankerl: ineinander geschachtelte Zahlenquadrate bis zum 11×11 – Quadrat, siehe Bild 98.

40	2	37	5	35	6	36	8	31	10	20
11	32	2	29	4	27	6	28	8	16	29
28	9	1	2	21	18	19	5	24	20	12
27	22	8	16	1	14	9	4	9	10	13
26	19	16	3	7	6	1	10	7	21	14
15	23	17	11	3		5	13	15	12	25
24	13	14	6	4	2	8	5	10	11	16
17	18	11	8	15	2	7	12	13	14	23
22	15	23	22	3	20	6	4	12	17	18
19	1	30	3	25	5	26	7	24	31	21
1	38	3	33	4	34	7	32	9	30	39

Bild 98

Kettenwurzeln mit negativen Radikanden?

Im Anschluss an das Kapitel „Was sind Kettenwurzeln?" kann die Frage entstehen, ob auch Kettenwurzeln $w_k(q)$ für $q < 0$ existieren, speziell bei geraden Ordnungen k der Wurzeln. Diese Frage erweist sich deshalb als interessant, weil damit die Frage berührt wird, ob es entgegen aller konventionellen Mathematik reelle Werte solcher Wurzeln gibt. Gewöhnliche gerade Wurzeln wie Quadratwurzeln oder Wurzeln vierter

Ordnung aus negativen Zahlen sind ja nicht reell. Zu Kettenwurzeln stellen wir eine Vorüberlegung an. Mit der Definition der Kettenwurzel $w_k(q) = r = \sqrt[k]{q + r}$ folgt die Gleichung $r^k - r - q = 0$. Es lohnt sich, die Funktionenschar $f_k(r) = r^k - r - q$ genauer zu betrachten, denn die $w_k(q)$ sind positive Lösungen dieser Gleichung, d.h. positive Nullstellen dieser Funktionenschar.

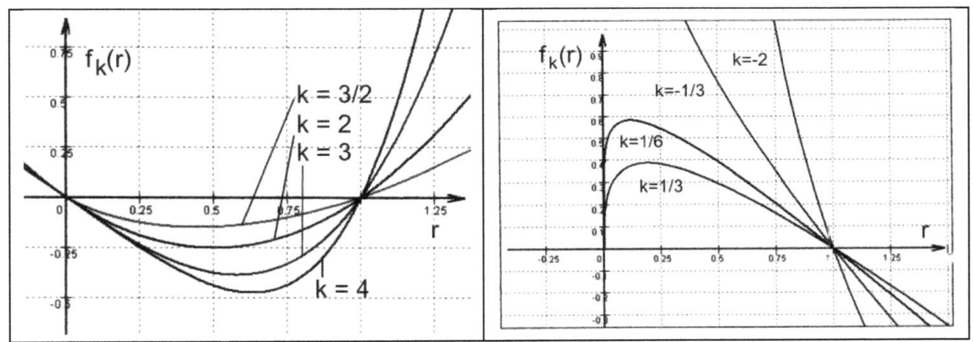

Bild 99

Mit Hilfe der graphischen Darstellungen der f_k für ausgewählte k in Bild 99 mit fallenden Werten von k kann man sich einen Überblick über das verschaffen, was hier zu erwarten ist. In allen Darstellungen des Bildes 99 ist $q = 0$ gewählt worden. Damit haben alle Graphen eine positive Nullstelle bei $r = 1$. Bei $q \neq 0$, d.h. einer Verschiebung der Graphen von $f_k(r) = r^k - r - q$ in vertikaler Richtung, fällt auf, dass für $k > 1$ positive Nullstellen verschwinden können. Dies ist in Bild 100 im Fall $k = 4$ dargestellt.

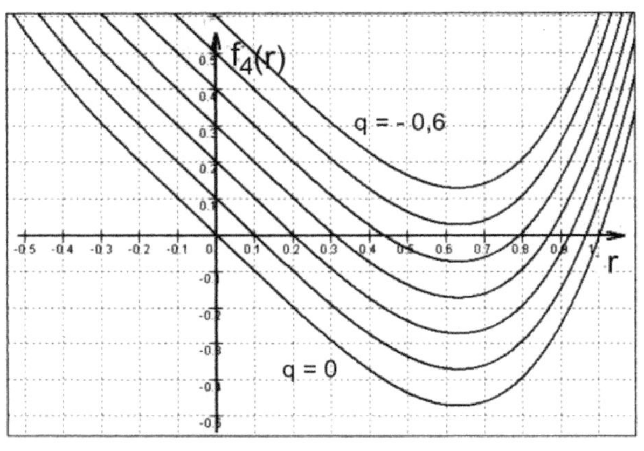

Bild 100

$q < 0$ bedeutet eine Verschiebung des Graphen nach oben, hier in Schritten 0,1 gezeichnet. Man erkennt, dass $f_4(r) = r^4 - r - q$ auch noch für eine Reihe negativer q positive Nullstellen hat. Im Fall der Verschiebung $q = -0,4$ beispielsweise erkennt man in Bild 100 zwei Nullstellen, eine davon bei 0,8. Dort müsste der Betrag der Kettenwurzel $w_4(q) = r = \sqrt[4]{q + r}$ liegen, wenn $q = -0,4$ gewählt wird. Die Gleichung $r^4 = r + q = r - 0,4$ hat zwei Lösungen, eine davon liegt bei $r \approx 0,7905$. Bei weiterer Verschiebung des Graphen $f_4(r)$ fallen die beiden Nullstellen zusammen, dort liegt das Extremum von f_4, siehe *Übung 66*. Bei Anwendung der Tabellenkalkulation findet man bei zwei vorkommenden positiven Nullstellen die jeweils rechts vom Extremum liegende. Doch wie ist die Tabellenkalkulation hier anzuwenden?

Als Kettenwurzel ist $w_k(q) = \sqrt[k]{q + \sqrt[k]{q + \sqrt[k]{q + \cdots}}}$ definiert worden. Wird wie im Fall des Bildes 100 bei einer geraden Ordnung k der Wurzel ein negatives q eingesetzt, entsteht ein Problem: weil der erste Schritt der Kettenentwicklung nicht reell ist, streikt die bisher verwendete Tabellenkalkulation. Andererseits sagt uns Bild 100, dass reelle Werte der Kettenwurzel auch für etliche negative q existieren. Wie nun weiter?

Beim Spielen mit der Tabellenkalkulation der Übung 54 ist vielleicht aufgefallen, dass $w_k(q) = \left(\cdots\left(\left(q^{1/k} + q\right)^{1/k} + q\right)^{1/k} + q\right)^{1/k}$ dasselbe Resultat liefert, wenn statt des Startwertes q irgendein Startwert $a \neq q$ verwendet wird, d.h. wenn $w_k(q) = \left(\cdots\left(\left(q^{1/k} + q\right)^{1/k} + q\right)^{1/k} + a\right)^{1/k}$ gerechnet wird. Diese Beobachtung nutzend, können mit der Tabellenkalkulation auch für etliche negative q reelle Werte der Kettenwurzeln bestimmt werden. Die Anwendung der Tabellenkalkulation klappt gut, ist der positive Startwert a

deutlich größer als $|q|$. Liegt a zu dicht bei $|q|$, wird die Kalkulation immer empfindlicher gestört.

Im Fall der Funktion $f_4(r) = r^4 - r - q$ des Bildes 100 stellt

$$w_k(q_e) = \left(\ldots \left(\left(q_e^{1/k} + q_e \right)^{1/k} + q_e \right)^{1/k} + a \right)^{1/k} \qquad \text{mit}$$

$q_e \approx -0{,}4725$, siehe Übung 66, die jeweils „letzte" reelle Kettenwurzel dar. Angesichts der Tatsache, dass $q_e^{1/k} = (-0{,}4725)^{1/4}$ nicht reell ist, ist das ein erstaunlicher Sachverhalt! Mit einem ähnlich erstaunlichen Sachverhalt werden wir im Kapitel „Pseudokonvergenz" konfrontiert.

Vollkommene Zahlen

Schon vor Euklid sind die ersten vier vollkommenen (perfekten) Zahlen bekannt gewesen; Euklid hat ein Bildungsgesetz für diese Zahlen angegeben. Unter einer vollkommenen Zahl versteht man eine natürliche Zahl mit folgender Eigenschaft: Die Summe ihrer echten Teiler ist exakt so groß wie die Zahl selbst. Beispiele sind: $6 = 1 + 2 + 3$; $28 = 1 + 2 + 4 + 7 + 14$; $496 = 1 + 2 + 4 + 8 + 16 + 31 + 62 + 124 + 248$. Literatur zu vollkommenen geraden Zahlen, ihren Eigenschaften und ihrer Rolle in der Zahlentheorie ist bekannt. Die Frage, ob es ungerade vollkommene Zahlen gibt, ist dagegen unbeantwortet. Darum, warum das so ist, werden wir uns gleich kümmern.

Zunächst klären wir die Herkunft vollkommener gerader Zahlen. Sieht man sich die Primfaktorzerlegung der vollkommenen Zahl 496 an: $496 = 1 \cdot 2 \cdot 2 \cdot 2 \cdot 2 \cdot 31$, dann kann man zur Darstellung dieser Zahl folgenden allgemeinen Ansatz versuchen: $Z = a^n b$, darin a, b natürliche Zahlen und $n \in N$ eine Laufzahl. Diese Zahl hat folgende Teiler: $1, a, a^2, a^3, \dots, a^n, b, ab, a^2 b, \dots, a^{n-1} b$ und damit folgende Teilersumme: $S_n = 1 + a + a^2 + a^3 + \cdots + a^n + b(1 + a + a^2 + \cdots + a^{n-1})$. Die Summen der beiden geometrischen Reihen sind bekannt: $S_n = \frac{a^{n+1}-1}{a-1} + b\frac{a^n-1}{a-1}$. Nun ist zu fragen, welche Zahl b die Bedingung $Z = S_n$ erfüllt, siehe *Übung 67*.

Mit $b = \frac{a^{n+1}-1}{a^n(a-2)+1}$ ist b nur dann eine ganze Zahl, wenn $a = 2$ ist: $b = 2^{n+1} - 1$. Damit liegt zumindest für die vollkommene Zahl 496 die Darstellung $Z = 2^n(2^{n+1} - 1)$ mit $n = 4$ vor. Wir notieren in der Tabelle 1 die ersten zwölf Zahlen, die aus dem Bildungsgesetz $Z = 2^n(2^{n+1} - 1)$ mit $n \in N$ folgen.

n	Z	vollkommen?
1	2.**3** = 6	ja
2	2.2.**7** = 28	ja
3	2.2.2.15 = 120	nein
4	2.2.2.2.**31** = 496	ja
5	2.2.2.2.2.63 = 2016	nein
6	2.2.2.2.2.2.**127** = 8128	ja
7	2.2.2.2.2.2.2.255 = 32640	nein
8	2.2.2.2.2.2.2.2.511 = 130816	nein
9	2.2.2.2.2.2.2.2.2.1023 = 523776	nein
10	2.2.2.2.2.2.2.2.2.2.2047 = 2096128	nein
11	2.2.2.2.2.2.2.2.2.2.2.4095 = 8386560	nein
12	2.2.2.2.2.2.2.2.2.2.2.2.**8191** = 33550336	ja

Tabelle 1

In dieser Tabelle wird deutlich, dass erst dann vollkommene gerade Zahlen vorliegen, wenn der Faktor $(2^{n+1} - 1)$ eine Primzahl ist (fett gedruckter Faktor). Anderenfalls lässt sich die ungerade Zahl b weiter zerlegen (z.B. 511 = 7·73; 2047 =

23·89). In solchen Fällen sieht die Teilersumme anders als oben beschrieben aus und führt auch nicht im Fall $a = 2$ zur Identität $Z = S_n$. Es ist nicht bekannt, ob es beliebig viele vollkommene gerade Zahlen dieser Art gibt.

So weit die vollkommenen geraden Zahlen. Gibt es auch vollkommene ungerade Zahlen? Selbst unter dem Einsatz heutiger extrem leistungsfähiger Rechner ist bislang noch keine ungerade vollkommene Zahl gefunden worden. Der Nachweis, dass es möglicherweise keine vollkommenen ungeraden Zahlen gibt, ist vielleicht eines der ungelösten Probleme der modernen Mathematik. Kann man mit einfachen Mitteln verstehen, woran es liegt, dass keine ungeraden vollkommenen Zahlen zu finden sind?

Eine ungerade Zahl hat weder eine 2 noch irgendeine andere gerade Zahl als Teiler. Diese Aussage sehen wir als selbstverständlich wahre Aussage an. Wie sehen dann Teilersummen ungerader Zahlen aus? Tabelle 2 gibt das einfachste Beispiel für die Zahl $Z = a^n$ mit $a = 3$ und n eine Laufzahl. Es sieht so aus, als wäre die Teilersumme S_n für große n halb so groß wie die Zahl Z. Ein Nachweis hierfür ist in *Übung 68* zu finden.

Zahl Z	Primfaktorzerlegung	Teilersumme S_n	
3	$1 \cdot 3$	1	1
9	$1 \cdot 3 \cdot 3$	1+3	4
27	$1 \cdot 3 \cdot 3 \cdot 3$	1+3+9	13
81	$1 \cdot 3 \cdot 3 \cdot 3 \cdot 3$	1+3+9+27	40
243	$1 \cdot 3 \cdot 3 \cdot 3 \cdot 3 \cdot 3$	1+3+9+27+81	121

Tabelle 2

Beim Herumprobieren mit verschiedenen Faktoren findet man Teilersummen, die mal größer, mal kleiner als die ungerade Zahl sind, manche Teilersummen kommen der Zahl nahe, wie im Fall der Zahl 1155 und ihrer Teilersumme 1149, siehe Tabelle 3.

Zahl Z	Primfaktorzerlegung	Teilersumme S_n	
3	$1 \cdot 3$	1	1
15	$1 \cdot 3 \cdot 5$	1+3+5	9
105	$1 \cdot 3 \cdot 5 \cdot 7$	1+3+5+7+15+21+35	87
1155	$1 \cdot 3 \cdot 5 \cdot 7 \cdot 11$	1+3+5+7+11+15+21+33 +35+55+77+105+165+231 +385	1149
15015	$1 \cdot 3 \cdot 5 \cdot 7 \cdot 11 \cdot 13$	1+3+5+7+11+13+15+21 +33+39+35+55+65+77+91 +143+105+165+195+385 +455+231+273+715+1001 +429+1155+1365+2145 +3003+5005	17245

Tabelle 3

Vielleicht gibt es eine ungerade Zahl, die sich nur um 2 von ihrer Teilersumme unterscheidet.

Wozu sind Iterationen gut?

Im Kapitel „Spezielle quadratische Gleichungen" ist uns das Verfahren der Iteration zum ersten Mal begegnet. In diesem Kapitel seien ein paar grundsätzliche Bemerkungen zu diesem Verfahren gemacht. Dazu ein einfaches Beispiel zu dem, was eine Iteration ist und wozu sie gut ist: Wie kann man eine möglichst gute Näherung der irrationalen Zahl $\sqrt{a}$ mit $a \in R$ finden? Wir wissen zum Beispiel, dass $\sqrt{17}$ etwas größer als $\sqrt{16} = 4$ sein muss, $\sqrt{15}$ dagegen etwas kleiner. Den Wert x bei $\sqrt{17} = 4 + x$ bezeichnen wir als Überschuss; den bei $\sqrt{15} = 4 + x$ als Unterschuss. Es kommt also darauf an, möglichst gute Werte für diesen Über- oder Unterschuss x zu bestimmen.

Dazu schreiben wir $(\sqrt{17})^2 = (4 + x)^2$ und erhalten für den Überschuss x die Bestimmungsgleichung $1 = x(8 + x)$. Die Lösung dieser quadratischen Gleichung enthält wieder $\sqrt{17}$, damit ist uns also nicht weitergeholfen. Schreibt man aber stattdessen $x = \dfrac{1}{8+x}$, dann hat man eine „Iterationsvorschrift": jedes folgende x hat den mit dem vorhergehenden x gebildeten Wert $\frac{1}{8+x}$, d.h. $\sqrt{17} = \cfrac{1}{8+\cfrac{1}{8+\cfrac{1}{8+\cdots}}}$, oder so formuliert: $x_{n+1} = \frac{1}{8+x_n}$, darin n eine Laufzahl. Zur näherungsweisen Bestimmung von $\sqrt{15}$ siehe *Übung 69*.

Im allgemeinen Fall schreiben wir $\sqrt{a} = b + x$, darin b ein erster Näherungswert und x ein Über- oder Unterschuss. Zur Bestimmung von x durch eine Iteration siehe *Übung 70*. Für die weiteren Untersuchungen ist die Verwendung einer Tabellenkalkulation zu empfehlen, siehe Übung 54. Danach erkennt man, dass die aus der Iterationsvorschrift $x_{n+1} = \frac{a-b^2}{2b+x_n}$ folgenden Näherungswerte um einen Konvergenzwert, um $\sqrt{a}$, oszillieren. Ein Beispiel mit weiter auseinanderliegenden Werten erlaubt es, diesen Vorgang genauer zu betrachten: Mit $a = 81$ und dem weit davon entfernten ersten Näherungswert $b = 1$ entstehen die Punktmengen des Bildes 101. Der Konvergenzwert $x = 8$ wird abwechselnd von oben und von unten her eingeschachtelt ($\sqrt{81} = 1 + x = 9$). Dieses Beispiel zeigt: der erste Schätzwert darf durchaus weit daneben liegen, die Iteration korrigiert das nach wenigen Schritten. Auf diesem

Wege kann zu jeder (reellen) Quadratwurzel ein beliebig genauer Näherungswert bestimmt werden.

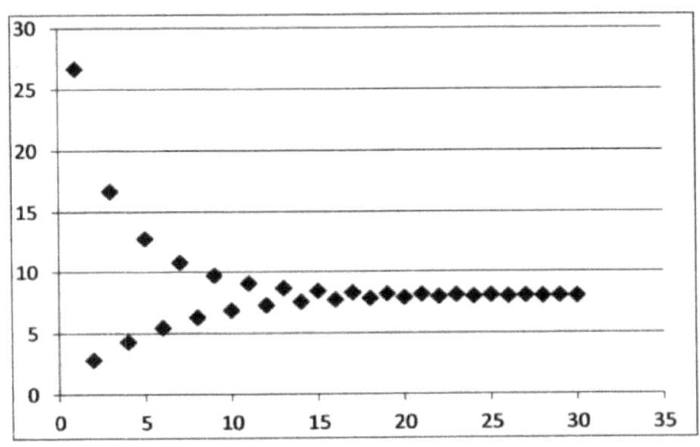

Bild 101

Das Iterationsverfahren ist nicht auf die näherungsweise Bestimmung von Quadratwurzeln beschränkt. Es funktioniert auch bei höheren Wurzeln, siehe *Übung 71.* Zu beobachten ist: die Konvergenz erfolgt um so langsamer und erfordert um so mehr Schritte, je höher die Ordnung der Wurzel.

Beim Spiel mit der Tabellenkalkulation kann man feststellen, dass überraschend viele Iterationsvorschriften zu einer Konvergenz führen. Wie *Übung 72* zeigt, kann man mit Hilfe einer Iteration jeweils eine (positive) Nullstelle einer ganzrationalen Funktion bestimmen. So hat die Funktion $y = x^3 - x^2 - 2x + 1$ drei Nullstellen. Die aus der Gleichung $0 = x^3 - x^2 - 2x + 1$ ableitbare Iterationsvorschrift

$$x_{n+1} = \frac{1-x_n^2}{2-x_n^2}$$ führt für alle Startwerte außer 2 zu einer Konvergenz bei $x_0 \approx 0{,}445041\ldots$, d.h. bei der mittleren Nullstelle der o.g. Funktion.

Mit einem Trick kann auch eine transzendente Gleichung wie z.B. $e^x = 9 - 3x$ näherungsweise gelöst werden, siehe Bild 102. Dort sind die Funktionen $y = e^x$ und die Gerade zu $y = 9 - 3x$ skizziert, der Schnittpunkt liegt ganz in der Nähe von $x = \frac{3}{2}$. Der Trick besteht darin, die Exponentialfunktion $y = e^x$ in der unmittelbaren Umgebung von $x = \frac{3}{2}$ durch eine Schmiegeparabel P zu ersetzen und dann den Schnittpunkt dieser Parabel mit der Geraden zu bestimmen.

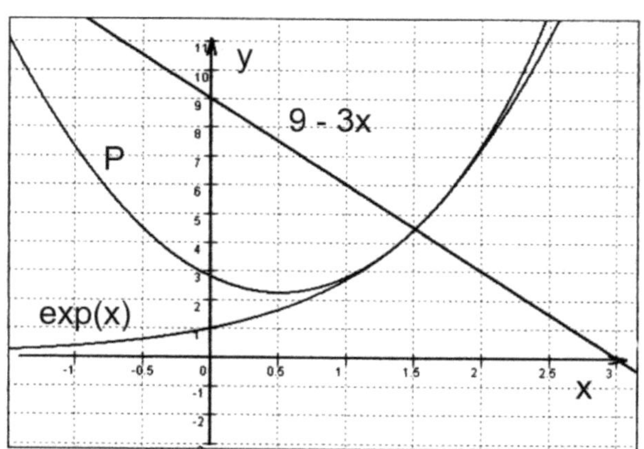

Bild 102

Über Schmiegekurven wird noch im folgenden Kapitel berichtet. In *Übung 73* ist beschrieben, welche Funktionsgleichung die Parabel P in Bild 102 hat. Der Schnitt von Parabel und Gerade wird in *Übung 74* beschrieben.

Vom Nutzen von Schmiegekurven

Die einfachste „Schmiegekurve", die man in der Anfangsmathematik kennenlernt, ist die Tangente; die Tangente an einen Kreis, an eine Parabel, an den Graphen einer transzendenten Funktion. Die Tangente ist eine Gerade, die in einer engeren Umgebung mit dem Graphen der Funktion genau einen Punkt gemeinsam hat. Das kann nur dann sein, wenn die Steigung der Tangenten mit der Steigung des Funktionsgraphen im gemeinsamen Punkt übereinstimmt. Dieser Zusammenhang ist die Grundlage jenes Sachgebiets der Mathematik, das man als „Analysis" bezeichnet. Dort ist die Ableitung einer Funktion im gemeinsamen Punkt mit der Steigung der Tangente identisch. Was in der Regel nicht untersucht wird, ist die Frage, ob es außer Tangenten andere „Schmiegekurven" gibt, mit deren Hilfe die nähere Umgebung an gewählten Stellen einer Funktion genauer beschrieben werden kann.

Zu diesem Thema ist schon im Kapitel „Eine Krümmungssonde" etwas zu finden. Dort ist es um den Scheitelkreis einer quadratischen Parabel gegangen. Dieser Kreis „schmiegt" sich dem Verlauf der Parabel in der näheren Umgebung des Scheitelpunktes sehr viel besser an als die dort vorhandene Tangente, eine horizontale Gerade. Ist der Kreis jene Schmiegekurve, mit der man sich anstelle der Tangente beschäftigen sollte? Es zeigt sich schnell, dass Kreise als Schmiegekurven nicht sonderlich gut geeignet sind. Das liegt daran, dass der Kreis algebraisch gesehen eine ziemlich komplexe Relation mit nur einem Anpassungsparameter, dem Radius, ist. Bei der Suche nach einer leichter handzuhabenden Schmiegekurve wäre eine algebraisch einfachere Funktionsgleichung wie zum Beispiel die der quadratischen Parabel vorzuziehen. Dies ist im vorangegangenen Kapitel schon genutzt worden, siehe Bild 102. In Bild 103 ist der Graph derjenigen quadratischen Parabel gezeichnet, der den Verlauf der Sinusfunktion im Bereich des Maximums besonderes gut annähert, sich dort der Sinusfunktion also besonders gut anschmiegt. Wie man die Gleichung dieser Parabel bestimmen kann, ist in der *Übung 75* zu finden.

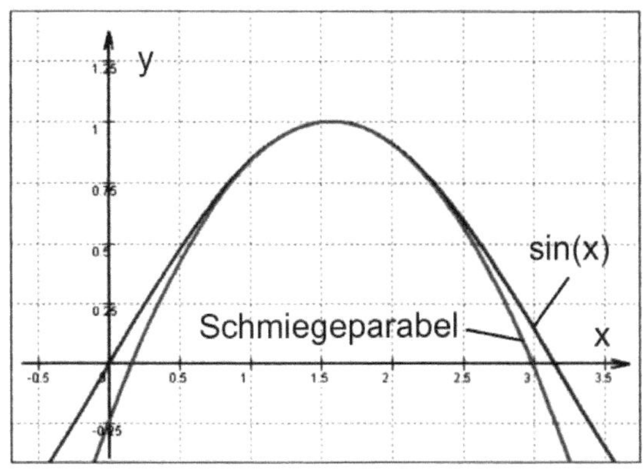

Bild 103

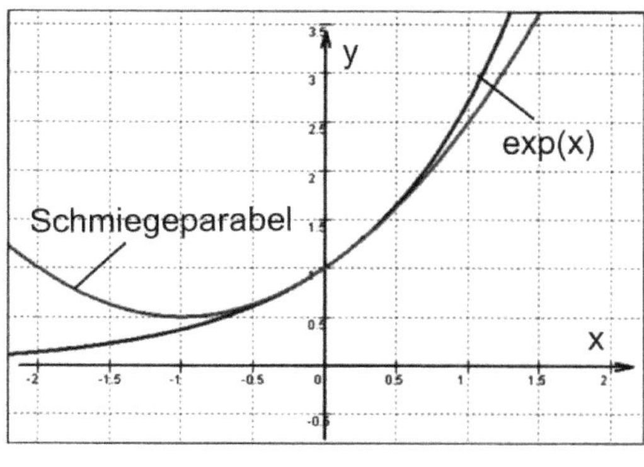

Bild 104

Ein anderer Fall der Anschmiegung einer quadratischen Parabel an eine transzendente Funktion ist in Bild 104 gezeichnet, die Schmiegeparabel bei der Exponentialfunktion f mit $f(x) = e^x$ an der Stelle $x = 0$. Geht man bei der Bestimmung der Parabelgleichung so wie in Übung 75 vor, ergibt sich die Parabelgleichung $s_2(x) = \frac{1}{2}x^2 + x + 1$. Die Bezeichnung $s_2(x)$ wird gleich erklärt.

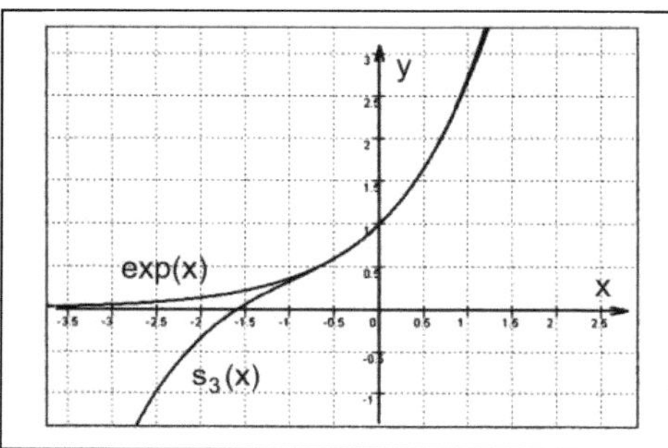

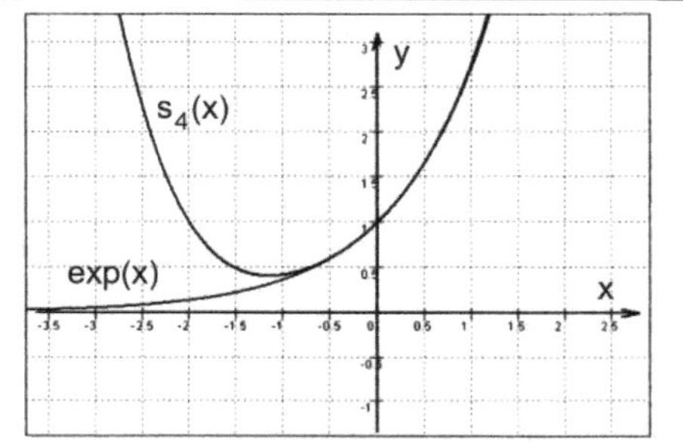

Bild 105

Im Fall der Anschmiegung durch eine kubische Parabel $y = ax^3 + bx^2 + cx + d$ ergibt sich als Gleichung dieser Schmiegekurve $s_3(x) = \frac{1}{6}x^3 + \frac{1}{2}x^2 + x + 1 = \frac{1}{6}x^3 + s_2(x)$. Wie sich diese Kurve an den Graphen der Exponentialfunktion an der Stelle $x = 0$ anschmiegt, ist in Bild 105 links zu sehen. Wünscht man eine Anschmiegung durch eine Parabel 4. Ordnung, ergibt sich deren Gleichung zu $s_4(x) = \frac{1}{12}x^4 + s_3(x)$, die graphische Darstellung dazu siehe Bild 105 rechts. Im Fall der Schmiegekurve 5. Ordnung ergibt sich $s_5(x) = \frac{1}{20}x^5 + s_4(x)$. Die allgemeine Formel für $s_n(x)$ ist in *Übung 76* zu finden.

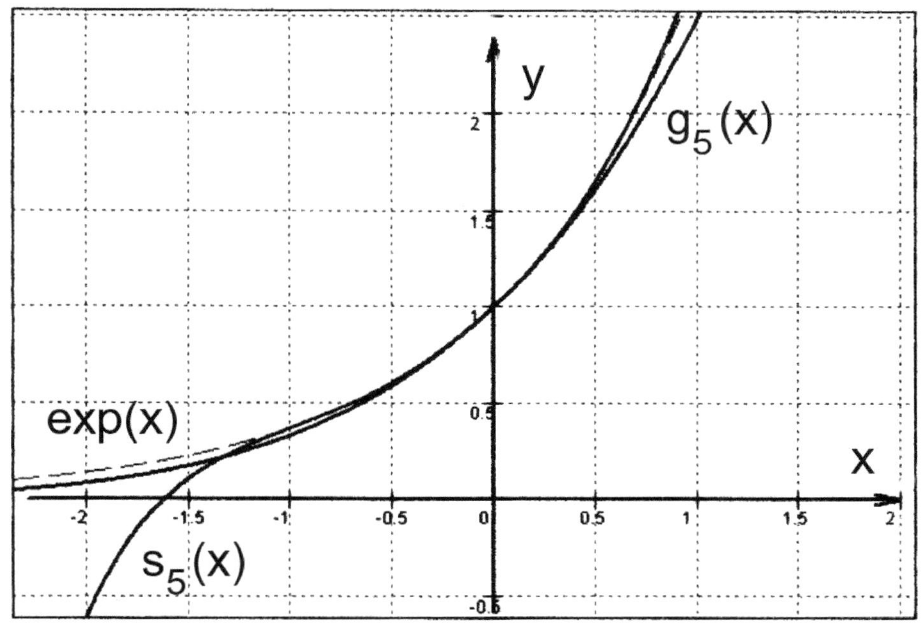

Bild 106

In Bild 106 ist in einer bewusst vergrößerten Darstellung die Schmiegefunktion $s_5(x)$ zusammen mit der gestrichelt gezeichneten Exponentialfunktion e^x und einer Funktion $g_5(x)$ in der Umgebung von $x = 0$ dargestellt. In der Literatur ist eine andere Form der Anschmiegung der Graphen bestimmter Potenzfunktionen an den Verlauf der Exponentialfunktion zu finden: $g_n(x) = \left(1 + \frac{x}{n}\right)^n$ mit n eine natürliche Zahl und $\lim_{n \to \infty} g(x) = e^x$ (*EULER*). Im Fall $n = 5$ sieht das so wie in Bild 106 eingezeichnet aus. Schaut man genauer hin, ergibt der Vergleich durchaus erkennbare Unterschiede: in der Umgebung von $x = 0$ sowie bei $x > 0$ ist die Anschmiegung durch den Verlauf der Potenzfunktion s_5 an e^x besser als g_5. Erst für dem Betrag nach größere negative x wird g_5 wesentlich besser.

Zur numerischen Lösung gewöhnlicher Differentialgleichungen beschränkt man sich im Allgemeinen auf Tangenten als „Schmiegekurven" (lineare Extrapolation), mit deren Hilfe der nächstbenachbarte Punkt der unbekannten Funktion näherungsweise bestimmt wird. Das Verfahren liefert um so genauere Ergebnisse, je kleiner die Schrittweiten gewählt werden. Zur Frage, inwiefern Schmiegekurven wie z.B. Parabeln zu genaueren Ergebnissen führen, ist in der mathematischen Literatur sehr viel weniger zu finden. Unter der Voraussetzung von Stetigkeit und Differenzierbarkeit könnte es sein, dass bei Verwendung von Schmiegekurven bei ähnlichen Schrittweiten eine deutliche Steigerung der Genauigkeit der numerischen Näherung erfolgt. Damit die nachfolgenden Betrachtungen nicht zu komplex werden, beschränke ich mich bei den Schmiegekurven auf quadratische Parabeln mit $s_2(x) = ax^2 + bx + c$ und bei gewöhnlichen Differentialgleichungen höherer Ordnung auf solche zweiter Ordnung wie $y'' = f(y', y, x)$.

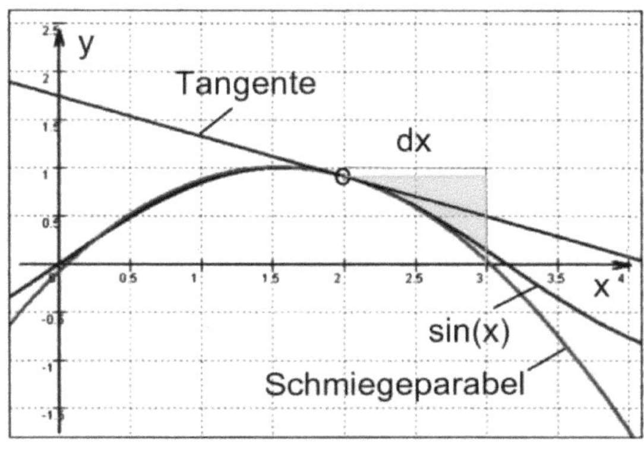

Bild 107

In Bild 107 ist am Beispiel des Graphen von f mit $f(x) = sinx$ dargestellt, welche Idee hinter der Näherung durch Schmiegeparabeln steckt. Tangente und Schmiegeparabel sind an der Stelle $x = 2$ angepasst. Die Tangentengleichung lautet $t(x) = cos2 \cdot x + sin2 - 2cos2$, die der Schmiegeparabel lautet $s(x) = -\frac{1}{2}sin2 \cdot x^2 + (cos2 + 2sin2) \cdot x - sin2 - 2cos2$. Wird wie in Bild 107 die große Schrittweite $\Delta x = 1$ nach rechts gewählt, dann liegt der Näherungspunkt auf der Tangente deutlich weiter vom Zielpunkt auf der Sinuskurve entfernt als der Näherungspunkt auf der Parabel, vgl. graues Dreieck. Infolgedessen verspricht die Parabelnäherung bei derselben Schrittweite eine genauere Näherung als die Tangentennäherung.

Gesucht wird der Verlauf der Lösungsfunktion einer vorgelegten Differentialgleichung vom Typ $y'' = f(y', y, x)$ mit $y'' = \alpha y' + \beta y + \gamma x + \delta$, darin $\alpha, \beta, \gamma, \delta$ reelle Zahlen, bei gegebenem Anfangswertepaar $(x_1 | y_1)$ und gegebener Anfangssteigung y_1', einer quadratischen Schmiegeparabel mit $s(x) = ax^2 + bx + c$, darin a, b, c noch zu bestimmende Konstanten und einer Schrittweite Δx. Die Idee ist: Man geht vom Punkt $(x_1 | y_1)$ auf der ermittelten Schmiegeparabel um ein Stück Δx nach rechts (oder links) weiter und bestimmt damit den Punkt $(x_2 | y_2)$, von dem aus das Verfahren erneut gestartet wird. Welche Schmiegeparabel das ist, wird in *Übung 77* ermittelt. Nach einer durchaus komplexen Rechnung ergibt sich ein relativ einfaches Näherungsverfahren.

Wie sieht das in der Praxis aus? Gegeben sei die Differentialgleichung $y'' = \alpha y' + \beta y + \gamma x + \delta$. Gesucht sind die Verläufe der Lösungsfunktionen für die in den Bildern 108 bis 111 genannten Beträge der Konstanten und für die genannten Anfangswerte (dort statt der Parameter $\alpha, \beta, \gamma, \delta$ die Parameter a, b, c, d verwendet). Die Schrittweite beträgt jeweils $\Delta x = 0{,}1$. In den Bildern 108 und 110 werden Tangenten, in den Bildern 109 und 111 Schmiegeparabeln (siehe Übung 77) zur numerischen Näherung verwendet. Die Graphen der Lösungsfunktionen sind mit Hilfe einer Tabellenkalkulation (MS-EXCEL) erstellt worden.

DGL-y''

		x	y''=ay'+by+cx+d	y'=y'+y''dx	y=y+y'dx
a =	1	0	2	0	1
b =	1	0,1	2,1	0,21	1,021
c =	1	0,2	2,431	0,4531	1,06631
d =	1				
x1 =	0				
y1 =	1				
y1' =	0				
dx =	0,1				

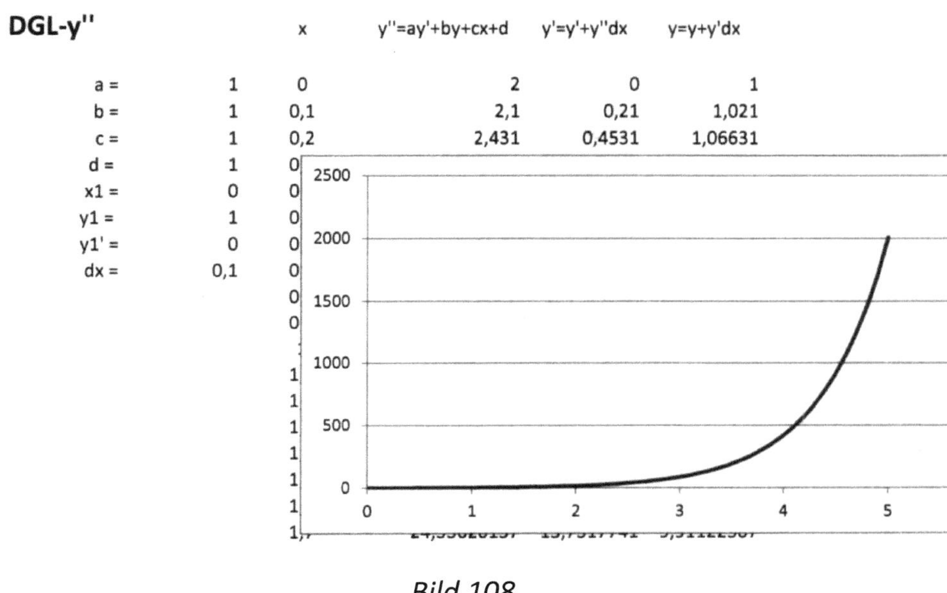

Bild 108

Die Resultate der Bilder 108 und 109 bestätigen die bei Bild 107 genannten Erwartungen: Die Funktionswerte der Parabelnäherung sind durchweg deutlich niedriger als die der Tangentennäherung. Man wird zu diesen Resultaten daher mehr Vertrauen haben. Die Lösungskurve ändert ihren Krümmungssinn nicht. Die Resultate beider Methoden gleichen sich erst bei sehr kleinen Schrittweiten an.

DGL-y''Parabel1

		x	y''=ay'+by+cx+d	y'=y'+y''dx	y=y+y'dx+(y''/2)(dx*dx)
a =	1	0	2	0	1
b =	1	0,1	2,1	0,21	1,01
c =	1	0,2	2,42	0,452	1,0415
d =	1				
x1 =	0				
y1 =	1				
y1' =	0				
dx =	0,1				

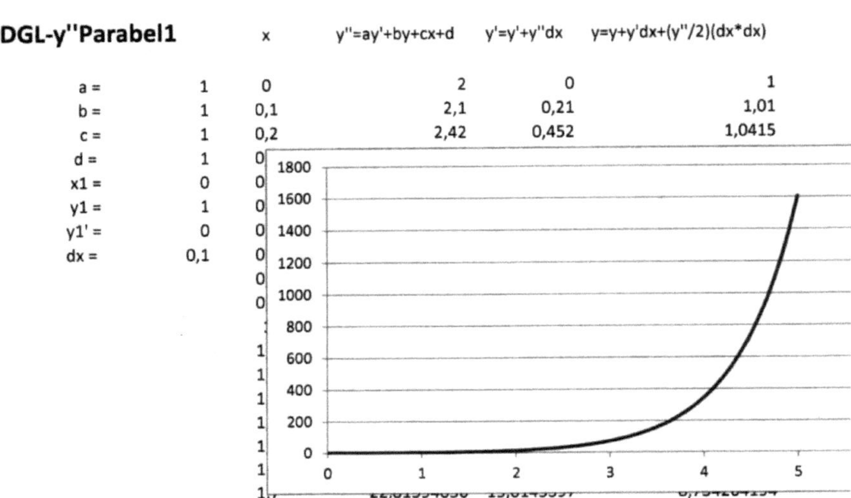

Bild 109

DGL-y''

		x	y''=ay'+by+cx+d	y'=y'+y''dx	y=y+y'dx
a =	0,2	0	0	0	1
b =	-1	0,1	0,1	0,01	1,001
c =	1	0,2	0,201	0,0301	1,00401
d =	1				
x1 =	0				
y1 =	1				
y1' =	0				
dx =	0,1				

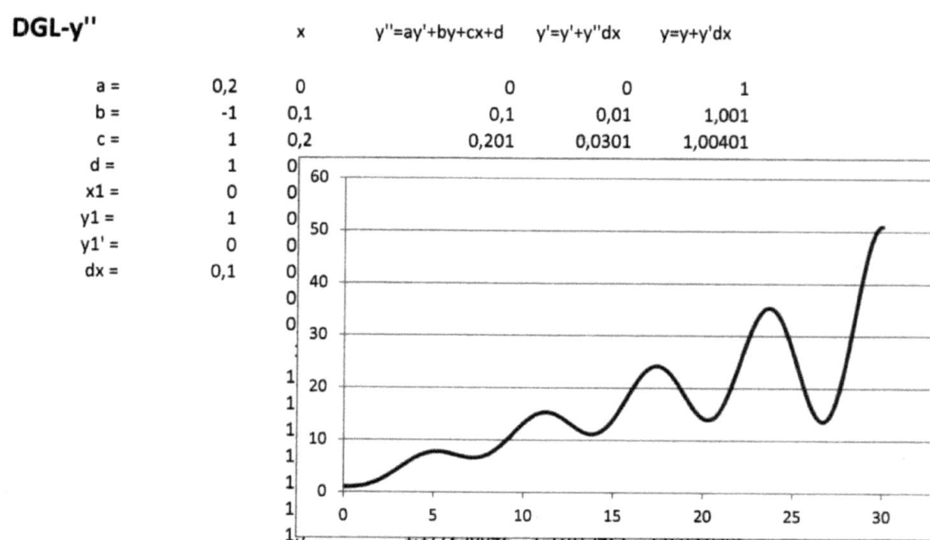

Bild 110

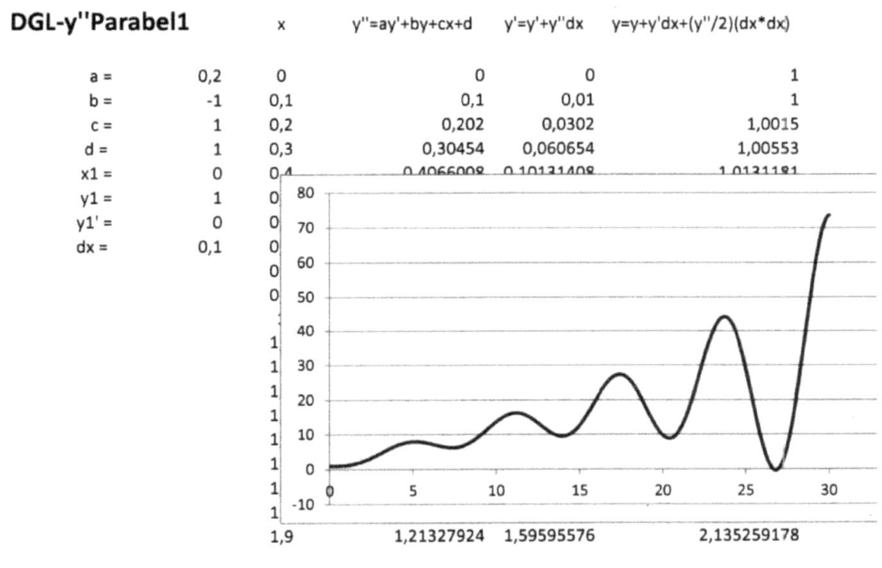

DGL-y"Parabel1		x	y"=ay'+by+cx+d	y'=y'+y"dx	y=y+y'dx+(y"/2)(dx*dx)
a =	0,2	0	0	0	1
b =	-1	0,1	0,1	0,01	1
c =	1	0,2	0,202	0,0302	1,0015
d =	1	0,3	0,30454	0,060654	1,00553
x1 =	0	0,4	0,4066008	0,10131408	1,0131181
y1 =	1				
y1' =	0				
dx =	0,1				
		1,9		1,21327924 1,59595576	2,135259178

Bild 111

Problematischer wird es, wenn die Krümmung der gesuchten Funktion öfter variiert, wenn sie z.B. einige Maxima und Minima aufweist. Um so etwas im einfachsten Fall zu erreichen, genügt es, in der Differentialgleichung das Vorzeichen des Parameters β zu ändern. Von der in den Bildern 108 und 109 verwendeten Differentialgleichung weiß man, dass die Lösungsfunktion eine monoton ansteigende Exponentialfunktion ist. Ganz anders dann, wenn der Parameter β ein entgegengesetztes Vorzeichen hat. Die Lösungsfunktion enthält dann Anteile einer Cosinus-Funktion, die zur Ausbildung fortlaufender Maxima und Minima führt, siehe die Bilder 110 und 111. Der Unterschied von Tangenten- und Parabelnäherung ist viel geringer, allein die Parabelnäherung scheint bei nicht zu kleinen Schrittweiten Δx zu einer schärferen Ausprägung der Extrema zu führen.

Bestimmung der Anzahl von Teilern

Bekanntlich kann man die Koeffizienten der Potenzterme im ausmultiplizierten Term $(a + b)^n$ für reelle Zahlen a, b und die natürliche Zahl n fortlaufend Zeile für Zeile in der Gestalt des Pascal-Dreiecks, siehe Tabelle 1, notieren. Beispiel für $n = 4$: $(a + b)^4 = 1 \cdot a^4 + 4 \cdot a^3 b + 6 \cdot a^2 b^2 + 4 \cdot ab^3 + 1 \cdot b^4$. Diese Koeffizienten haben die Gestalt $\binom{n}{k} = \frac{n!}{(n-k)!}$ mit ganzen Zahlen $0 \leq k \leq n$. Für eine schnelle Übersicht sehr angenehm ist die Tatsache, dass ein Koeffizient der nachfolgenden Zeile als Summe der links und rechts unmittelbar darüber liegenden Koeffizienten der vorhergehenden Zeile erscheinen, d.h. $\binom{n+1}{k} = \binom{n}{k-1} + \binom{n}{k}$, vgl. das in Tabelle 1 fett hervorgehobene Beispiel **10** (*n* = 4 + 1; *k* = 2) **= 4** (*n* = 4; *k* = 2 − 1) **+ 6** (*n* = 4; *k* = 2). In der dritten Spalte der Tabelle 1 stehen die Zeilensummen S_n. Dafür gilt $S_{n+1} = 2S_n$.

								n	S_n
			1		1			n = 1	S_n = 2
		1		2		1		2	4
	1		3		3		1	3	8
1		**4**		**6**		4	1	4	16
1	5	**10**	10	5	1			5	32
1	6	15	20	15	6	1		6	64
...								...	2^n

Tabelle 1

Das Pascal-Dreieck spielt bei zahlreichen Anwendungen eine Rolle. Eine dieser Anwendungen ist die Bestimmung der Anzahl S_n von Teilern einer natürlichen Zahl N, die als Produkt aus n verschiedenen Primfaktoren $a, b, c, d, ...$ darstellbar ist, wenn zu dieser Anzahl auch die Teiler „1" und „N" hinzugenommen werden. Alle Teiler der Zahl $N = abcd$ beispielsweise sind: $1 - a, b, c, d - ab, ac, ad, bc, bd, cd - abc, abd, acd, bcd - abcd$, d.h. $S_4 = 1 + 4 + 6 + 4 + 1 = 16 = 2^4$, siehe Tabelle 1. Die in diesem Kapitel interessierende Frage ist, wie das bei anderen Zusammensetzungen einer natürlichen Zahl N aus Primfaktoren aussieht, bei denen einer oder mehrere Faktoren mehrfach vorkommen.

									$n = 1$	$S_n = 3$
		1	**1**	1					2	6
		1	**2**	2	1				3	12
	1	**3**	4	3	1				4	24
	1	**4**	7	7	4	1			5	48
1	**5**	11	14	11	5	1			6	96
1	**6**	16	25	25	16	6	1		...	$2^n + 2^{n-1}$

Tabelle 2

Schauen wir uns den nächsteinfachen Fall $N = aabcd$ ... an. Man kann das Pascal-Dreieck der Tabelle 1 verwenden, betrachtet man im Fall $n = 1$ das Produkt $N = aa$ mit den drei Teilern „1", „a" und „aa". Dazu fügt man beispielsweise rechts eine schräge Spalte mit den Rahmenzahlen „1" hinzu, in Tabelle 2 durch die Linie gekennzeichnet, übernimmt die beiden fett gedruckten ersten beiden schrägen Spalten links und korrigiert die restlichen freien Felder aller Zeilen. Das modifizierte Pascal-Dreieck hat demnach drei Startzahlen

„1", „1", „1". Dass die Ergänzung „1" und damit auch die Modifizierung des Pascal-Dreiecks für alle weiteren Zeilen gilt, wird in *Übung 78* überprüft. Für die Zeilensummen gilt $S_n = 2^n + 2^{n-1}$ als Anzahl der Teiler des Produktes $N = aabcd\,...$, darin n hier die Anzahl <u>verschiedener</u> Primfaktoren.

Pascal-Dreieck	n	S_n
1 **1** **1** 1	n = 1	$S_n = 4$
1 **2** **2** 2 1	2	8
1 **3** **4** 4 3 1	3	16
1 **4** **7** 8 7 4 1	4	32
1 **5** **11** 15 15 11 5 1	5	64
1 **6** **16** 26 30 26 16 6 1	6	128
....	...	$2^n + 2^n$

Tabelle 3

Betrachtet sei der Fall $N = a^r bcd\,...$ mit $r = 3$. Bei Fortführung der Bestimmung der Zahl der Teiler ergibt sich das modifizierte Pascal-Dreieck der Tabelle 3 mit den vier Startzahlen „1", „1", „1", „1" wegen der Teiler $1, a, a^2,$ und a^3 in der Zeile $n = 1$, wobei die drei fettgedruckten ersten drei schrägen Spalten links aus Tabelle 2 übernommen und die restlichen freien Felder aller Zeilen ergänzt werden. Man erkennt hier $S_n = 2^n + 2 \cdot 2^{n-1} = 2^n + 2^n$ als Anzahl der Teiler des Produktes $N = a^3 bcd \ldots$.

Im allgemeinen Fall sieht es so aus, als sei $S_n = 2^n + (r-1) \cdot 2^{n-1}$ die Anzahl aller Teiler des Produktes $N = a^r bcd \ldots$ mit r Faktoren a. In der Zeile $n = 1$ trifft $S_1 = 2 + (r-1) = 1 + r$ zu: $N = a^r$ mit r Faktoren a hat die Teiler „1" sowie r Faktoren der Gestalt a^i mit $i = 1, 2, 3, \ldots, r$. In der Zeile $n + 1$ gilt $S_{n+1} = 2^{n+1} + (r-1) \cdot 2^n = 2(2^n + (r-1) \cdot 2^{n-1}) = 2S_n$.

1 2 3 2 1	$n = 1$	$S_n = 9$
1 3 5 5 3 1	2	18
1 4 8 10 8 4 1	3	36
1 5 12 18 18 12 5 1	4	72
1 6 17 30 36 30 17 6 1	5	144
....	...	$2^{n+2} + 2^{n-1}$

Tab. 4

Quadrat und gleichseitiges Dreieck

Kehren wir noch einmal zu den einfachsten geometrischen Figuren zurück, zum Quadrat und zum gleichseitigen Dreieck. Was soll es da noch Spannendes zu entdecken geben? Bei diesen einfachen Figuren ist doch bestimmt alles schon entdeckt und beschrieben worden! Das könnte ein Irrtum sein. Sie können prüfen, wie sattelfest Sie als interessierte Leserin und geneigter Leser bei diesem Thema sind, und ob Sie eine in der Literatur von mir bislang noch nicht entdeckte geometrische Konstruktion finden können, um die es in diesem Kapitel gehen wird.

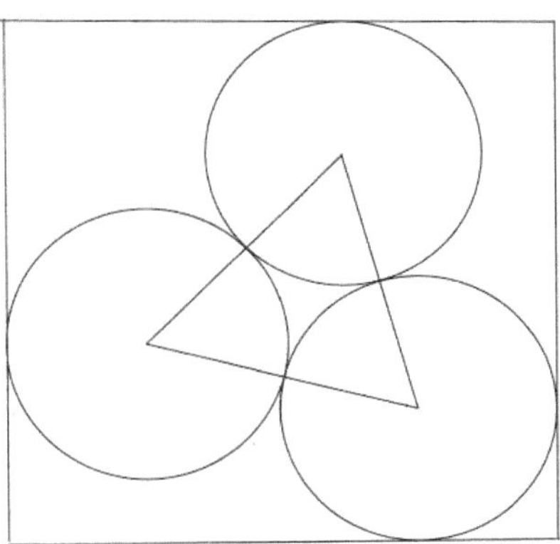

Bild 112

Zu Beginn sei eine Aufgabe aus der Praxis gestellt: Eine Firma produziert Tennisbälle in Dreierpacks, die in quadratischen Schachteln in den Handel kommen sollen. Um Verpackungsmaterial zu sparen, sollen diese Schachteln eine minimale Größe haben. Beim Herumprobieren werden Sie schnell die in Bild 112 dargestellte Anordnung der Tennisbälle finden. Um die in engster Packung liegenden drei Bälle ist die kleinste quadratische Grundfläche der Schachtel gezeichnet, die die drei Bälle umschließt. Engste Packung bedeutet: die Mittelpunkte der drei Bälle bilden ein gleichseitiges Dreieck.

Mathematisch gesehen läuft die Aufgabe darauf hinaus, das kleinste Quadrat zu suchen, das das in Bild 112 gezeichnete gleichseitige Dreieck enthält. Den Grundriss der Schachtel erhält man dann, wenn die Seitenlängen des Quadrats um den Durchmesser der Bälle verlängert werden. Ich vermute, die in Bild 113 skizzierte Konstruktion kennen Sie noch nicht.

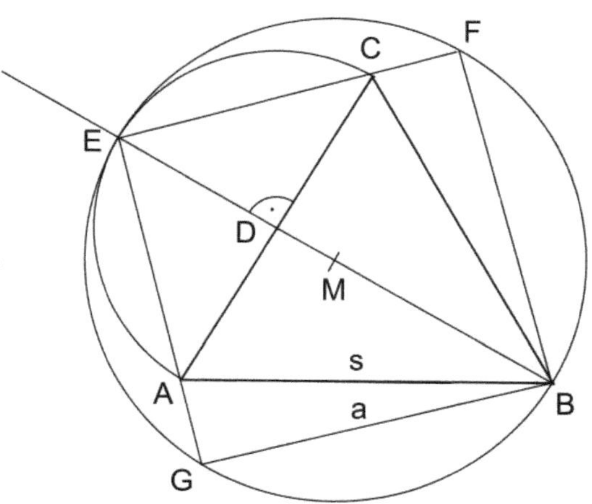

Bild 113

Gegeben ist das gleichseitige Dreieck ABC, $\overline{AB} = s$ ist dessen Seitenlänge. Die Seitenhalbierende $\overline{BD}$ ist eine Symmetrieachse des Dreiecks, die zugleich Symmetrieachse des gesamten Bildes ist. Der Quadrateckpunkt E liegt auf dem Schnittpunkt dieser Symmetrieachse mit dem Kreis um D mit dem Radius $\frac{s}{2}$. $\overline{BE}$ ist die Diagonale des gesuchten Quadrats $BFEG$.

Die Nachrechnung gestaltet sich einfach. Die Diagonale $\overline{BE}$ besteht aus zwei Teilen: $\overline{DE} = \frac{s}{2}$ und $\overline{DB} = \frac{s}{2}\sqrt{3}$, der Höhe des gleichseitigen Dreiecks. Demnach ist $\overline{BE} = a\sqrt{2} = \frac{s}{2}\left(\sqrt{3} + 1\right)$, darin a die Seitenlänge des gesuchten Quadrats. Dieses Ergebnis kann für zwei Zwecke genutzt werden: $a = s\,\frac{\sqrt{3}+1}{2\sqrt{2}}$, falls das gleichseitige Dreieck gegeben und das einhüllende Quadrat gesucht ist, $s = a\,\frac{2\sqrt{2}}{\sqrt{3}+1}$, falls das Quadrat gegeben und das einbeschriebene gleichseitige Dreieck gesucht ist.

Wer bis hierhin mitgedacht hat, wird sich vielleicht fragen, wie die zugehörige Konstruktion in diesem Fall stattzufinden hat. Wie konstruiert man ein dem Quadrat einbeschriebenes gleichseitiges Dreieck? Sollten Sie nicht weiterkommen, siehe Bild 114. Gegeben das Quadrat $ABCD$. Zu bestimmen der

Eckpunkt F des gleichseitigen Dreiecks. Dazu dient das gleichseitige Dreieck BED mit der Seitenlänge d. d ist die Diagonale des Quadrats. $\overline{BF} = s$ ist dann die Seitenlänge des einbeschriebenen gleichseitigen Dreiecks.

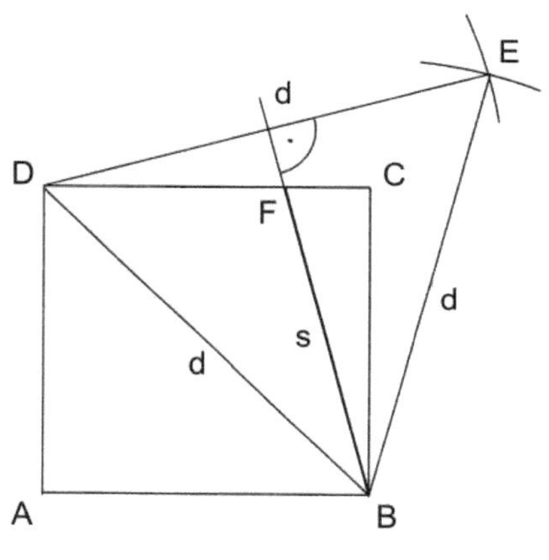

Bild 114

Da in Bild 112 der Abstand s der Mittelpunkte der drei Tennisbälle so groß ist wie ihr Durchmesser, beträgt die Kantenlänge der kleinsten quadratischen Schachtel , in die die drei Bälle passen, $a = 2s\dfrac{\sqrt{3}+1}{2\sqrt{2}} = s\dfrac{\sqrt{3}+1}{\sqrt{2}}$. Soweit die Lösung der zu Beginn gestellten Aufgabe aus der Praxis.

Welche Lösungen gibt es im umgekehrten Fall, dem einem gegebenen Quadrat umschriebenen gleichseitigen Dreieck? In Bild 115 ist eine sehr einfache und schnelle Konstruktion skizziert. Dort ist $\overline{FE} = \frac{s}{2}\sqrt{3} = \overline{FK} + \overline{KE} = a + \frac{a}{2}\sqrt{3}$. Damit ist die Seitenlänge des gleichseitigen Dreiecks $s = a\,\dfrac{(2+\sqrt{3})}{\sqrt{3}}$.

Bild 114 zufolge gibt es für dieses Problem eine zweite Lösung, siehe Bild 116. Dort ist $\overline{AE} = \frac{s}{2}\sqrt{3} = \overline{AM} + \overline{ME} = \frac{d}{2} + \frac{d}{2}\sqrt{3}$. $d = a\sqrt{2}$ ist die Diagonale des Quadrats. Damit ergibt sich als Seitenlänge des umschriebenen gleichseitigen Dreiecks $s = a\,\dfrac{\sqrt{2}(\sqrt{3}+1)}{\sqrt{3}}$.

Die vielleicht noch interessierende Frage ist die, welches der beiden einbeschriebene Quadrate in den Bildern 115 und 116 bei gegebener Seitenlänge s des gleichseitigen Dreiecks das Größere ist. Aus $s = a\,\dfrac{2+\sqrt{3}}{\sqrt{3}}$ (Bild 115), d.h. $a = s\,\dfrac{\sqrt{3}}{2+\sqrt{3}}$, und $s = a\,\dfrac{\sqrt{2}(\sqrt{3}+1)}{\sqrt{3}}$ (Bild 116), d.h. $a = s\,\dfrac{\sqrt{3}}{\sqrt{2}(\sqrt{3}+1)}$ folgt $2 + \sqrt{3} < \sqrt{2}(\sqrt{3} + 1)$, d.h. das Quadrat des Bildes 115 ist größer als das Quadrat des Bildes 116.

Die Frage, wie man konstruktiv von den gleichseitigen Dreiecken der Bilder 115 und 116 zu den einbeschriebenen Quadraten kommen kann, wird in *Übung 79* geklärt.

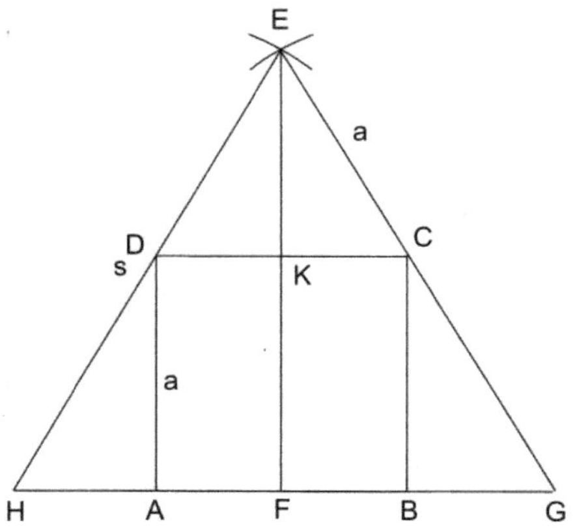

Bild 115

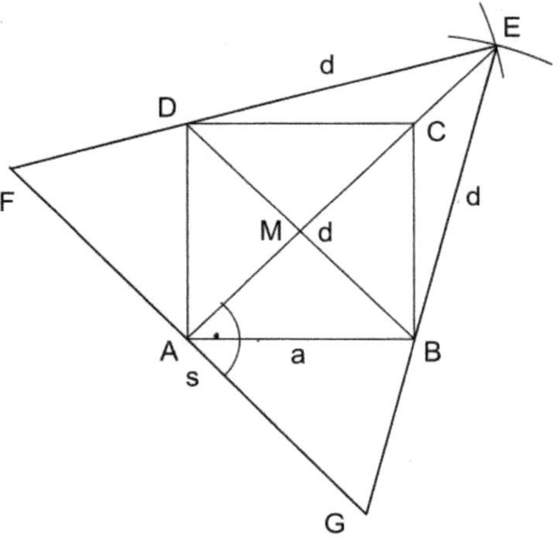

Bild 116

Spezielle quadratische Gleichungen II

Wir kehren noch einmal zum Thema quadratische Gleichungen zurück. Es existiert eine Vielzahl quadratischer Gleichungen, deren Lösungen mit Hilfe der Verhältniszahl $\varphi = \frac{1}{2}\left(1 + \sqrt{5}\right)$, d.h. der Verhältniszahl im Goldenen Schnitt darstellbar sind. Um derartige Gleichungen aufzufinden, gehen wir von unseren beiden bekannten quadratischen Gleichungen mit ihren Lösungen aus:

$$x^2 - x - 1 = 0 \qquad \Rightarrow \qquad x = \varphi \quad \vee \quad x = 1 - \varphi,$$
$$x^2 + x - 1 = 0 \qquad \Rightarrow \qquad x = \varphi - 1 \quad \vee \quad x = -\varphi.$$

Diese Lösungen sind Nullstellen der quadratischen Funktionen mit $f(x) = x^2 - x - 1$ und $f(x) = x^2 + x - 1$. Durch Verschiebungen der Graphen dieser Funktionen um den Betrag v in x-Richtung lassen sich daraus beliebig viele weitere quadratische Funktionen $g(x) = (x + v)^2 - (x + v) - 1$ bzw. $g(x) = (x + v)^2 + (x + v) - 1$ gewinnen, deren Nullstellen bekannt sind:

$$(1) \qquad x^2 + (2v - 1)x + v^2 - v - 1 = 0 \qquad\qquad \Rightarrow$$
$$x = \varphi - v \quad \vee \quad x = (1 - \varphi) - v \,;$$

$$(2) \qquad x^2 + (2v + 1)x + v^2 + v - 1 = 0 \qquad\qquad \Rightarrow$$
$$x = (\varphi - 1) - v \quad \vee \quad x = -\varphi - v.$$

Beispiele: Für $v = -3$ ergibt sich im Fall (1) die quadratische Gleichung $x^2 - 7x + 11 = 0$ mit den Lösungen $x = 3 + \varphi$ und $x = 4 - \varphi$, im Fall (2) $x^2 - 5x + 5 = 0$ mit den Lösungen $x = 2 + \varphi$ und $x = 3 - \varphi$. Für $v = 2$ ergibt sich im Fall (1) $x^2 + 3x + 1 = 0$ mit den Lösungen $x = \varphi - 2$ und $x = -1 - \varphi$, im Fall (2) $x^2 + 5x + 5 = 0$ mit den Lösungen $x = \varphi - 3$ und $x = -2 - \varphi$.

In gleicher Weise kann man mit entsprechenden Verschiebungen auch aus den nachfolgenden quadratischen Gleichungen viele neue Gleichungen erzeugen, in deren Lösungen φ vorkommt:

$$x^2 - 3x + 1 = 0 \;\Rightarrow\; x = 1 + \varphi \quad \vee \quad x = 2 - \varphi,$$

$$x^2 - 4x - 1 = 0 \;\Rightarrow\; x = 1 + 2\varphi \quad \vee \quad x = 3 - 2\varphi,$$

$$x^2 - 7x + 1 = 0 \;\Rightarrow\; x = 2 + 3\varphi \quad \vee \quad x = 5 - 3\varphi,$$

$$x^2 - 11x - 1 = 0 \Rightarrow\; x = 3 + 5\varphi \quad \vee \quad x = 8 - 5\varphi,$$

usw. Man erkennt, dass hier wieder die gewöhnlichen Fibonacci-Zahlen eine wesentliche Rolle spielen, wobei für die Faktoren des linearen Terms wie für den absoluten Term natürlich der Vieta'sche Wurzelsatz zutrifft. Demnach lautet mit den Fibonacci-Zahlen f_k die zu den beiden Lösungen $x = f_{n-1} + f_n \varphi$ sowie $x = f_{n+1} - f_n \varphi$ gehörende quadratische Gleichung $x^2 - (f_{n+1} + f_{n-1})x + f_{n+1}f_{n-1} - f_n^2 = 0$, siehe *Übung 80*.

Zwei weitere Typen quadratischer Gleichungen, deren Lösungen φ enthalten können, sind die Gleichungen (1) $x^2 + ax + 1 = 0$ und (2) $x^2 + ax - 1 = 0$, darin a eine ganze Zahl. In *Übung 81* ist nachgerechnet, für welche a die Zahl φ des Goldenen Schnittes in den Lösungen erscheint.

Kann von bestimmten ganzrationalen Gleichungen höherer Ordnung einer der Faktoren $(x^2 + ax + 1)$ oder $(x^2 + ax - 1)$ abgespalten werden, weiß man, dass sie zumindest reelle Lösungen besitzen, die für die Parameter a der Tabelle in Übung 81 die Verhältniszahl φ des Goldenen Schnittes enthalten. Zwei Beispiele seien beschrieben.

Gegeben die kubische Gleichung $x^3 - 2x + 1 = 0$. Mit Hilfe der aus dieser Gleichung folgenden Iterationsvorschrift $x_{n+1} = \dfrac{1}{2 - x_n^2}$ findet man je nach Wahl des Startwertes x_0 zwei Konvergenzpunkte: den trivialen Punkt 1 im Fall $x_0 = 1$ und den Wert $\varphi - 1$ in allen anderen Fällen eines Startwertes. Die Gleichung $x^3 - 2x + 1 = 0$ hat jedoch drei reelle Lösungen, die leicht zu finden sind. Die erste reelle Lösung $x = 1$ ist trivial. Nach Abspaltung des linearen Faktors durch die Polynomdivision $(x^3 - 2x + 1) : (x - 1)$

folgt für $x \neq 1$ die quadratische Gleichung $x^2 + x - 1 = 0$ mit den beiden Lösungen $x = \varphi - 1$ und $x = -\varphi$. Die dritte negative Lösung der kubischen Gleichung kann durch die Iterationsvorschrift allerdings nicht erfasst werden.

Gegeben die Gleichung $x^3 - 4x^2 + 4x - 1 = 0$, aus der die Iterationsvorschriften $x_{n+1} = 2 + \dfrac{1}{\sqrt{x_n}}$ und $x_{n+1} = 2 - \dfrac{1}{\sqrt{x_n}}$ folgen, siehe *Übung 82*. Man findet hier für positive Startwerte x_0 zwei Konvergenzpunkte, einen bei 1 und einen bei $1 + \varphi$. Diese Gleichung hat jedoch drei reelle Lösungen. Nach Abspaltung des linearen Faktors durch die Polynomdivision $(x^3 - 4x^2 + 4x - 1):(x - 1)$ folgt die weiter oben schon genannte quadratische Gleichung $x^2 - 3x + 1 = 0$ mit den Lösungen $x = 1 + \varphi$ sowie $x = 2 - \varphi$. Auch hier kann die dritte Lösung der kubischen Gleichung durch die genannten Iterationsvorschriften nicht erfasst werden.

Zwischen den beiden kubischen Gleichungen $x^3 - 2x + 1 = 0$ und $x^3 - 4x^2 + 4x - 1 = 0$ existiert offenbar ein Zusammenhang, der erkennbar wird, betrachtet man die Proben. Die Gleichung $x^3 - 2x + 1 = 0$ hat, wie oben dargestellt, außer 1 die beiden reellen Lösungen $x = \varphi - 1$ und $x = -\varphi$. Nach Einsetzen der Lösung $x = \varphi - 1$ in die kubische Gleichung entsteht zunächst die Gleichung

$\varphi^3 - 3\varphi^2 + \varphi + 2 = 0$. Mit $\varphi^2 = 1 + \varphi$, siehe das Kapitel „Spezielle quadratische Gleichungen I", wird daraus die Gleichung $\varphi^2 - \varphi - 1 = 0$ und wiederum mit $\varphi^2 = 1 + \varphi$ schließlich eine wahre Aussage. Entsprechendes ergibt sich mit der anderen reellen Lösung $x = -\varphi$.

Die Gleichung $x^3 - 4x^2 + 4x - 1 = 0$ hat außer 1 die beiden reellen Lösungen $x = 1 + \varphi$ und $x = 2 - \varphi$. Nach Einsetzen der Lösung $x = 1 + \varphi$ in die genannte Gleichung entsteht wie oben die Gleichung $\varphi^2 - \varphi - 1 = 0$ und mit $\varphi^2 = 1 + \varphi$ eine wahre Aussage. Mit der anderen reellen Lösung $x = 2 - \varphi$ entsteht zunächst die Gleichung $\varphi^3 - 2\varphi^2 + 1 = 0$. Mit $\varphi^2 = 1 + \varphi$ wird daraus dann $\varphi^2 - \varphi - 1 = 0$ und damit eine wahre Aussage oder die neue Aussage $\varphi^3 = 1 + 2\varphi$, die ebenfalls wahr ist, siehe das Kapitel „Spezielle quadratische Gleichungen I". Der innere Zusammenhang der beiden kubischen Gleichungen $x^3 - 2x + 1 = 0$ und $x^3 - 4x^2 + 4x - 1 = 0$ besteht somit darin, dass ihre Lösungen jeweils in die Gleichungen eingesetzt auf die gemeinsame Bedingung $\varphi^2 - \varphi - 1 = 0$ führen.

Natürlich kann man Ähnliches bei höheren ganzrationalen Gleichungen finden, siehe *Übung 83.* Demnach scheint es so, als ob diese Bedingungsgleichung typisch ist für solche ganzrationale Gleichungen höherer Ordnung, in deren Lösungen die Verhältniszahl φ des Goldenen Schnittes vorkommt.

Von Kettenwurzeln zu Kettenbrüchen

Unter den Kettenwurzeln des Kapitels „Was sind Kettenwurzeln?" sind Darstellungen und Beträge der Kettenwurzeln mit der Wurzelordnung $k = -1$ besonders interessant. Denn diese Ketten„wurzeln" sind nichts anderes als bestimmte periodische Kettenbrüche: $w_{-1}(q) = (\dots ((q^{-1} + q)^{-1} + q)^{-1} + q)^{-1} = \dfrac{1}{q + \dfrac{1}{q + \dfrac{1}{q + \cdots}}}$. Im Fall $k = -1$ ergibt sich aus $q = r(r^{k-1} - 1)$ (siehe das Kapitel „Kettenwurzeln mit negativen Radikanden?") die Gleichung $q = r(r^{-2} - 1)$ und daraus die positive Lösung $r = \frac{1}{2}\left(\sqrt{q^2 + 4} - q\right)$ als Betrag der Kettenwurzel $w_{-1}(q)$. Für $q = 1$ folgt die zu Anfang des Kapitels „Was sind Kettenwurzeln?" schon beschriebene Kettenwurzel $w_{-1}(1) = \frac{1}{2}\left(\sqrt{5} - 1\right) = \varphi - 1$.

Mit $w_{-1}(q) = r = \frac{1}{2}\left(\sqrt{q^2 + 4} - q\right) = \frac{1}{2}\left(\sqrt{t} - q\right)$, darin $q^2 + 4 = t$ gewählt, kann für irgendeine Zahl $\sqrt{t}$ eine periodische und schnell konvergierende Kettenbruchentwicklung angeben werden, etwas, was sonst nur mit größerem Aufwand möglich ist. Mit $q = \sqrt{t-4}$ und $t > 4$ ergibt sich folgende Kettenbruchentwicklung:

$$\sqrt{t} = q + 2w_{-1}(q) = \sqrt{t-4} + 2w_{-1}\left(\sqrt{t-4}\right) =$$

$$\sqrt{t-4} + \cfrac{2}{\sqrt{t-4}+\cfrac{1}{\sqrt{t-4}+\cfrac{1}{\sqrt{t-4}+\cdots}}} \, , \text{ darin } \sqrt{t-4} \text{ eine natürliche Zahl,}$$

wenn $t = n^2 + 4$ ist, n eine natürliche Zahl. Damit lassen sich dann solche irrationale Zahlen wie $\sqrt{5}, \sqrt{8}, \sqrt{13}$, usw. durch eine Kettenbruchentwicklung darstellen: $\sqrt{13} = 3 +$

$$\cfrac{2}{3+\cfrac{1}{3+\cfrac{1}{3+\cdots}}} \approx 3{,}60555\ldots\, .$$

In *Übung 84* ist nachgerechnet, welche Kettenbruchentwicklungen entstehen, wird $q^2 + 4 = 4t$ gewählt. Für die Quadratwurzel aus 5 findet man somit folgende interessante Identitäten: $\sqrt{5} = 1 + \cfrac{2}{1+\cfrac{1}{1+\cfrac{1}{1+\cdots}}} = 2 + \cfrac{1}{4+\cfrac{1}{4+\cfrac{1}{4+\cdots}}} \, .$

Mit Hilfe von $w_{-1}(q) = \frac{1}{2}\left(\sqrt{q^2 + 4} - q\right) = \cfrac{1}{q+\cfrac{1}{q+\cfrac{1}{q+\cdots}}}$ lassen sich Kettenbruchentwicklungen beliebiger Zahlen erzeugen. Mit

$$\frac{1}{2}\left(\sqrt{q^2 + 4} - q\right) = \frac{1}{2}\left(2\sqrt{q^2/4 + 1} - q\right) = \sqrt{q^2/4 + 1} - \frac{q}{2}$$

ist $\sqrt{\dfrac{q^2}{4}+1}=\dfrac{q}{2}+\dfrac{1}{q+\dfrac{1}{q+\dfrac{1}{q+\cdots}}}$. Im Fall $q=2$ ist $\sqrt{2}=1+$

$\dfrac{1}{2+\dfrac{1}{2+\dfrac{1}{2+\cdots}}}$, im Fall $q=\sqrt{2}$ ist $\sqrt{\dfrac{3}{2}}=\dfrac{\sqrt{2}}{2}+\dfrac{1}{\sqrt{2}+\dfrac{1}{\sqrt{2}+\dfrac{1}{\sqrt{2}+\cdots}}}$. Wird diese

Gleichung mit 2 durchmultipliziert, entsteht $\sqrt{6}=\sqrt{2}+$

$\dfrac{2}{\sqrt{2}+\dfrac{1}{\sqrt{2}+\dfrac{1}{\sqrt{2}+\cdots}}}$. Andererseits folgt aus $\sqrt{6}=\sqrt{\dfrac{q^2}{4}+1}$ $q=2\sqrt{5}$

und damit die Kettenbruchdarstellung $\sqrt{6}=\sqrt{5}+$

$\dfrac{1}{2\sqrt{5}+\dfrac{1}{2\sqrt{5}+\dfrac{1}{2\sqrt{5}+\cdots}}}$. Allgemein folgt aus $\sqrt{x}=\sqrt{\dfrac{q_x^2}{4}+1}$ die

Kettenbruchdarstellung $\sqrt{x}=\dfrac{q_x}{2}+w_{-1}(q_x)$. Beispiel: Mit

$x=17$ folgt $q_x=8$ und somit $\sqrt{17}=4+\dfrac{1}{8+\dfrac{1}{8+\dfrac{1}{8+\cdots}}}$, siehe

dazu auch das Kapitel „Wozu sind Iterationen gut?".

Sonnenbahnen am Himmel

Mit diesem Kapitel versuche ich, mit moderneren mathematischen Hilfsmitteln einen Bogen zu seit Jahrtausenden bekannten Kenntnissen der Himmelsmechanik zu schlagen. In Grabungskampagnen der Jahre $2002 - 2004$ ist in unmittelbarer Nähe von Goseck (Burgenlandkreis, südliches Sachsen-Anhalt) eine zuvor nach Luftbildaufnahmen entdeckte Kreisgrabenanlage freigelegt und bis Ende 2005 im vermuteten Zustand vor etwa 7000 Jahren restauriert worden, siehe Bild 117. Die als multifunktionales Heiligtum geltende Anlage ist heute frei begehbar. Das Sonnenobservatorium besteht aus zwei hölzernen konzentrischen Palisadenkreisen von etwa 49 und etwa 56 m Durchmesser mit Öffnungen in charakteristischen Richtungen der Horizontebene und einer quadratischen Steinplatte im Zentrum mit markierten Himmelsrichtungen (andere Anlagen des früheren Heiligtums sind nicht restauriert).

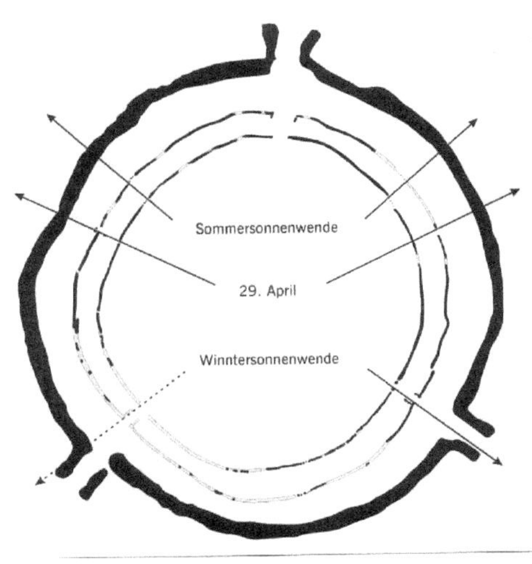

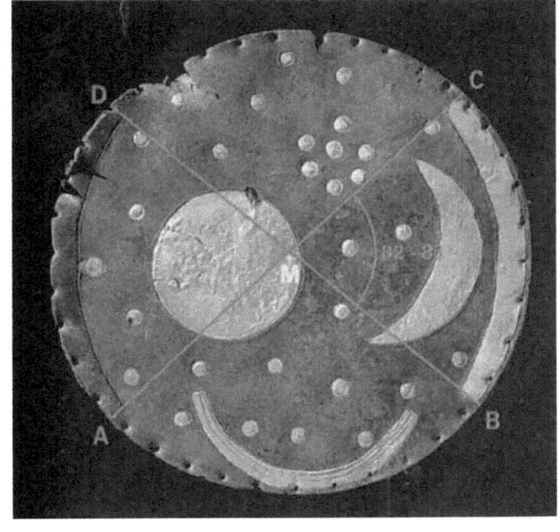

Bild 117

Bild 118

Nach einer Raubgrabung 1999 in der Nähe von Nebra (Sachsen-Anhalt) und einer Odyssee illegaler Verkaufsversuche wurde 2002 eine im Durchmesser 31 bis 32 cm messende mit merkwürdigen Goldauflagen versehene Bronzescheibe dem Landesamt für Archäologie in Magdeburg übergeben, siehe Bild 118. Nach Restaurierung und Leihgabe in verschiedenen Ausstellungen befindet sich das 3600 Jahre alte Original des als „Himmelsscheibe von Nebra" bezeichneten Fundes seit 2008 im Landesmuseum für Vorgeschichte in Halle. In der Nähe von Nebra ist seit 2007 ein „Arche Nebra" genanntes Besucherzentrum mit Kopien der Himmelsscheibe und Erläuterungen zu Fundort, Fund, Herstellung und astronomischer Bedeutung der Scheibe eröffnet.

Eine der Funktionen der Kreisgrabenanlage von Goseck ist die eines Sonnenobservatoriums gewesen. In den in Bild 117 durch Pfeile gekennzeichneten Richtungen befinden sich Durchlässe in den Palisadenwänden, durch die die aufgehende Sonne im Osten und die untergehende Sonne im Westen am Tage des Beginns des Sommers bzw. des Winters sowie am 29. April (dem Tag des Frühlingsfestes Beltaine) beobachtet werden konnten. In der Himmelsscheibe von Nebra, siehe Bild 118, ist neben anderen astronomisch bedeutsamen Informationen ebenfalls ein Sonnenobservatorium abgebildet: Die Richtungen A, B, C, D geben wie beim Gosecker Sonnenobservatorium die Positionen der auf- bzw. untergehenden Sonne in der Horizontebene am Tage des Beginns des Sommers bzw. des Winters an (Norden ist in beiden Bildern oben).

In Europa gibt es mehrere prähistorische Sonnenobservatorien ähnlicher Art. Die beiden oben genannten Observatorien zeichnen sich nicht nur dadurch aus, dass sie erst kürzlich entdeckt worden sind, sondern auch dadurch, dass sie praktisch auf derselben geographischen Breite entstanden bzw. gefunden worden sind und die Genauigkeit ihrer Angaben deshalb unmittelbar verglichen werden kann. Dabei ergibt sich eine Genauigkeit, die man den damaligen als kulturlos geltenden Menschen dieser Region Europas nicht zugetraut hat!

Schnell zu berechnen sind die Angaben zum Richtungsunterschied der Sonnenaufgangs- bzw. -untergangsstellen am Tag der Sommer- bzw. der Wintersonnenwende. Dazu dient das Bild 119, das aus zwei Ebenen besteht. In die obere Hälfte des Kreises sind die Einstrahlungsrichtungen des Sonnenlichtes an vier charakteristischen Tagen des Jahres eingezeichnet; die Horizontebene verläuft senkrecht zur Blattebene durch S und N. Der jeweilige Sonnenstand gilt für einen Ort nördlicher Breite, Winkel φ. Die von der Sonne aus zu beobachtenden Neigungen der Erdachse gegen die zur Ekliptik senkrechte Richtung werden durch den Winkel ε beschrieben. Die untere Hälfte des Bildes 119 stellt die nach unten geklappte vordere Hälfte der Horizontebene dar. Dort ergeben sich die Richtungen der Sonnenaufgangspunkte zu Sommer- wie Winterbeginn aus den Projektionen der entsprechenden Punkte des oberen Bildteils.

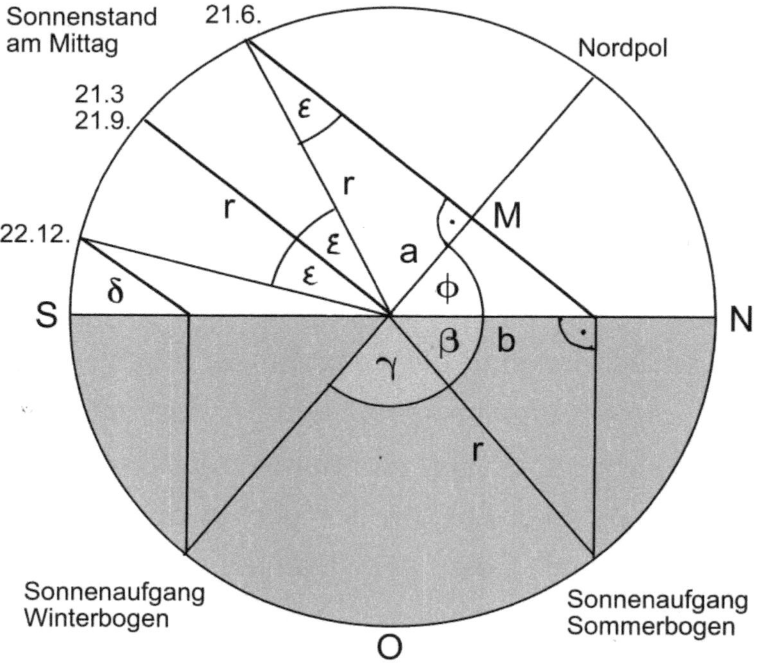

Bild 119

Mit $\varepsilon \approx 23{,}5°$ und $\varphi = 51{,}25°$ (geographische Breite der Gosecker Kreisgrabenanlage) gilt $a = r\, sin\varepsilon$, $b = \dfrac{a}{cos\varphi}$ und $cos\beta = \dfrac{b}{r}$, d.h. $\beta = arccos\left(\dfrac{sin\varepsilon}{cos\varphi}\right)$, damit der Spreizungswinkel $\gamma = 180° - 2\beta \approx 79{,}14°$. Der Abstand r fällt heraus, es kommt somit nicht darauf an, wie weit die Sonne entfernt ist. Der Himmelsscheibe von Nebra in Bild 118 ist ein Spreizungswinkel etwa 82°, der Kreisgrabenanlage von Goseck in Bild 117 ein ungefährer Wert von 80° zu entnehmen. Dieser Unterschied von etwa zwei Grad ist nicht bedeutungslos. Da die Himmelsscheibe von Nebra einer Raubgrabung entstammt, ist nicht gesichert, dass der Fundort mit dem Ort der Herstellung dieser Scheibe identisch ist. Sollte der Wert des Spreizungswinkels auf der Himmelsscheibe „genau" sein, dann verrät er uns einen Herstellungsort auf etwa 52,5° Grad nördlicher Breite, d.h. auf der Höhe des Havellandes, siehe dazu *Übung 85.*

Pseudokonvergenz

Das Phänomen „Pseudokonvergenz" ist in der mathematischen Literatur noch weitgehend unerforscht. Beim Begriff „Konvergenz" dagegen weiß man sehr wohl, was damit gemeint ist. In diesem Buch ist das im Kapitel „Wozu sind

Iterationen gut?" deutlich geworden. Mit genau jenen Mitteln, die dort zur Anwendung gekommen sind, kann auch das Auftreten von Pseudokonvergenz beschrieben werden.

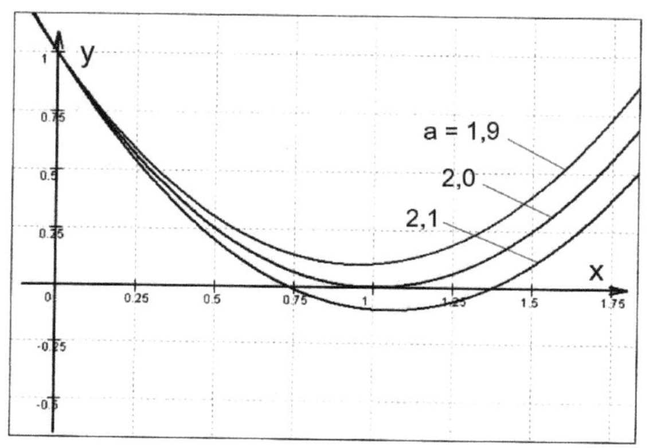

Bild 120

Kurvenverläufe von
f mit
$$y = x^2 - ax + 1$$
und $a = 1,9; 2; 2,1$

Betrachtet sei die Iterationsvorschrift $x_{n+1} = \dfrac{1}{a-x_n}$ mit irgendeinem Startwert $x_0 \neq a \in R$ und n die Nummer des Iterationsschrittes. Mit Hilfe einer Tabellenkalkulation beobachtet man eine mehr oder weniger schnelle Konvergenz der Näherungswerte für alle Parameter $a \geq 2$. Für $a = 2$ findet diese Konvergenz am langsamsten statt und gipfelt für beliebig große n im Wert 1. Dies ist verständlich, denn diese Iterationsvorschrift resultiert aus der quadratischen Gleichung $x(a - x) = 1$ oder $x^2 - ax + 1 = 0$, die für $a = 2$ genau eine Lösung hat: $x = 1$. Für $a < 2$ sind die Lösungen der quadratischen Gleichung nicht mehr reell. Bild 120 zeigt diese Verhältnisse am Beispiel der Kurvenverläufe von f mit $y = x^2 - ax + 1$.

Die Iterationsvorschrift liefert für $a > 2$ die dem Koordinatenursprung nächstgelegene Nullstelle. Für $a = 2$ hat die Funktion eine doppelte Nullstelle, dort findet daher die „letzte" Konvergenz der Iteration statt. Obwohl die Funktion f mit $y = x^2 - ax + 1 = x^2 - (ax - 1)$ für $a < 2$ keine reelle(n) Nullstelle(n) mehr hat, liefert die Iterationsvorschrift auch für a knapp unter 2 reelle Werte. Etwas Ähnliches haben wir im Kapitel „Kettenwurzeln mit negativen Radikanden?" schon einmal gesehen. Wird a deutlich kleiner als 2 gewählt, folgen aus der Iterationsvorschrift immer unübersichtlichere Zahlenfolgen.

Wie sieht der Verlauf der Iteration aus, wenn a nur geringfügig kleiner als 2 ist? Bild 121, linkes Teilbild, zeigt den typischen Verlauf einer solchen Iteration für $a = 1{,}9999$, ermittelt mit Hilfe einer Tabellenkalkulation, Startwert $x_0 = 0$. Man beobachtet bis etwa $n = 150$ eine Annäherung an den Wert „1", danach eine erst allmähliche, dann aber schlagartig zunehmende Divergenz. Hätte man die Folge der Iterationsschritte auf $n \leq 100$ beschränkt, könnte man glauben, „1" sei der Konvergenzpunkt dieser Iteration. Ein solches Verhalten wird jetzt als Pseudokonvergenz bezeichnet. Diese Pseudokonvergenz tritt „periodisch" auf, wie das rechte Teilbild in Bild 121 für dieselben Ausgangswerte zeigt. Die Pseudokonvergenz wird immer beeindruckender, je dichter $a < 2$ an 2 liegend gewählt wird. Die Ursachen für das Aussehen der fortlaufenden Pseudokonvergenzen im rechten Teilbild sind noch unbekannt.

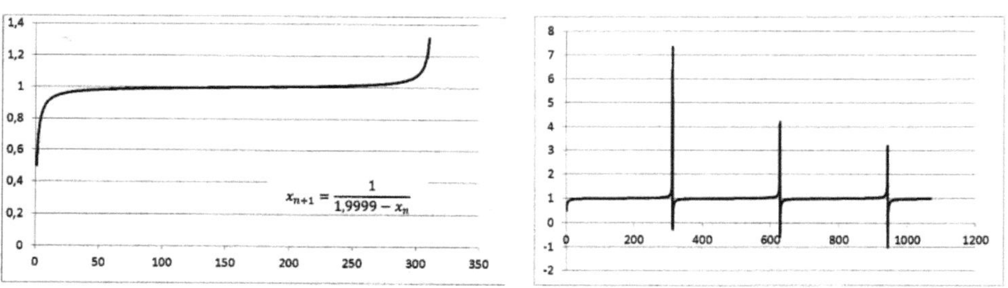

Bild 121: Beispiel für eine Pseudokonvergenz

Die oben genannte Iterationsvorschrift $x_{n+1} = \dfrac{1}{a - x_n}$ ist nicht die einzige Vorschrift, die derartige Pseudokonvergenzen liefert. Betrachtet sei zum Beispiel die Iterationsvorschrift $x_{n+1} = \dfrac{1}{a - x_n^2}$. Sie resultiert aus der Gleichung $x^3 - ax + 1 = 0$ mit dem Parameter $a \in R$. Betrachtet sei wieder der Fall $a = 2$. Man findet je nach Wahl des Startwertes $x_0 \neq \sqrt{2}$ zwei Konvergenzpunkte: 1 im Fall $x_0 = 1$ und $\varphi - 1$ in allen anderen Fällen. Die Gleichung $x^3 - 2x + 1 = 0$ hat jedoch drei reelle Lösungen, die leicht zu finden sind. Die erste reelle Lösung $x = 1$ ist trivial. Nach der Abspaltung des linearen Faktors durch die Polynomdivision $(x^3 - 2x + 1):(x - 1)$ folgt für $x \neq 1$ die quadratische Gleichung $x^2 + x - 1 = 0$ mit den beiden Lösungen $x = \varphi - 1$ und $x = -\varphi$ (siehe dazu das Kapitel „Spezielle quadratische Gleichungen I"). In Bild 122 ist die Funktion $f_a(x) = x^3 - ax + 1$ für drei Werte des Parameters a aufgetragen. Die oben angegebenen drei reellen Nullstellen im Fall $a = 2$ sind markiert. Die dritte negative Lösung der kubischen Gleichung kann durch die Iterationsvorschrift nicht erfasst werden.

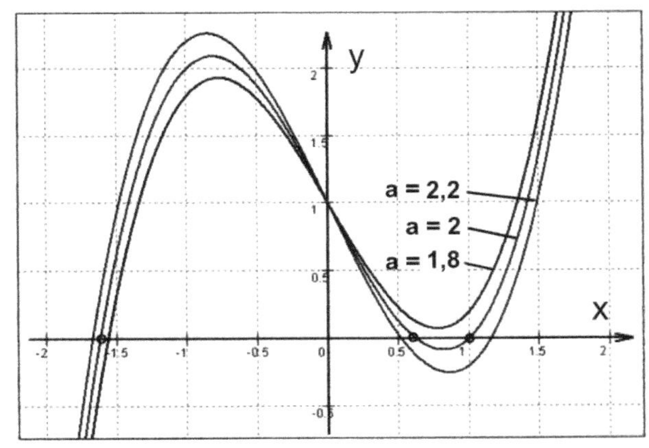

Bild 122:

Kurvenverläufe von f

mit

$$f(x) = x^3 - ax + 1$$

Diesem Bild ist zu entnehmen, dass bei einem Wert des Parameters a etwas unterhalb von 2 eine doppelte Nullstelle der Funktion erscheint und damit die „letzte" Konvergenz der Iteration vorkommt. Diese Stelle erscheint mit

$a = 3 \cdot \sqrt[3]{\frac{1}{4}} \approx 1{,}88988$ und liegt bei $x_e \approx 0{,}8$, sie wird als Ort des lokalen Minimums von f bestimmt, siehe *Übung 86*. Für den geringfügig darunterliegenden Parameterwert $a \approx 1{,}8898$ beispielsweise ergibt die Iterationsvorschrift $x_{n+1} = \frac{1}{a - x_n^2}$ eine Bild 121 vergleichbare Pseudokonvergenz. Der Konvergenzpunkt gleich Ort der doppelten Nullstelle von f mit $y = x^3 - 3 \cdot \sqrt[3]{\frac{1}{4}}\, x + 1$ liegt bei $x_\infty \approx 0{,}7937$. Die andere Nullstelle liegt bei $x \approx -1{,}5874$, also etwa dem negativen Doppelten von x_∞. Wir sollten diese Werte notieren.

Mit Übung 86 existiert eine zweite Iterationsvorschrift: $x_{n+1} = \frac{1}{a + \sqrt{x_n}}$. Für $a \approx 1{,}8898$ konvergiert diese Iteration bei $x_\infty \approx 0{,}3968$, das ist etwa die Hälfte jenes Wertes weiter oben, den wir uns notiert haben. Dort liegt auch die dem Koordinatenursprung nächstgelegene Nullstelle von f.

Zunächst zum Spaß sei die Iterationsvorschrift $x_{n+1} = \frac{1}{a - \sqrt{x_n}}$ betrachtet, $a \in R$. Sie resultiert aus der Gleichung $x^3 - a^2 x^2 + 2ax - 1 = 0$, siehe *Übung 87*. Wie oben betrachten wir wieder den Fall $a = 2$. Dann findet man nur einen Konvergenzpunkt bei 1, obwohl diese Gleichung neben der trivialen Lösung $x = 1$ zwei weitere reelle Lösungen hat. Nach Abspaltung des linearen Faktors durch die Polynomdivision $(x^3 - 4x^2 + 4x - 1) \div (x - 1)$ folgt die quadratische Gleichung $x^2 - 3x + 1 = 0$ mit den Lösungen $x = 1 + \varphi$ sowie $x = 2 - \varphi$ (siehe das Kapitel „Spezielle quadratische Gleichungen I").

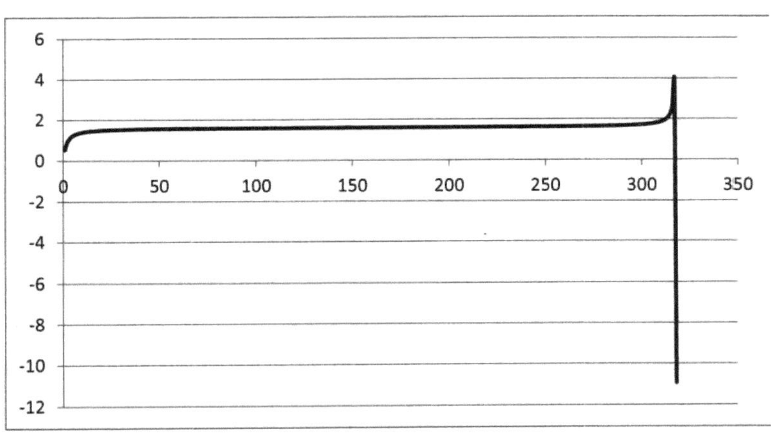

Bild 123

Nun kommt das Erstaunliche: Die Iterationsvorschrift $x_{n+1} = \dfrac{1}{a - \sqrt{x_n}}$ ergibt eine Bild 121 gleichende Pseudokonvergenz für praktisch denselben Parameterwert a wie die weiter oben genannte Iterationsvorschrift $x_{n+1} = \dfrac{1}{a - x_n^2}$, nämlich bei $a \approx 1{,}8898$, siehe Bild 123, Startwert 0. Die Periodizität wird durch das Auftreten des ersten nicht reellen

Wertes von x_{n+1} unterbrochen. Die exakte Bestimmung des Orts der doppelten Nullstelle von f mit $y = x^3 - a^2x^2 + 2ax - 1 = x^3 - (ax - 1)^2$ erweist sich Übung 86 folgend als rechnerisch zu komplex. Deshalb begnüge ich mich mit einem Näherungswert, der bei $n = 150$ etwa $x_\infty \approx 1{,}5854$ beträgt. Dieser Wert ist etwa doppelt so groß wie der bei der Iterationsvorschrift $x_{n+1} = \frac{1}{a - x_n^2}$.

Hier ist eine erste Zusammenfassung sinnvoll, denn die beiden Iterationsvorschriften $x_{n+1} = \frac{1}{a - x_n^2}$ und $x_{n+1} = \frac{1}{a - \sqrt{x_n}}$ sind in gewisser Weise konjugiert. Sie zeigen für den denselben Parameterwert $a = 1{,}8898$ sehr ähnliches pseudokonvergentes Verhalten, im Fall $x_{n+1} = \frac{1}{a - x_n^2}$ um $x_\infty \approx 0{,}7937$, im Fall $x_{n+1} = \frac{1}{a - \sqrt{x_n}}$ um das Doppelte davon.

Um einer Vermutung nachzugehen, betrachten wir die Iterationsvorschriften (1) $x_{n+1} = \frac{1}{a - x_n^3}$, von der Gleichung $x^4 - ax + 1 = 0$ abstammend, und (2) $x_{n+1} = \frac{1}{a - \sqrt[3]{x_n}}$, von der Gleichung $x^4 - a^3x^3 + 3a^2x^2 - 3ax + 1 = x^4 - (ax - 1)^3 = 0$ abstammend, jeweils $a \in R$. Im Fall der Iterationsvorschrift (1) findet die „letzte" Konvergenz bei

Parameter $a = 4 \cdot \sqrt[4]{\frac{1}{27}} \approx 1{,}75476$ statt. Die doppelte Nullstelle von f mit $y = x^4 - ax + 1$ liegt bei $x_e = \sqrt[3]{\frac{a}{4}} \approx 0{,}75984$. Im Fall der Gleichung $y = x^4 - (ax - 1)^3 = 0$ erweist sich die exakte Rechnung wieder als sehr unbequem. Mit der Iterationsvorschrift (2) und dem Parameter $a \approx 1{,}75475$ entsteht wieder eine Pseudokonvergenz mit dem Wert $x_\infty \approx 2{,}26079$, d.h. praktisch $3x_e$ von (1), berücksichtigt man die fortlaufende Aufsummierung von kleinen Fehlern bei den hunderten von Rechenschritten der Tabellenkalkulation.

Die sich aufdrängende Vermutung wird klarer, werden die Iterationsvorschriften (1) $x_{n+1} = \frac{1}{a - x_n^4}$ und (2) $x_{n+1} = \frac{1}{a - \sqrt[4]{x_n}}$ auf ihr pseudokonvergentes Verhalten hin überprüft. Mit Hilfe der Tabellenkalkulation findet man folgende Resultate: Für beide liegt die Konvergenzgrenze bei $a \approx 1{,}649381$, der Konvergenzpunkt gleich Ort der doppelten Nullstelle der jeweils zugehörigen Funktion von $y(1)$ liegt bei $x_\infty = x_e(1) \approx 0{,}7576$, von $y(2)$ bei $x_\infty = x_e(2) \approx 3{,}0304$, das ist das Vierfache. Man kann die Iterationsvorschriften (1) und (2) daher als in bestimmter Weise konjugierte Vorschriften auffassen. In der Tabelle sind in der letzten Zeile die allgemeinen Daten für die Funktionen $y(1)$ und $y(2)$ vermerkt. Zur Herleitung von $a(k)$ und $x_e(k)$ siehe *Übung 88*. Die Verläufe der Funktionen $a(k)$ und $x_e(k)$ für die ersten Werte von k sind in Bild 124 skizziert. Dass $x_e(2) = kx_e(1)$ ist, wird in *Übung 89* gerechnet.

k	$y(1) =$	$y(2) =$	$a =$	$x_e(1) =$	$x_e(2) =$
1	$x^2 - ax + 1$	$x^2 - (ax-1)^1$	2	1	1
2	$x^3 - ax + 1$	$x^3 - (ax-1)^2$	$3 \cdot \left(\frac{1}{4}\right)^{\frac{1}{3}}$	$\left(\frac{1}{2}\right)^{\frac{1}{3}}$	$2\left(\frac{1}{2}\right)^{\frac{1}{3}}$
3	$x^4 - ax + 1$	$x^4 - (ax-1)^3$	$4 \cdot \left(\frac{1}{27}\right)^{\frac{1}{4}}$	$\left(\frac{1}{3}\right)^{\frac{1}{4}}$	$3\left(\frac{1}{3}\right)^{\frac{1}{4}}$
...	...	...	...	...	...
k	$x^{k+1} - ax + 1$	$x^{k+1} - (ax-1)^k$	$(k+1)\left(\frac{1}{k^k}\right)^{\frac{1}{k+1}}$	$\left(\frac{1}{k}\right)^{\frac{1}{(k+1)}}$	$k\left(\frac{1}{k}\right)^{\frac{1}{(k+1)}}$

Tabelle

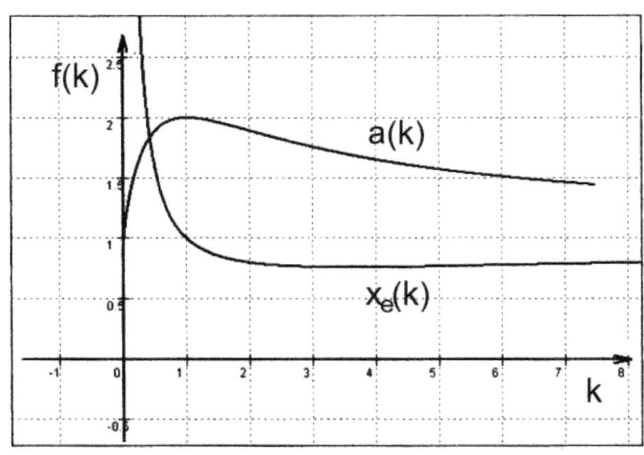

Bild 124

Sowohl $x_e(k)$ wie $a(k)$ streben für $k \to \infty$ gegen 1. Dies wird in *Übung 90* gezeigt. Die Erscheinung der Pseudokonvergenz ist nicht auf solche Funktionen wie $y = x^{k+1} - ax + 1$ mit der Iterationsvorschrift $x_{n+1} = \dfrac{1}{a-x_n^k}$ beschränkt.

Seltsame Pseudokonvergenzen

Pseudokonvergenzen bei trigonometrischen Funktionen

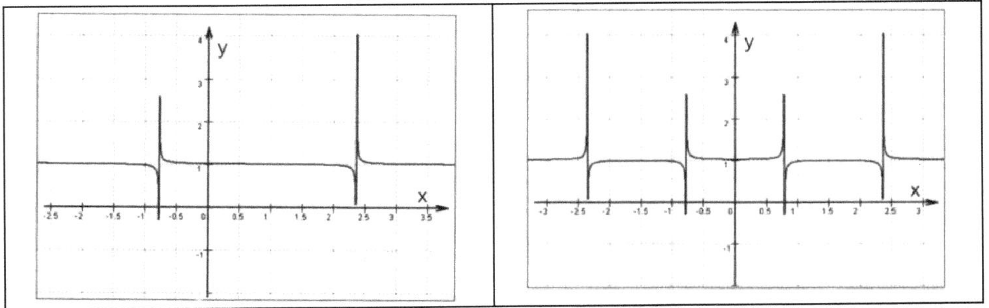

Bild 125: Pseudokonvergenzverhalten bei bestimmten trigonometrischen Funktionen

Eine merkwürdige Art von Pseudokonvergenzverhalten kann man bei speziellen trigonometrischen Funktionen finden. In Bild 125 sind die Graphen der Funktionen $f_a(x) = \dfrac{sin\left(\frac{\pi}{a}+x\right)}{cos\left(\frac{\pi}{a}-x\right)}$

(linkes Teilbild) und $f_a(x) = tan\left(\dfrac{\pi}{a} + x\right) tan\left(\dfrac{\pi}{a} - x\right)$ (rechtes Teilbild) für den Parameterwert $a = 3{,}98$ skizziert. In beiden Fällen tritt zwischen je zwei Unendlichkeitsstellen pseudokonvergentes Verhalten auf: Die Funktionswerte scheinen zunächst gegen „1" zu streben, um dann aber wieder divergent zu werden. Beide Funktionen sind im Fall $a = 4$ konstant gleich „1". In anderen Fällen $a \neq 4$ ergeben sich durchaus interessante Kurvenverläufe.

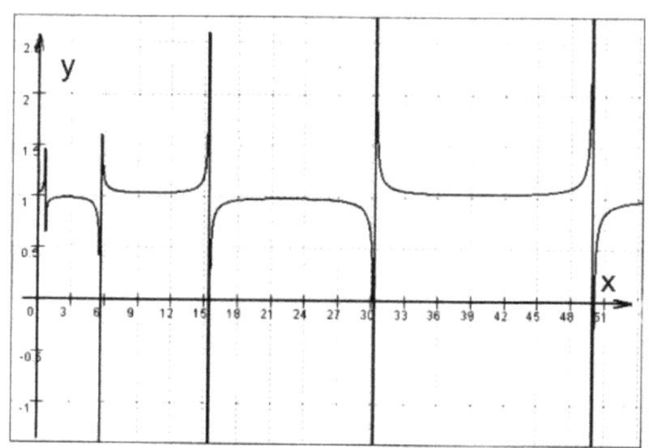

Bild 126: Pseudokonvergenzverhalten bei der Funktion

$$f(x) = tan\left(\frac{\pi}{a} + \sqrt{x}\right) tan\left(\frac{\pi}{a} - \sqrt{x}\right) \; mit \; a = 3{,}97$$

Während die in Bild 125 beschriebenen trigonometrischen Funktionen konstante Periodenlängen haben, sind bei der Funktion in Bild 126 in bestimmter Weise variierende Periodenlängen vorhanden. Die Unendlichkeitsstellen befinden sich an den Stellen $\frac{\pi}{a} - \sqrt{x} = n\frac{\pi}{2}$, $n \in N$, d.h. bei $x = \pi^2 \left(\frac{n}{2} - \frac{1}{a}\right)^2$. Die Periodenlängen variieren natürlich mit dem Betrag des Parameters a.

Pseudokonvergenz bei einer Parabel

Im Kapitel „Eine Krümmungssonde" ist das Krümmungsverhalten von Potenzfunktionen $f_q(x) = x^q$, $q \in R$, in der unmittelbaren Umgebung von $x = 0$ untersucht worden. Dabei hat sich herausgestellt, dass für alle $q \neq n = 2$, jedoch in der Nähe von n, bei Annäherung an $x \to +0$ ein außerordentlich divergentes Krümmungsverhalten zu beobachten ist. Als genügend empfindliches „Messinstrument" ist eine Krümmungssonde verwendet worden, die zu einer Gleichung $f_p(x) = \frac{1}{px^{p-2}} + x^p$, $p \in R$, geführt hat, mit der das Krümmungsverhalten dicht bei $x = 0$ studiert werden kann. Für $p = 2$ gibt $f_p(x)$ den Verlauf einer quadratischen Parabel wieder, siehe Bild 90. Für alle $p \gtrsim 2$, d.h. dicht oberhalb 2, biegt die Kurve für fallende x nach oben ab und strebt für $x \to 0$ gegen $+\infty$, siehe Bild 91. Für alle $p \lesssim 2$, d.h. dicht unterhalb 2, biegt die Kurve für fallende x nach unten ab und strebt gegen 0, siehe Bild 92. Mit diesem Verhalten konnte gezeigt werden, dass der Krümmungsradius der

Potenzfunktionen $f_p(x) = x^p$, $p \in R$, bei $x = 0$ in allen Fällen $p > 2$ unendlich groß, in allen Fällen $p < 2$ Null (!) wird.

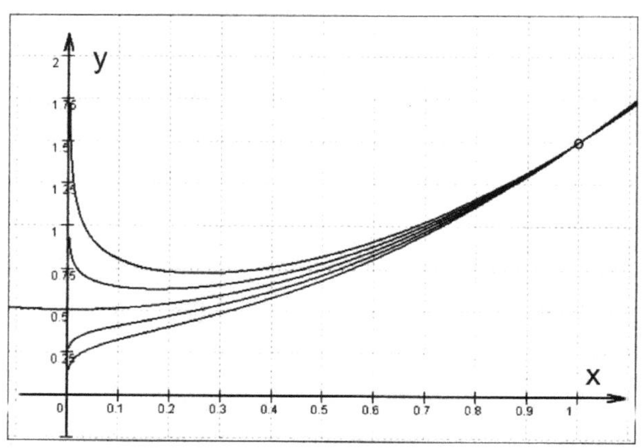

Bild 127: Pseudokonvergenz bezüglich der quadratischen Parabel
$$y = \tfrac{1}{2} + x^2, \; \textit{Graphen von } f_a(x) = \tfrac{1/2}{x^{a-2}} + x^2, \, a = 1{,}8; \, 1{,}9; \, 2{,}0; \, 2{,}1; \, 2{,}2$$

Das jetzige Interesse soll der Funktion f_a mit $f_a(x) = \tfrac{1/2}{x^{a-2}} + x^2$ gelten, die für den Parameter a in der Umgebung von 2 ein besonderes, nämlich ein pseudokonvergentes Verhalten bezüglich der Parabel mit $y = \tfrac{1}{2} + x^2$ bei $x \gtrsim 0$ zeigt, wie in Bild 127 zu erkennen. Die Kurven schneiden sich bei $x_s = 1$ in einem extrem spitzen Winkel, dort liegt so etwas wie ein Konvergenzpunkt. Der „Schnittwinkel" bei $x_s = 1$ wird noch kleiner und das Verhalten damit noch pseudokonvergenter, wird der Parameter a noch dichter als in Bild 127 bei 2 liegend gewählt. Unabhängig von der Wahl von a liegt der Konvergenzpunkt immer bei $x_s = 1$. Denn für die Schnittpunktkoordinate x_s gilt: $\frac{1/2}{x_s^{a-2}} + x_s^2 = \frac{1}{2} + x_s^2$ oder $x_s^{a-2} = 1$, d.h. $x_s = 1$.

Pseudokonvergenz bei einigen anderen Funktionen

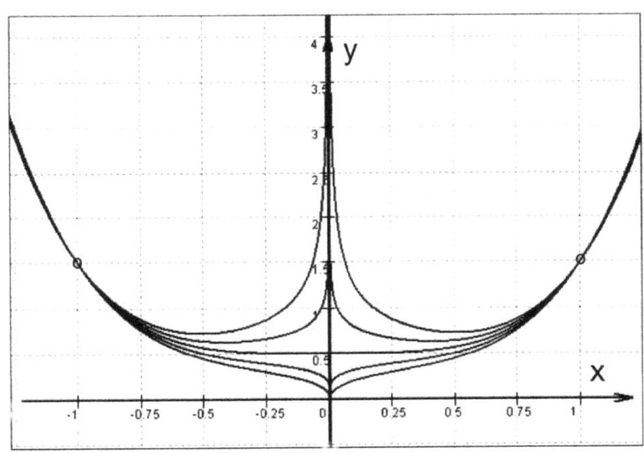

Bild 128: Pseudokonvergenz bezüglich der Parabel vierter Ordnung mit $g(x) = x^2$, Parameterwerte a wie bei Bild 127

In der Funktionsgleichung $f_a(x) = \frac{1/2}{x^{a-2}} + x^2$ wird die Variable x durch einen beliebigen Funktionsterm $g(x)$ ersetzt. Betrachtet wird somit die Funktion f_a mit

$$f_a(x) = \frac{1/2}{[g(x)]^{a-2}} + [g(x)]^2.$$ Im Fall von Parameterwerten a in der Umgebung von 2 zeigen sie ebenfalls ein divergentes Verhalten bei $x = 0$ und ein pseudokonvergentes Verhalten bei $x > 0$. In den folgenden Bildern sind einige Funktionsterme $g(x)$ verwendet, die den Reichtum an Varianten dieser Art von Pseudokonvergenz erkennen lassen; in Bild 128 ist $g(x) = x^2$.

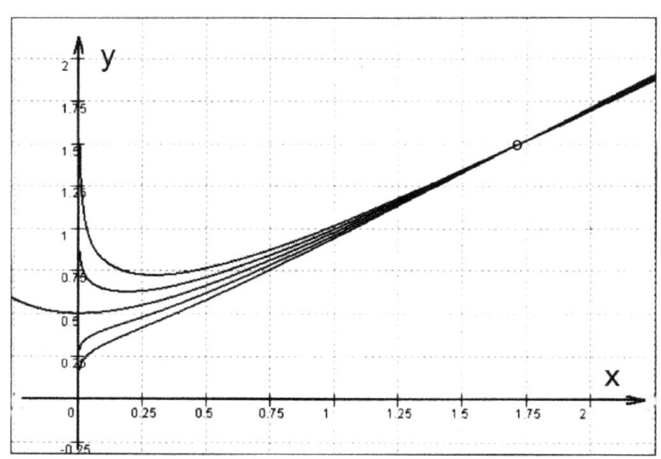

Bild 129: Pseudokonvergenz bezüglich der Funktion mit
$g(x) = \ln(x + 1)$*, Parameterwerte a wie bei Bild 127*

In Bild 129 ist $g(x) = \ln(x + 1)$ verwendet. Der Konvergenzpunkt liegt bei $x_s \approx 1{,}72$. Das folgt aus $\dfrac{1/2}{[\ln(x_s+1)]^{p-2}} +$ $[\ln(x_s + 1)]^2 = \dfrac{1}{2} + [\ln(x_s + 1)]^2$, d.h. $[\ln(x_s + 1)]^{p-2} = 1$

$\Leftrightarrow$ $x_s + 1 = e$, d.h. $x_s = e - 1$. In Bild 130 ist der Fall $g(x) = 1 - e^{-x}$ dargestellt. Hier liegt der Konvergenzpunkt im positiv Unendlichen. Das folgt aus $\dfrac{1/2}{(1-e^{-x})^{p-2}} +$ $[1 - e^{-x}]^2 = \dfrac{1}{2} + [1 - e^{-x}]^2$, d.h. $(1 - e^{-x})^{p-2} = 1$, das nur für $x \to \infty$ zutrifft. Damit ist diese Pseudokonvergenz sogar eine echte Konvergenz.

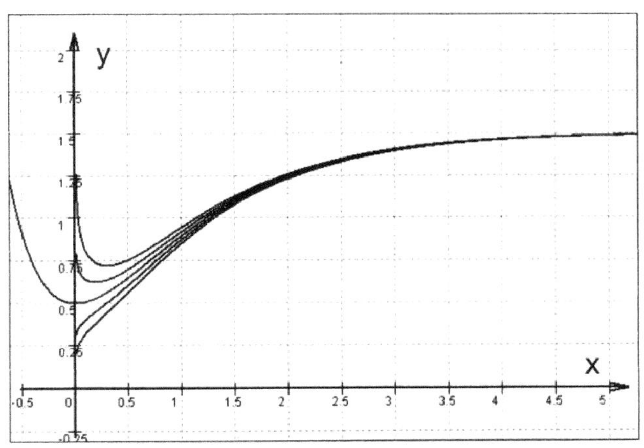

Bild 130: Pseudokonvergenz bezüglich der Funktion mit
$g(x) = 1 - e^{-x}$, Parameterwerte a wie bei Bild 127

In Bild 131 schließlich ist der Fall $g(x) = sin x$ dargestellt. Der Konvergenzpunkt liegt natürlich bei $x_s = \dfrac{\pi}{2}$, auch dieses Schaubild ist ästhetisch anregend.

Das Thema „ästhetische Funktionsgraphen" ist ohnehin ein auch künstlerisch interessantes Feld.

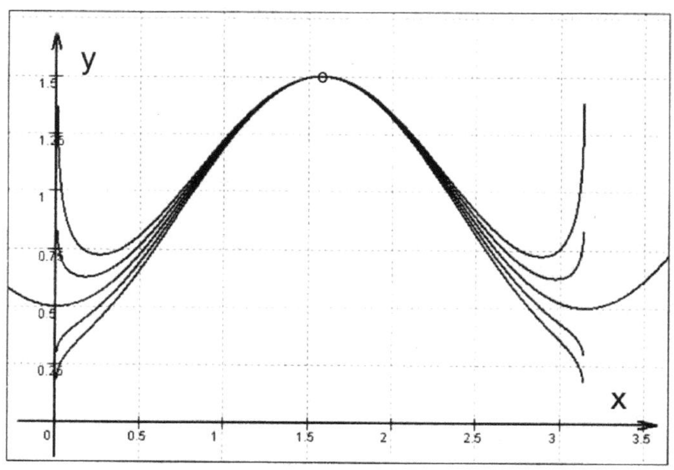

*Bild 131: Pseudokonvergenz bezüglich der Funktion mit $g(x) = sinx$,
Parameterwerte a wie bei Bild 127*

Iteration und Kryptologie

Die im Kapitel „Pseudokonvergenz?" verwendete Iterations-vorschrift $x_{n+1} = \dfrac{1}{a-x_n}$ für einen gegebenen Parameter $a \geq 2$ liefert mit einem beliebigen Startwert $x_0 \neq a$ und einer Laufzahl n eine nur vom Parameter a abhängende Konvergenz auf einen „Grenzwert". Für Parameterwerte $a < 2$ wird keine Konvergenz gefunden. Ist a dabei sehr dicht unterhalb von 2, beobachtet man Pseudokonvergenz. Die beispielsweise mit Hilfe einer Tabellenkalkulation errechenbare Folge von Iterationsresultaten ist um so chaotischer, je deutlicher ein Parameterwert a unterhalb von 2 gewählt wird. Für $a = 0{,}531$ und den Startwert $x_0 = 0$ beispielsweise ergeben sich für die ersten 26 Iterationsschritte die in der Tabelle 1 vermerkten Iterationsresultate.

n	x_{n+1}	n	x_{n+1}
1	1,88323917	14	-0,92295461
2	-0,73951415	15	0,68777938
3	0,78708293	16	-6,37838973
4	-3,90498499	17	0,14473058
5	0,22542908	18	2,58886662
6	3,27255268	19	-0,48594014
7	-0,36475548	20	0,98334204
8	1,11637610	21	-2,21071645
9	-1,70830305	22	0,36473502
10	0,44656744	23	6,01449558
11	11,84377170	24	-0,18236542
12	-0,08839567	25	1,40180609
13	1,61447691	26	-1,14836128

Tabelle 1

Das „Chaos" solcher Zahlen kann dazu verwendet werden, geheim zu haltende Nachrichten so zu verschlüsseln, dass eine Entschlüsselung zu einem langen Gewaltakt wird. In diesem Kapitel dient die Zahlenreihe der Tabelle zur Erstellung eines Schlüsselcodes. Die grau unterlegten Ziffern der Zahlen in Tabelle 1 an 2. und 4. Stelle nach dem Komma seien für die Codierung des Alphabets verwendet. Ein Buchstabe sei durch zwei Ziffern beschrieben. Um bei einer monoalphabetischen Verschlüsselung eine Entschlüsselung über Häufigkeitsangaben bestimmter Buchstaben z.B. in der deutschen Sprache zu erschweren, sei verabredet, einen bestimmten Buchstaben nicht durch ein benachbartes Ziffernpaar wie z.B. $24 = e$ in der Zeile $n = 5$ der Tabelle darzustellen, sondern die beiden Ziffern je nach Länge der Nachricht in zwei Gruppen zu je einer Ziffer hintereinander erscheinen zu lassen. Das heißt: In einer verschlüsselten Botschaft würden die Ziffern 2 und 4 für den Buchstaben e nicht nebeneinander, sondern je nach Länge der Nachricht in unterschiedlichen Abständen nacheinander erscheinen.

8	3	8	0	2	7	6	1	0	4	4	8	1	2	8	7	4	8	8	8	1	6	1	8	0	4
2	5	0	9	4	5	7	3	3	5	7	3	4	9	7	3	7	8	9	3	7	7	4	3	8	3
a	b	c	d	e	f	g	h	i	j	k	l	m	n	o	p	q	r	s	t	u	v	w	x	y	z

Tabelle 2: Der Schlüsselcode

Mit den grau unterlegten Iterationszahlen der Tabelle 1 kann somit der in Tabelle 2 notierte Schlüsselcode erstellt werden. Wie kann man diesen Schlüsselcode verwenden? Ein Freund zum Beispiel hat mir folgenden Zahlenwurm geschickt, der eine codierte wissenschaftliche Sensation enthalten soll:

$$53102426820811841808884734303407729823$$

Ich kann diesen Zahlenwurm entschlüsseln, weil ich die zu Beginn genannten Vereinbarungen kenne und damit den in Tabelle 2 genannten Schlüsselcode ermitteln kann. Der Zahlenwurm besteht aus 38 Ziffern. Ich weiß, die ersten sechs Ziffern enthalten die Angaben zur Ermittlung der Zahlentabelle 1. Die ersten drei Ziffern „531" bedeuten: der Parameter a in der Iterationsvorschrift $x_{n+1} = \frac{1}{a-x_n}$ beträgt 0,531. Die vierte Ziffer „0" bedeutet: der Startwert der Iteration beträgt $x_0 = 0$. Die fünfte und sechste Ziffer bedeuten: von den Zahlenangaben der Iteration sind nacheinander jeweils die 2. und 4. Ziffer nach dem Komma zu verwenden (das sind die dunkel unterlegten Ziffern in Tabelle 1). Da das Alphabet 26 Buchstaben hat, benötige ich die ersten 26 Schritte der Iteration. Sie liefern den Schlüsselcode der Tabelle 2. Die nach den ersten sechs Ziffern des Zahlenwurms folgende Anzahl von Ziffern gibt die Länge der verschlüsselten Nachricht an. Hier folgen 32 weitere Ziffern. Ich weiß daher, dass die Nachricht aus 16 Buchstaben besteht. In eine Tabelle mit 16 Spalten trage ich oben der Reihe nach die ersten 16, darunter dann die zweiten 16 Ziffern des Zahlenwurmrestes ein, siehe Tabelle 3. Mit Hilfe des Schlüsselcodes in Tabelle 2 ist dann der Inhalt der Botschaft bekannt (hier „egleichmcquadrat"). Es kann vorkommen, dass eine Ziffernkombination für zwei (oder mehr) Buchstaben gilt. Das ist in unserem Fall die Ziffernkombination 83, die für die Buchstaben l,t,x steht. Dann kann der zutreffende Buchstabe dem Sinnzusammenhang entnommen werden; hier ist es einmal l und einmal t.

2	6	8	2	0	8	1	1	8	4	1	8	0	8	8	8
4	7	3	4	3	0	3	4	0	7	7	2	9	8	2	3
e	g	l	e	i	c	h	m	c	q	u	a	d	r	a	t
		t													l
		x													x

Tabelle 3: Die Entschlüsselung

Obwohl man in der Kryptologie im Zeitalter äußerst leistungsfähiger Computer mit Prognosen vorsichtig sein sollte, möchte ich diese Art der Verschlüsselung als recht schwer zu knacken bezeichnen, sofern es gelingt, die Verschlüsselungsparameter sowie die Verfahrensweisen geheim zu halten. Doch selbst dann, wenn die Methode der Verschlüsselung bekannt werden sollte: Grundlage dieser Verschlüsselung sind Ziffern einer von der Konvergenz wie auch der Pseudokonvergenz weit entfernten und damit chaotischen Zahlenfolge, die aus einer Iterationsvorschrift z.B. mit Hilfe einer Tabellenkalkulation hergestellt wird. Besteht ein Verdacht auf Verrat der Verschlüsselungs-methode, führt eine neue kleine Zusatzvereinbarung zu völlig anderen Schlüsselcodes. Ein Beispiel hierfür wäre, statt der Ziffer 1 an dritter Stelle des oben genannten Zahlenwurms z.B. den Buchstaben x zu übermitteln mit der (geheimen) Verabredung, an dieser Stelle die letzte Ziffer des Datums jenes Tages zu verwenden, an dem die Botschaft versandt wird oder worden ist. Bei mehreren Botschaften an verschiedenen Tagen ist damit ein ständiger Wechsel des Verschlüsselungscodes verbunden, der dem unberechtigten Entschlüssler erhebliche Probleme bereiten dürfte. Es gibt eine Reihe weiterer Möglichkeiten, Variationen einzubauen: Art der Iteration, Position der Verschlüsselungsparameter im Zahlenwurm (Anfang, Mitte, Ende), Reihenfolge der Ziffern in Tabelle 1, usw..

Wachstum

Es gibt kaum ein anderes Thema aus der Politik, das mehr Bezüge zur Mathematik enthält wie alles, was mit Wachstum zu tun hat. Ob es um das Bevölkerungswachstum geht oder um das Wirtschaftswachstum, ob es um das Wachstum der Geldmenge geht oder um das Wachstum der Speicherkapazität von elektronischen Chips, ob es um das Wachstum der Müllberge oder die Ausbreitung einer Epidemie geht, immer geht es auch um das jeweils dazu passende mathematische Modell, mit dem man bisherige Entwicklungen beschreiben, damit verstehen und Prognosen für eine künftige Entwicklung abgeben kann. Mathematische Modelle für Wachstumsvorgänge werden natürlich immer nur idealisierte Modelle sein, die tatsächlich beobachtete Wachstumsvorgänge nur anzunähern vermögen. Auch wird es nur selten möglich sein, ein einziges Modell für beobachtetes Wachsen verwenden zu können; meist sind zur Beschreibung mehrere Modelle nötig, die sich überlagern. In diesem Kapitel müssen wir uns auf einzelne Modelle beschränken. Auch in diesem Kapitel stellt sich die Frage, wie weitgehend praktische Anwendungen von Mathematik speziell in der Schule verwendbar sind.

1 Einfache Wachstumsmodelle

In Bild 132 sind einige einfache Wachstumsarten skizziert, die als mathematische Modelle verwendet werden können.

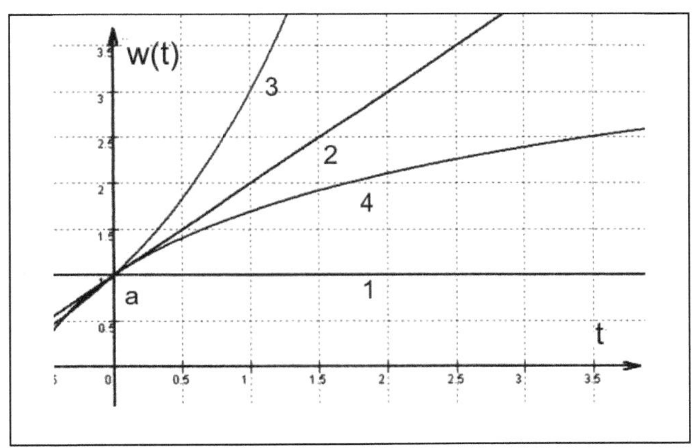

Bild 132

Der Graph „1" mit $w(t) = 1$ repräsentiert das Nullwachstum, d.h. im Verlauf der Zeit t verändert sich der Wert $w(t)$ nicht. Der Graph „2" mit $w(t) = t + 1$ stellt ein konstant bleibendes Wachstum dar, $w(t)$ wächst proportional zur Zeit t. Beim Graphen „3" mit $w(t) = 2^{t+1} - 1$ wächst $w(t)$ überproportional mit der Zeit t, beim Graphen „4" mit $w(t) = \ln(t + 1) + 1$ wächst $w(t)$ unterproportional mit der Zeit t. Alle Wachstumsarten starten mit dem selben Anfangswert $a = 1$.

2 Der logistische Wachstumsgraph

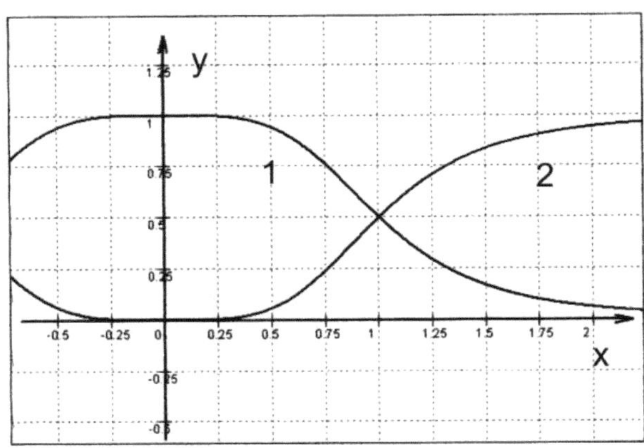

Bild 133

Nicht nur das Bevölkerungs- oder das Wirtschaftswachstum wird irgendwann begrenzt. Bei jedem Menschen und bei jeder Pflanze endet irgendwann das Wachstum. Keines der Wachstumsmodelle des Bildes 132 gibt ein solches Wachstumsverhalten her. In diesem Kapitel geht es um die mathematische Modellierung eines derartigen Wachstums. Durch welche Art uns bekannter Funktionen kann man ein solches Wachstum beschreiben? Zunächst wird ausprobiert, welcher Typ einer gebrochen-rationalen Funktion einen passenden Graphen hervorbringt. Als interessant erweisen sich die Graphen der Funktionen f mit $y = \dfrac{1}{1+x^n}$, n eine natürliche Zahl. Der Graph mit $n = 4$ ist in Bild 133 skizziert,

Kurve „1". Wird der Graph in y-Richtung betrachtet an der Parallelen zur x-Achse im Abstand $\frac{1}{2}$ gespiegelt, sozusagen „umgedreht", entsteht die Kurve „2". Die Gleichung dieser umgedrehten Kurve lautet $y = 1 - \frac{1}{1+x^n} = \frac{x^n}{1+x^n} = \frac{1}{1+1/x^n}$. Sie bietet sich als erste Modellierung eines begrenzten Wachstums an.

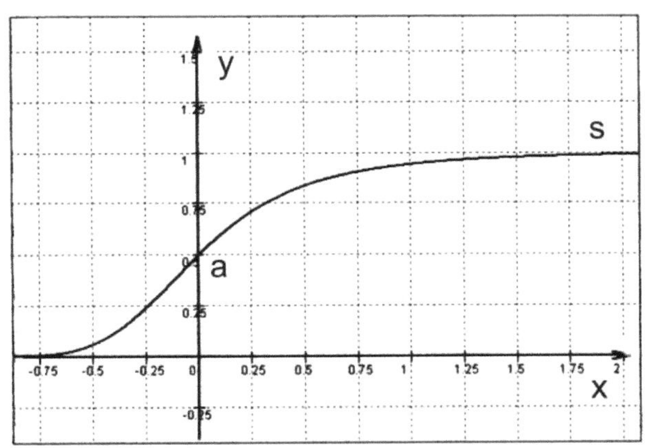

Bild 134

Die Gleichung $y = \frac{x^n}{1+x^n} = \frac{g(x)}{1+g(x)} = \frac{g(x)}{h(x)}$ hat die typische Gestalt einer gebrochen-rationalen Funktion. Wir suchen eine Funktion y, die die in Bild 134 erkennbaren Eigenschaften hat. Ein passender Verlauf ergibt sich, wenn $h(x) = c + g(x)$ ist, c ein Parameter, und wenn $g(x)$ eine für alle $x \geq 0$ streng monoton wachsende Funktion mit folgenden Eigenschaften ist: $g(0) = 1$ und $g(x \to \infty) \to \infty$. Eine der einfachsten ganzrationalen Funktionstypen $g(x)$, die diese Eigenschaften hat, ist $g(x) = (1 + x)^n$, n eine natürliche Zahl und $n \geq 2$. Grundlage weiterer Überlegungen ist somit der folgende Ansatz: $y = f(x) = \dfrac{g(x)}{c+g(x)} = \dfrac{1}{1+c/g(x)}$ mit $g(x) = (1 + x)^n$. Für $n = 4$ und $c = 1$ ergibt sich der Funktionsgraph des Bildes 134. Wird statt $g(x) = (1 + x)^n$ der Funktionsterm $g(x) = (1 + bx)^n$ verwendet, b ein weiterer Parameter, kann das Maß des Anstiegs variiert werden, siehe Bild 135. Mit $b < 1$ wird ein langsamerer, mit $b > 1$ wird ein schnellerer Anstieg im Vergleich zu dem mit $b = 1$ beschrieben.

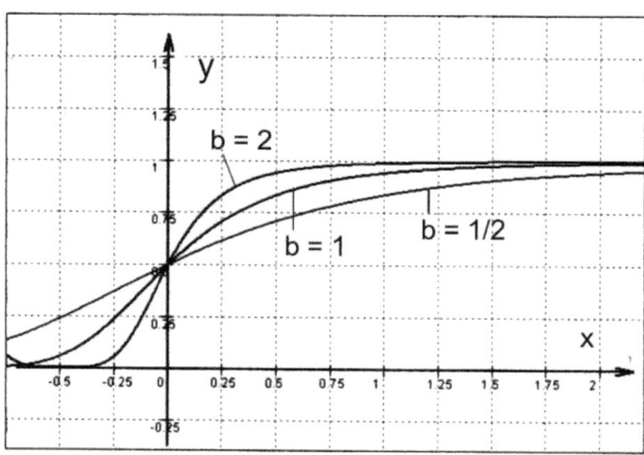

Bild 135

Nachdem wir mit $y = f(x) = \frac{1}{1+c/(1+bx)^n}$, b, c, n anzupassende Parameter, eine Funktion für den prinzipiellen Verlauf des Graphen eines logistischen Wachstums gefunden haben, ist nachzuprüfen, wie brauchbar diese Funktion ist. Dazu formulieren wir die mathematische Schreibweise der erzeugenden Funktion $y = f(x) = \frac{1}{1+c/(1+bx)^n}$ als Wachstumsfunktion $w(t) = \frac{1}{1+c/(1+bt)^n}$ und passen die Parameter b, c, n an das praktische Problem an.

3 Logistisches Wachstum

Betrachten wir als Beispiel das Wachstum der Population einer Bakterienkultur auf einer Petrischale. Eine zunächst kleine Population vermehrt sich bei zunächst ausreichendem Nahrungsangebot mit der Zeit t überproportional stark, Bild 132 Graph „3". Wegen des begrenzten Nahrungsangebots wird das Wachstum später wieder verlangsamt und kommt schließlich bei einem Sättigungswert s zum Erliegen, siehe Bild 134. Die Anpassung der Wachstumsfunktion $w(t) = \frac{1}{1+c/(1+bt)^n}$ an diesen Vorgang geschieht nun in zwei Schritten:

(1) Für $t \to \infty$ soll $w(t)$ gegen den Sättigungswert s gehen. Das ist der Fall, wenn $w(t) = \frac{s}{1+c/(1+bt)^n}$ ist.

(2) Bei $t = 0$ soll $w(0) = a$ sein, a der Anfangswert. Aus $w(0) = a = \frac{s}{1+c}$ folgt $c = \frac{s-a}{a}$.

Damit lautet die Funktionsgleichung für das logistische Wachstum $w(t) = \frac{s}{1+\frac{s-a}{a}/(1+bt)^n}$. Das Beispiel eines solchen Wachstums für bestimmte Parameter a, b, s, n ist in Bild 136 skizziert.

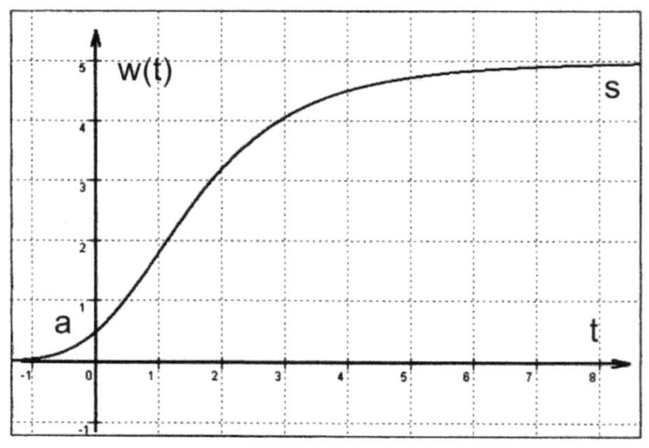

Bild 136 mit $a = \frac{1}{2} : b = \frac{1}{2}; s = 5; n = 4$

Mit $w(t) = \frac{s}{1+\frac{s-a}{a}/g(t)}$, $g(t) = (1 + bt)^n$ und den Parametern s: Sättigungswert, a: Anfangswert, b: Maß des Wachstums und $n \geq 2$ eine natürliche Zahl sieht es so aus, als wäre damit eine brauchbare Beschreibung des logistischen Wachstums möglich. Interessant ist, welche

Auswirkungen ein Parameter $b = \frac{1}{n}$ auf den Kurvenverlauf hat. Das ist in Bild 137 für die dort genannten n zu sehen. Der zuvor asymmetrische Kurvenverlauf nähert sich mit wachsendem n immer mehr einem punktsymmetrischen Verlauf mit dem Symmetriezentrum bei $\frac{s}{2}$.

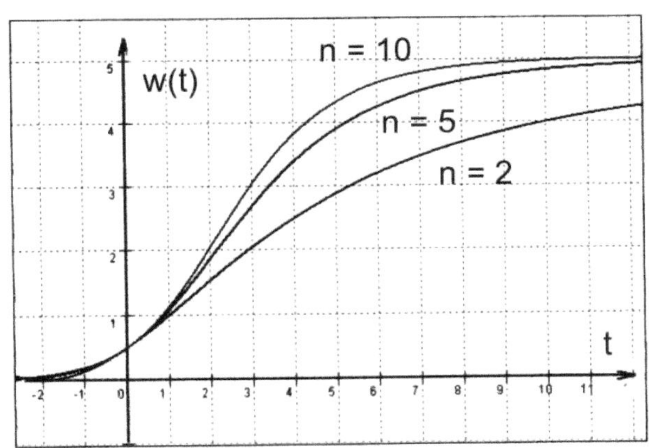

Bild 137, Parameter a, s wie in Bild 136, $b = \frac{1}{n}$

Die Funktion $g(t) = (1 + \frac{t}{n})^n$ innerhalb der Wachstumsfunktion $w(t)$ nähert sich bei großen n immer mehr $g(t) = e^t$. Dies ist kein Wunder, denn $\lim_{n \to \infty} \left(1 + \frac{1}{n}\right)^n = e$ und $\lim_{n \to \infty} \left(1 + \frac{t}{n}\right)^n = e^t$ (*EULER*). Die mit $g(t) = e^{kt}$, k ein Parameter, der das Maß des Anwachsens steuert, erstellten Graphen des logistischen Wachstums $w(t) =$

$\dfrac{s}{1+\frac{s-a}{a}/e^{kt}}$ sehen dann so aus wie in Bild 138. Die Graphen sind punktsymmetrisch.

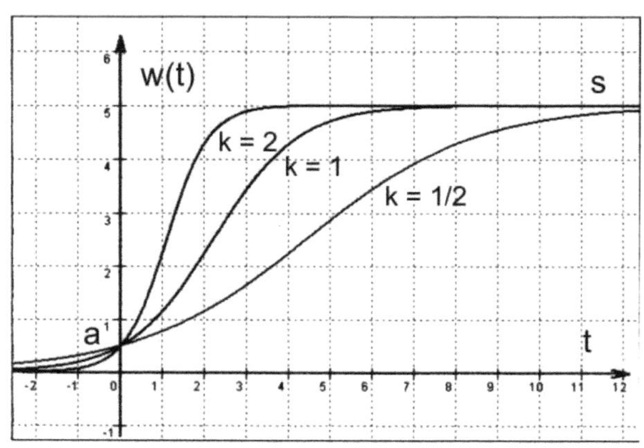

Bild 138, Parameter a, s wie in Bild 136

4 Andere geeignete Funktionen $g(t)$

Mit Hilfe der Grundfunktion des logistischen Wachstums $w(t) = \dfrac{s}{1+\frac{s-a}{a}/g(t)}$ haben wir mit den Funktionen $g(t) = (1 + bt)^n$ und $g(t) = e^{kt}$ Erfolg gehabt, siehe die Bilder 136, 137 und 138. Daneben sind weitere Funktionstypen für $g(t)$ denkbar, die sich für die Modellierung von logistischem Wachstum eignen könnten: $g(t) = (1 + tan(bt))^n$, $g(t) = (1 + bt)^t$, $g(t) = 1 + sinh(bt)$. In Bild 139 befinden sich Skizzen zu Wachstumsfunktionen $w(t)$, die mit diesen $g(t)$ erstellt worden sind; dabei $n = 4$ und $b = 1$ gesetzt, a

und s wie in Bild 136. Daneben könnte nach Anpassungen für $w(t)$ die Arcustangens-Schlange interessant sein. Vorschläge für Facharbeitsthemen?

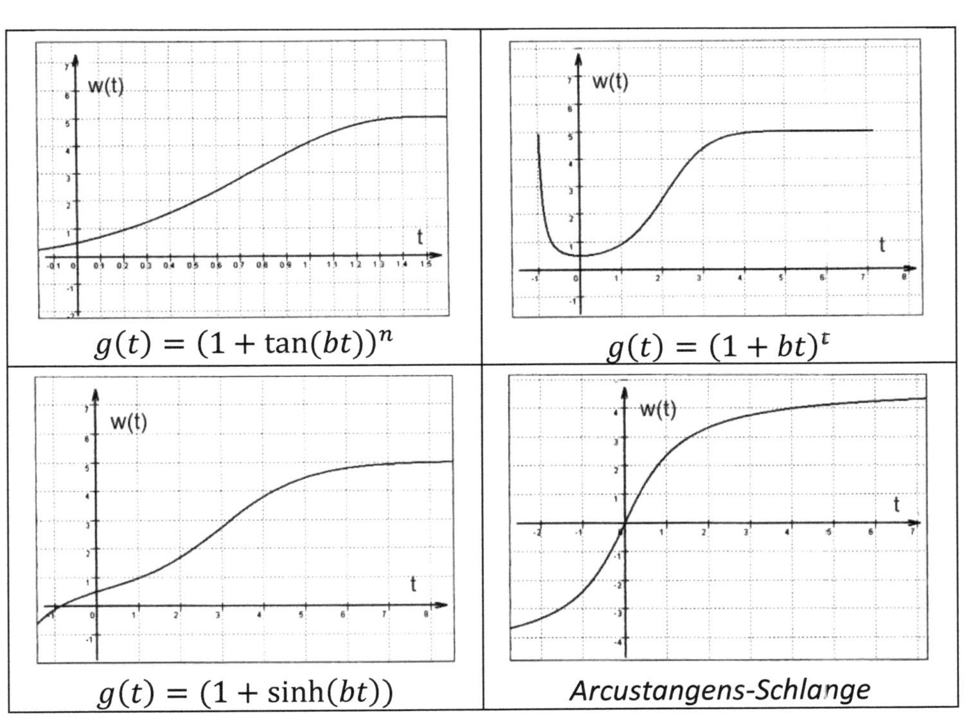

Bild 139

Der Flug des Federballs

Vorwort

Mit diesem letzten Kapitel zum Thema „Schräge Mathematik und andere Pretiosen" verfolge ich mehrere Ziele: (1) Badminton oder Federball wird weltweit gespielt, doch wie ein Federball fliegt, dafür scheinen sich nur ganz wenige zu interessieren; (2) Wer verstehen will, wie ein Federball fliegt, wird tief in die mechanische Physik und in höhere Mathematik eintauchen müssen; (3) Wer meint, das Erlernen von Mathematik sollte viel anwendungsnäher gestaltet werden, wird spätestens in diesem Kapitel erkennen, wie schwer eine solche Forderung umzusetzen ist; (4) Die in vorhergehenden Kapiteln schon anklingende Bedeutung der Lösung von Differentialgleichungen als einem der bedeutendsten Kalküls der mathematischen Physik kann hier in einfachen Fällen studiert werden.

Geschlagene Federbälle bewegen sich auf extrem ballistischen Flugbahnen. Die schon im späten Mittelalter vermutete Fantasiegestalt ballistischer Bahnen von Kanonenkugeln hat mit den Anfängen der modernen Analysis auch das Interesse vieler Mathematiker erregt, die versucht haben, zutreffende Bewegungsgleichungen und deren Lösungen aufzufinden. Ein solcher Erfolg dieser Bemühungen, der auch in der Schule behandelt und damit diesem Buch anvertraut werden könnte, ist bislang jedoch nicht bekannt geworden. Bei der Beschreibung der Bahnkurven von Würfen beschränkt man sich in der Regel auf Wurfparabeln, d.h. man vernachlässigt das Vorhandensein einer die Bewegung beeinflussenden Atmosphäre. Wie wirklichkeitsfremd das ist, wird besonders beim Federballspiel deutlich.

Bei der Bewegung eines Körpers in der Atmosphäre sind (wenigstens) zwei Wirkungen zu beachten, die einen Einfluss auf die Art der Bewegung haben: (1) Hat der Körper keinen Drall (d.h. gibt es keine Rotation um eine Achse), dann existiert nur eine Luftreibung, ein Widerstand; (2) Hat der Körper zusätzlich noch einen Drall, kommen Querkräfte hinzu, die aerodynamisch bedingt sind; erinnert sei hier an die sogenannte „Bananenflanke" beim Fußball oder den „geschnittenen Ball" beim Tennis. Im vorliegenden Kapitel beschränke ich mich auf die Flugbahn, die ein Körper ohne Drall erfährt. Es geht um die Flugbahn eines gewöhnlichen Federballs, geschlagen mit einem gewöhnlichen Racket. Der Ordnung wegen sollte erwähnt werden, dass Federbälle und Rackets, die bei Badminton-Turnieren verwendet werden, erheblich davon abweichende Eigenschaften haben: Federbälle sind in bestimmter Weise aerodynamisch optimiert

(Rotation) und Turnierrackets sind leichter und besitzen eine erheblich straffere Bespannung.

Durch Beobachtung der Flugbahnen geschlagener Federbälle (wie Videoaufnahmen) bei nur näherungsweise bekannten Basisdaten wie Anfangsgeschwindigkeit, Art des Widerstandsgesetzes und Widerstandsbeiwert des Federballs ist zwar eine qualitative, bislang jedoch keine quantitative Kontrolle der Güte üblicher numerischer Berechnungen bekannt. Eine solche Kontrolle ist erst dann möglich, existieren analytische Lösungen der Bewegungsgleichungen.

Luftreibung

Bislang ist es noch nicht gelungen, die Auswirkungen einer Luftreibung auf den Bewegungsablauf eines Körpers exakt zu beschreiben: Rechnerisch zutreffende Bestimmungen experimentell gefundener Widerstände beispielsweise von Fahr- und Flugzeugen sind nicht bekannt. Zur näherungsweisen Bestimmung von Widerständen existieren zwei Reibungsgesetze, die im Fall einer ansonsten kräftefreien geradlinigen Bewegung leicht zu integrieren sind und damit eine analytische Berechnung möglich machen. Zu diesen Reibungsgesetzen müssen einige Anmerkungen gemacht werden. Zuvor jedoch sollten für den einfachsten Fall die sogenannten Bewegungsgesetze und ihr mathematischer Zusammenhang beschrieben werden.

Allgemein bekannt sein dürfte das Bewegungsgesetz $s = \frac{1}{2}gt^2$ für den freien Fall. Es gibt die Fallstrecke s als Funktion der Zeit t an; g ist die Fallbeschleunigung. Will man die Momentangeschwindigkeit v zu einem Zeitpunkt t wissen, muss man s nach t ableiten und erhält $v = \dot{s} = gt$. Will man die Beschleunigung a angeben, die der fallende Körper erfährt, muss man v nach t ableiten und erhält $a = \dot{v} = g$. Umgekehrt kann man aus einer bekannten Beschleunigung a durch Integration eine Momentangeschwindigkeit $v = at$ bestimmen, und aus der Momentangeschwindigkeit durch eine weitere Integration den zurückgelegten Weg $s = \frac{1}{2}at^2$. Dieser Zusammenhang von Beschleunigung, Geschwindigkeit und Weg gilt für alle geradlinigen Bewegungen, auch dann, wenn die Beschleunigung nicht konstant, sondern selbst zeitabhängig ist. Um für irgendeine Bewegung dieser Art alle Bewegungsgleichungen anzugeben, genügt die Kenntnis einer dieser Gleichungen. Die beiden anderen Gleichungen lassen sich dann durch Ableiten oder durch Integration bestimmen, sofern eine analytische Integration möglich ist. Darum geht es, wenn aus den gleich genannten Reibungsgesetzen Bewegungsgesetze entwickelt werden sollen.

Zur Beschreibung von Bewegungen durch die Luft sind zwei Reibungsgesetze bekannt: (1) Wird ein Körper langsam genug durch die Luft bewegt, beobachtet man $\dot{v} \propto v$, es gilt $\dot{v} = -rv$ (Newtonsches Reibungsgesetz), darin r ein Proportionalitätsfaktor. Man spricht hier von einer laminaren Umströmung des bewegten Körpers. Die damit mögliche Angabe der Bewegungsgesetze ist einfach, siehe *Übung 91*. (2) Bei höheren Bewegungsgeschwindigkeiten v beobachtet man ein anderes Reibungsgesetz: $\dot{v} = -kv^2$. Es tritt dann auf, wenn die Luft durch die Bewegung verwirbelt wird (Strömungsphysik). Man spricht von einer turbulenten Umströmung; der Proportionalitätsfaktor k kann der Aerodynamik entnommen werden. Auch hier gestaltet sich die Angabe von Bewegungsgesetzen einfach, siehe *Übung 92*.

Durch Integrieren wie durch Ableiten lassen sich aus den Resultaten der Übungen 91 und 92 die zugehörigen Weg-Zeit-, Geschwindigkeits-Zeit- und Beschleunigungs-Zeit-Gesetze ermitteln, siehe Tabelle 1. Grob betrachtet sind die zeitlichen Abläufe von $a(t), v(t)$ und $s(t)$ für passende Parameter r, k bei beiden Reibungsgesetzen durchaus ähnlich. Auf einen Unterschied sollte jedoch aufmerksam gemacht werden: Im Fall des Reibungsgesetzes $\dot{v} = -rv$ ist das Ende des Weges angebbar: $s(\infty) = \dfrac{v_0}{r}$, im Fall des Reibungsgesetzes $\dot{v} = -kv^2$ nicht. Das ist aber kein Schade, denn gegen Ende des Weges wird v so klein, dass ein Wechsel vom Reibungsgesetz $\dot{v} = -kv^2$ (turbulente Umströmung) zum Reibungsgesetz $\dot{v} = -rv$ (laminare Umströmung) stattfindet.

Reibungs-gesetz	Beschleunigung	Geschwindigkeit	Weg mit $s(0) = 0$
$\dot{v} \propto -v$ laminar	$a(t) = -rv_0 e^{-rt}$ $= \ddot{s}(t)$	$v(t) = v_0 e^{-rt}$ $= \dot{s}(t)$	$s(t) = \dfrac{v_0}{r}(1 - e^{-rt})$
$\dot{v} \propto -v^2$ turbulent	$a(t) = \ddot{s}(t)$ $= -\dfrac{kv_0^2}{(kv_0 t + 1)^2}$	$v(t) = \dfrac{v_0}{kv_0 t + 1}$ $= \dot{s}(t)$	$s(t) = \dfrac{1}{k} ln(kv_0 t + 1)$

Tabelle 1

Ist dies bei der Beschreibung des Flugs des Federballs zu beachten? Bei grober Betrachtung gewöhnlicher Flugbahnen nicht, denn überall scheint die Bahngeschwindigkeit des Federballs vom Betrage her groß genug zu sein mit der Folge einer turbulenten Umströmung. Nur in einem Sonderfall, dem Abschlag senkrecht nach oben, kann das bedeutsam werden, denn dort treten im Bereich der Gipfelhöhe genügend geringe Geschwindigkeiten auf. Da dieser Sonderfall beim gewöhnlichen Federballspiel keine Rolle spielt, können wir uns in diesem Kapitel auf die Anwendung jener Bewegungsgesetze beschränken, die in der Tabelle 1 für das Reibungsgesetz $\dot{v} = -kv^2$ notiert sind.

In diesem Fall muss noch die Bedeutung der Konstanten k geklärt werden. Eine Angabe des bei turbulenter Umströmung eines Körpers auftretenden Widerstands kann der Aerodynamik entnommen werden. Betrachtet sei die schlichte Fallbewegung eines Federballs. Hier genügt es, statt der vektoriellen Größen deren Beträge zu verwenden. Bei ansonsten kräftefreier Bewegung gilt nach Newton $F_a + F_W = 0$, darin die Kraft $F_a = ma$ mit a die Beschleunigung und m die Masse des bewegten Körpers, und der Widerstand $F_W = \frac{1}{2}\rho A v^2 c_W$ mit $\rho = 1{,}25\,kg/m^3$ die (Norm-)Dichte der Luft, A die größte Querschnittsfläche des Körpers in Strömungsrichtung, v dessen Geschwindigkeit und c_W der sogenannte Widerstandsbeiwert, der im strömungsgünstigsten Fall unter 0,01 liegen und im strömungsungünstigen Fall bis 2 betragen kann. Wegen $F_a = ma = -F_W$ ist daher $a = \dot{v} = -\frac{\rho A c_W}{2m} v^2 = -kv^2$. Die in Tabelle 1 bei diesem Reibungsgesetz erscheinende Konstante k hat demnach die Bedeutung $k = \frac{\rho A c_W}{2m}$. Sie ist neben den leicht ermittelbaren Daten ρ, A, m noch vom zunächst unbekannten Widerstandsbeiwert c_W abhängig. Am Schluss dieses Kapitels ist angegeben, wie dieser Wert bei einem Federball bestimmt werden kann.

Numerische Resultate

Die Bahnkurve eines abgeschlagenen Federballs besteht aus zwei Anteilen, die hier als unabhängig voneinander beschrieben werden: einer mit der Anfangsgeschwindigkeit v_0 unter dem Winkel φ gegen die Horizontale abgeschlagenen ohne Einfluss der Gravitation geradlinig verlaufenden Bahn, siehe Bild 140, und einer durch die Gravitation verursachten Fallbewegung.

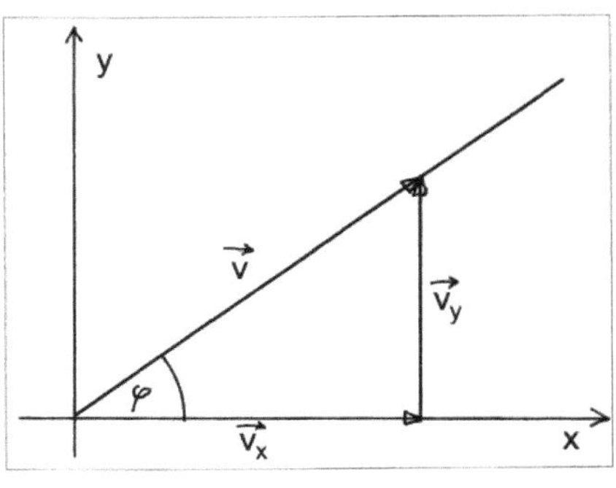

Bild 140

Ist $\vec{v}$ die Geschwindigkeit auf der im Winkel φ ansteigenden Bahn, gilt für die Komponenten von $\vec{v}$: $v_x = v\cos\varphi$ und $v_y = v\sin\varphi$, d.h. $v^2 = v_x^2 + v_y^2$. Mit dem für die Komponenten gültigen Reibungsgesetz $\dot{v} = -kv^2$ können die dort vorhandenen Beschleunigungen angegeben werden, siehe *Übung 93*.

Mit diesen Beschleunigungen und mit g als Fallbeschleunigung, mit den Anfangswerten v_0 als Abschlagsgeschwindigkeit, $v_x(t = 0) = v_0\cos\varphi$, $v_y(t = 0) = v_0\sin\varphi$, dem Abschlagswinkel φ, den Anfangsbedingungen $x(t = 0) = 0$, $y(t = 0) = h$, h die Abschlagshöhe, $k = \frac{\rho A c_W}{2m}$ und dem Zeitintervall Δt kann eine Tabellenkalkulation stattfinden. Wegen des größeren Umfangs dieser Tabelle sollten deren einzelne Schritte genauer angegeben werden. In den Spalten B bis D wird das vertikale Sinken des Federballs berechnet, in den Spalten E bis J die Bahnkurve des Bildes 140. Die Berechnungen in den einzelnen Spalten sehen dann so aus:

Spalte A: der zeitliche Ablauf (Zeitpunkte $t + \Delta t$); Spalte B: $a_Y = g - k * v_Y^2$; Spalte C: $v_Y = v_Y + a_Y\Delta t$; Spalte D: $Y = Y + v_Y\Delta t$; Spalte E: die Beschleunigung $a_x = -k\left(v_x^2 + v_y^2\right)\cos\varphi$; Spalte F: $v_x = v_x + a_x\Delta t$; Spalte G: $x = x + v_x\Delta t$; Spalte H: $a_y = -k\left(v_x^2 + v_y^2\right)\sin\varphi$; Spalte I:

$v_y = v_y + a_y \Delta t$; Spalte J: $y = y + v_y \Delta t$; Spalte K: $y - Y$; Spalte L und M: die verwendeten Daten Δt; k; v_0; $x_0 = 0$; h; $g = 9{,}81$; Bogenmaß φ; alle Angaben in den Basiseinheiten. Der Faktor k ergibt sich aus den Federball-daten $m = 5\ g = 0{,}005\ kg$; $A = 33\ cm^2 = 0{,}0033\ m^2$; $c_W \approx 1$; $\rho = 1{,}25\ kg/m^3$ zu $k = \frac{\rho A c_W}{2m} \approx 0{,}4/m$. Mit $\Delta t = 0{,}005\ s$ sowie den Anfangsdaten $v_0 = 50\ m/s$, $\varphi = 20°$, $h = 2{,}3\ m$ und $g = 9{,}81\ m/s^2$ ergibt sich die in Bild 141 dargestellte Flugbahn, Achsenangaben in Metern.

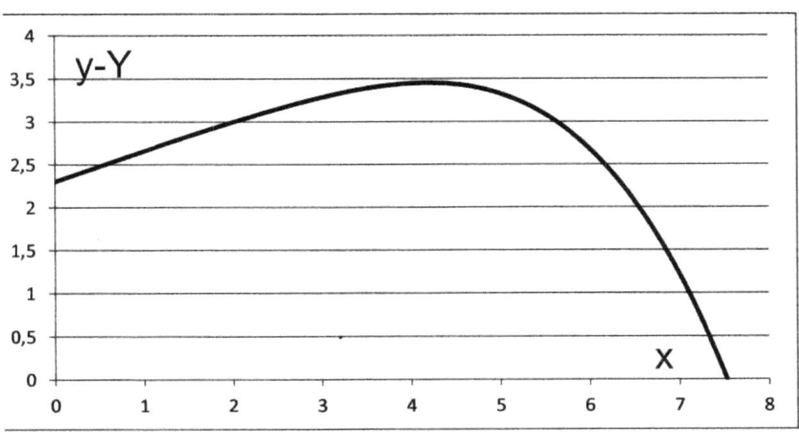

Bild 141: Flugbahn des Federballs bei $v_0 = 50\,\frac{m}{s}$; $k = \frac{0{,}4}{m}$; $\varphi = 20°$;
$h = 2{,}3\ m$; $\Delta t = 0{,}005\ s$

Die numerischen Resultate hängen stark von der gewählten Schrittweite Δt ab. Die für Bild 141 verwendete Schrittweite hat in der Tabellenkalkulation schon recht viele Rechenzeilen zur Folge (einige Hundert). Größere Schrittweiten zu wählen ist nicht empfehlenswert, wenn die Resultate noch einigermaßen genau sein sollen. Ab einer Schrittweite $\Delta t = 0{,}05\,s$ oder größer ist eine numerische Berechnung gar nicht mehr möglich. Ursache dafür ist die sich unmittelbar zu Beginn der Bewegung (Abschlag des Federballs) innerhalb kurzer Zeit stark verändernde Beschleunigung.

Um die nachfolgend geschilderten Untersuchungen nicht zu unbequem zu gestalten, wird eine Schrittweite von $\Delta t = 0{,}02\,s$ gewählt. Das bedeutet, die Resultate zeigen zwar die charakteristischen Flugbahnen, sind quantitativ jedoch unzureichend.

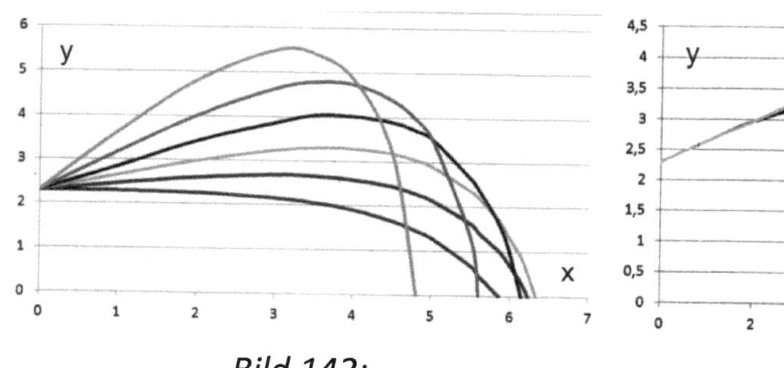

Bild 142:

Flugbahnen des Federballs
$v_0 = 50; k = 0{,}4; c_W = 1;$
$h = 2{,}3; \Delta t = 0{,}02\,s;$
$\varphi = 0; 10; 20; 30; 40; 50°$

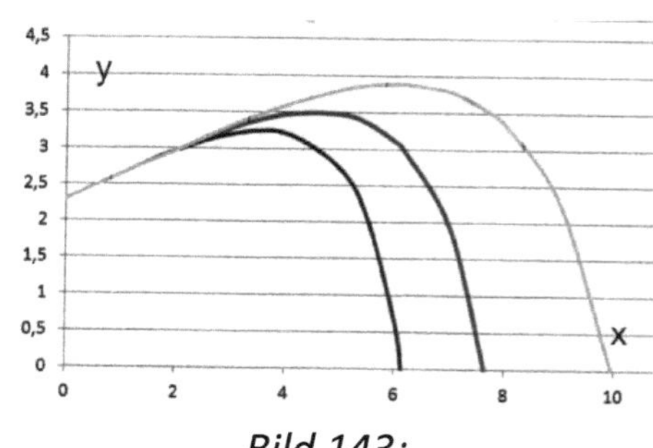

Bild 143:

Flugbahnen des Federballs
$v_0 = 50; \varphi = 20°;$
$h = 2{,}3\,; \Delta t = 0{,}02\,s;$
$c_W = 1{,}0; 0{,}8; 0{,}6\;(grau)$

Die beiden interessantesten Parameter, die die Flugbahn beeinflussen, sind der Abschlagwinkel φ und der Widerstandsbeiwert c_W des Federballs. Bei unterschiedlichen Abschlagwinkeln und sonst gleichbleibenden Parametern, vgl. Bild 142, liegt die erreichbare Maximalweite bei etwa $\varphi = 20°$, beim gewohnten schiefen Wurf ohne Luftreibung wäre dazu ein Abschlagwinkel etwas unterhalb von 45° nötig. Bei unterschiedlichen Widerstandsbeiwerten und sonst gleichbleibenden Parametern, vgl. Bild 143, wird die erreichbare Flugweite mit fallendem Beiwert deutlich größer und erreicht bei $c_W = 0$ die Wurfweite des gewohnten schiefen Wurfes ohne Berücksichtigung des Luftwiderstands, wobei die Gestalt der Flugbahn die der gewohnten Wurfparabel sein wird. Wegen der leicht unregelmäßigen Gestalt der Bilder 142 und 143 wird auf die Anmerkung am Schluss verwiesen.

Analytische Resultate

Analytische Lösungen der für das Zustandekommen der Bilder 141 − 143 genannten Differentialgleichungen sind meines Wissens noch nicht gefunden worden. Im Sonderfall des schlichten fallen Lassens eines Federballs im Schwerefeld und in der Lufthülle der Erde können analytische Lösungen der Bewegungsgleichungen angegeben werden und damit die bisher verwendeten numerischen Lösungen überprüft werden. Die Bewegungsgleichung für diesen Fall lautet $\dot{v}_Y = g - kv_Y^2$. Die Idee einer Lösungsfunktion dieser Bewegungsgleichung muss der höheren Mathematik entnommen werden. Wegen $v_Y = 0$ bei $t = 0$ und $v_Y \to v_\infty$ für $t \to \infty$ hilft der Lösungsansatz $v_Y = a\tanh(bt)$ mit den an den physikalischen Vorgang anzupassenden Parametern a und b, siehe *Übung 94*. Es ergibt sich eine Geschwindigkeits-Zeit-Funktion $v_Y(t) = \sqrt{\frac{g}{k}}\,tanh(\sqrt{gk} \cdot t)$. Nach dem Ableiten ergibt sich eine Beschleunigungs-Zeit-Funktion zu $\dot{v}_Y = a_Y(t) = \frac{g}{cosh^2(\sqrt{gk} \cdot t)}$ und nach dem Integrieren $Y(t) = \frac{1}{k} ln[cosh(\sqrt{gk} \cdot t)]$ als Weg-Zeit-Funktion, hier als Fallweg des Federballs gezählt. Abbildung 144 zeigt eine Darstellung der zeitlichen Verläufe für diese drei Funktionen.

Mit den in Bild 144 dargestellten analytischen Lösungen sind die numerischen Resultate in Bild 145 zu vergleichen, die aus den ersten Spalten der Tabellenkalkulation folgen. Die Übereinstimmung ist hervorragend. Damit ist gezeigt, dass im einfachsten System: dem schlichten Sinken eines Federballs im Schwerefeld und der Lufthülle der Erde eine sehr gute Übereinstimmung von analytischer und numerischer Lösung der Bewegungsgleichung hergestellt werden kann.

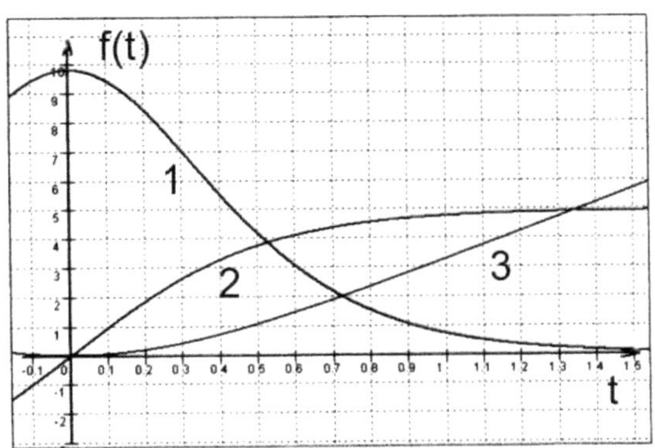

Bild 144

1 *ist* $a_Y(t) = \dfrac{g}{\cosh^2(\sqrt{gk}\cdot t)}$; **2** *ist* $v_Y(t) = \sqrt{\dfrac{g}{k}}\,\tanh(\sqrt{gk}\cdot t)$;

3 *ist* $Y(t) = \dfrac{1}{k}\ln\!\left[\cosh(\sqrt{gk}\cdot t)\right]$; *gezeichnet für* $k = 0{,}4$; $g = 9{,}81$.

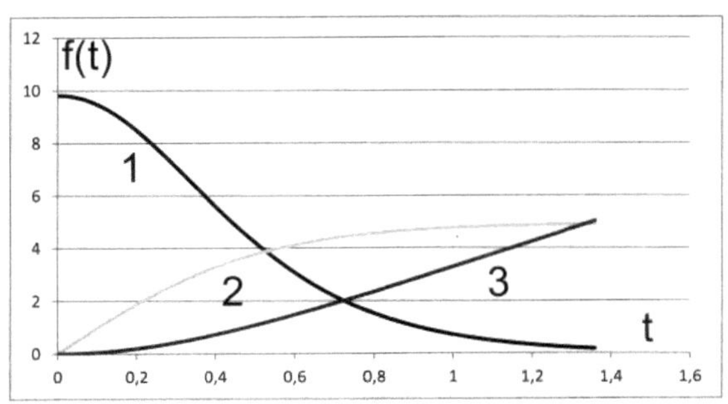

Bild 145

1 ist $a_Y = g - k * v_Y^2$; *2 ist* $v_Y = v_Y + a_Y\Delta t$;

3 ist $Y = Y + v_Y\Delta t$;

Numerisch berechnet für $\Delta t = 0{,}005$; $k = 0{,}4$; $g = 9{,}81$.

Abschließende Bemerkungen

Die in den Bildern 142 und 143 dargestellten Diagramme mussten wegen der jeweils unterschiedlichen x-Werte der Einzeldiagramme händisch aus den Einzeldiagrammen zusammengefügt werden. Die Einzeldiagramme sind natürlich glatter.

Mit einer Beobachtung der Grenzgeschwindigkeit $v_\infty = \sqrt{g/k}$ und $k = \frac{\rho A c_W}{2m}$ ist eine Bestimmung des Widerstandsbeiwerts c_W des Federballs möglich: $c_W = \frac{2mg}{\rho A v_\infty^2}$. Wie die Bilder 144 bzw. 145 zeigen, ist die Grenzgeschwindigkeit nach etwa 1,5 Sekunden praktisch erreicht.

Der in der Schule behandelte schiefe Wurf in der Lufthülle der Erde ist mit der Wurfparabel nur unzulänglich darzustellen. In quantitativer Hinsicht sind numerische Lösungen der Bewegungsgleichungen vorzuziehen

Historische Darstellungen der Bahnkurve einer abgefeuerten Kanonenkugel aus dem 16. Jahrhundert zeigen den Verlauf der Bewegung als linearen Anstieg gefolgt von einem steilen Abfall. Interessant ist, dass die damals freihändig postulierte Flugbahn einer Kanonenkugel der Bahn des unter einem

Winkel von 20° abgeschlagenen Federballs, siehe Bild 141, durchaus ähnlich ist. Dies ist erstaunlich.

Out

Wir sind am Ende dieses Buches angelangt; nicht jedoch am Ende der Mathematik. Der Autor hofft, einen kleinen Eindruck von der unglaublichen Vielfalt mathematischer Betrachtungsweisen und anwendbarer Mathematik vermittelt zu haben. Als Autor habe ich mich bewusst auf solche mathematischen Sachverhalte oder Bezüge beschränkt, die ich als mehr oder weniger schräg empfinde, solche, die noch nicht so bekannt sind und solche, die in der Schule behandelt werden können. Zusammen mit den zahlreichen Übungen findet die Liebhaberin, der Liebhaber manchmal Felder vor, die von anderen noch nicht so beackert worden sind. Felder, in die man selber noch ein Samenkorn setzen und dessen Entwicklung man steuern kann.

Ebenso, wie jede Sprache sich ständig weiterentwickelt, ist auch die Mathematik als ein globales Verständigungsmittel nie fertig. Zum Lehrsatz des Pythagoras beispielsweise existieren nun wirklich viele Beweise. Dennoch werden von Liebhabern irgendwo auf der Welt ständig neue Beweise gefunden! Diesen Menschen geht es nicht darum, „endlich" den wahren Beweis für diesen Lehrsatz zu finden. Diesen Menschen geht es darum, Schönheit und Bedeutung dieses Lehrsatzes und dessen Nachweis in möglichst vielen mathematischen Bezügen und Varianten wiederzufinden.

Die Mathematik hat nicht nur Bedeutung als globale Verständigungssprache, wie zu Beginn dieses Buches angesprochen. In Zeiten allgemeiner Desinformationskampagnen, in Zeiten, in denen der Normalbürger nicht mehr entscheiden kann, ob eine Nachricht, ein Buch, ein Bild oder ein Film wahre oder erlogene Inhalte transportiert, gewinnt die mathematische Kommunikation über die Sache hinaus eine weitere Bedeutung, nämlich die einer nachprüfbaren Sicherheit. In der Mathematik ist eine Aussage entweder wahr oder sie ist falsch, nur in sehr seltenen Fällen kann keine Entscheidung getroffen werden. Andere „Interpretationen" eines Sachverhalts oder einer Behauptung gibt es nicht! Auch der idiotischste und grausamste Diktator kann eine mathematische Wahrheit nicht leugnen. Für junge Menschen, die die offene und die verborgene Manipulation ihrer Meinung, ihrer Ansichten, ihres Glaubens durch das Internet und die darin betriebenen sogenannten sozialen Medien immer widerlicher finden, müsste die Sprache der Mathematik ja ein himmlischer Segen sein! Da weiß man, woran man ist!

Warum hat sich das noch nicht herumgesprochen? Ich warte nur darauf, dass sich diese Einsicht bei immer mehr jungen Menschen durchsetzt. Ich denke, wenn das geschieht, wird die Mathematik in der Schule kein Problemfach mehr sein!

***

Anhang

<u>Übung 1:</u>

1	2	3	4	5	6	7	8	9	10
1	*2*	*3*	*4*	*5*	*6*	*6,1*	*6,2*	*6,3*	*10*
11	12	13	14	15	16	17	18	19	20
6,5	*12*	*12,1*	*12,2*	*15*	*15,1*	*15,2*	*15,3*	*15,4*	*20*
21	22	23	24	25	26	27	28	29	30
20,1	*20,2*	*20,3*	*20,4*	*20,5*	*20,6*	*20,6,1*	*20,6,2*	*20,6,3*	*30*
31	32	33	34	35	36	37	38	39	40
30,1	*30,2*	*30,3*	*30,4*	*30,5*	*30,6*	*30,6,1*	*30,6,2*	*30,6,3*	*30,10*
41	42	43	44	45	46	47	48	49	50
30,10,1	*30,10,2*	*30,10,3*	*30,10,4*	*30,10,5*	*30,10,6*	*30,15,2*	*30,15,3*	*30,15,4*	*30,20*
51	52	53	54	55	56	57	58	59	60
30,20,1	*30,20,2*	*30,20,3*	*30,20,4*	*30,20,5*	*30,20,6*	*30,15,12*	*60,2*	*60,1*	*60*
61	62	63	64	65	66	67	68	69	70
60,1	*60,2*	*60,3*	*60,4*	*60,5*	*60,6*	*60,6,1*	*60,6,2*	*60,6,3*	*60,10*
71	72	73	74	75	76	77	78	79	80
60,10,1	*60,10,2*	*60,10,3*	*60,10,4*	*60,10,5*	*60,10,6*	*60,15,2*	*60,15,3*	*60,15,4*	*60,20*
81	82	83	84	85	86	87	88	89	90
60,20,1	*60,20,2*	*60,20,3*	*60,20,4*	*60,20,5*	*60,20,6*	*60,15,12*	*60,30,2*	*60,30,1*	*60,30*
91	92	93	94	95	96	97	98	99	100
60,30,1	*60,30,2*	*60,30,3*	*60,30,4*	*60,30,5*	*60,30,6*				*60,30,10*

Alle Gewichtsstücke von 1 bis 60 sind je einmal vorhanden. Maximal drei Gewichtsstücke dürfen beim Auswiegen verwendet werden. Zusammen mit einem Trick lassen sich bis auf die Fälle 97,98,99 alle anderen Fälle von 1 bis 100 Masseneinheiten bestimmen. In der Tabelle sind in der Zeile mit den kursiv gedruckten Zeichen alle diese Fälle notiert. Die dann noch fehlenden Fälle 58,59,88,89 werden mit einem Trick gelöst: 58 gleich 60,**2** heißt, das Gewichtsstück mit der Masseneinheit 2 wird beim Auswiegen auf die andere Seite gelegt.

<u>Übung 2:</u>

Gedenksteine oder Grabplatten in alten Klöstern enthalten Jahresangaben in römischen Ziffern. Ein im Jahr 1639 residierender Abt will dem vor 275 Jahren verstorbenen Gründer des Klosters einen bislang noch nicht vorhandenen Gedenkstein stiften. Über das Zehnersystem erkennt er schnell, welches Todesjahr er in römischen Ziffern eintragen lassen muss: 1639 minus 275 gleich 1364, d.h. MCCCLXIV. Als mathematisch Interessierter weiß er, wie man im Zehnersystem rechnen kann: von 1639 ziehe ich erst zwei Hunderter, dann sieben Zehner und schließlich fünf Einer ab. Etwa 150 Jahre vorher hat Adam Ries (oder Risen) ein Rechenbuch drucken lassen, in dem ein verkürztes schriftliches Subtraktionsverfahren beschrieben wird, das das Stellenwertsystem der Ziffern nutzt. Als Kenner der Geschichte des römischen Reiches fragt er sich, wie die Römer so etwas gerechnet haben. Wie geht MDCXXXIX minus CCLXXV? Vielleicht so: von MDCXXXIX ziehe ich erst

CC ab. Dazu denke ich mir D als CCCCC geschrieben. Dann bleibt MCCCCXXXIX. Dann ziehe ich LXX ab. Dazu denke ich mir das letzte C als LL geschrieben. Bleibt MCCCLXIX. Schließlich ziehe ich V ab. Dazu denke ich mir das letzte X als VV geschrieben. Bleibt MCCCLXIV. Ganz schön kompliziert und im Vergleich zum Rechnen im Zehnersystem sehr umständlich, sagt er sich.

<u>Übung 3:</u>

Der Beweis für die Behauptung, beide Kreise enthalten zwar unendliche viele, dennoch genau gleichviele Durchmesser, egal, wie groß der Kreis gewählt wird, erfolgt dadurch, dass die beiden Kreise konzentrisch angeordnet werden, d.h. der Mittelpunkt des kleinen Kreises liegt an derselben Stelle wie der Mittelpunkt des großen Kreises. Dann ist jeder Durchmesser des großen Kreises zugleich ein Durchmesser des kleinen Kreises und umgekehrt. Diese Art der Beweisführung ist überzeugend gewesen.

<u>Übung 4:</u>

Ich kann mir ein Verfahren denken, bei dem jede Bruchzahl eine Nummer erhält. Das wird bestimmt kein einfaches Verfahren sein. Doch damit habe ich etwas, was in der Mathematik als Zuordnungsvorschrift bezeichnet wird. Ich kann jeder Bruchzahl über ihre Nummer eine natürliche Zahl zuordnen, weil es beliebig viele natürliche Zahlen gibt. Damit existieren bei jeder Art von Zuordnung gleichviele Zahlen, obwohl mein Gefühl mir sagt, im Vergleich zu den natürlichen Zahlen müsste es doch viel mehr Bruchzahlen geben. Aus dieser skurrilen Lage haben sich die Mathematiker dadurch befreit, dass sie im Bereich des Unendlichen von verschiedenen Mächtigkeiten sprechen: die Menge der Bruchzahlen ist wesentlich mächtiger als die Menge der natürlichen Zahlen.

Übung 5:

Weil der Mathematiker immer nach Regeln rechnen möchte, hat er nicht nur neue Zahlen erfunden, dazu hat er auch Methoden der Annäherung an bestimmte Resultate verwendet. Um zu begründen, was 7^0 oder 0^0 bedeuten, kann er sich die Graphen bestimmter Funktionen ansehen: die Graphen der Funktionen zu $y = 2^x$ und $y = x^x$, siehe Bild 5a und deren Annäherung an den Funktionswert bei $x = 0$. Weil $y = 2^x$ wie jede andere Funktion $y = a^x$ mit $a > 0$ auch bei $x = 0$ den Funktionswert 1 hat, schließt man auf $a^0 = 1$ für jedes positive a (ein analytischer Beweis neben der Anschauung ist nicht einfach). Nach Bild 5a sieht es so aus, als ob das auch im Fall $a = x > 0$ gilt. In welcher Weise sich x^x in der Nähe von x = 0 verhält, erkennt man am Verlauf der Ableitung von y = x^x: $y' = x^x(\ln x+1)$, siehe Bild 5b. Zum Ableiten ein Hinweis: Ersetze die Basis x in x^x durch $x = e^{\ln x}$, d.h. $y = x^x = (e^{\ln x})^x = e^{x\ln x}$ und leite dann wie üblich ab.

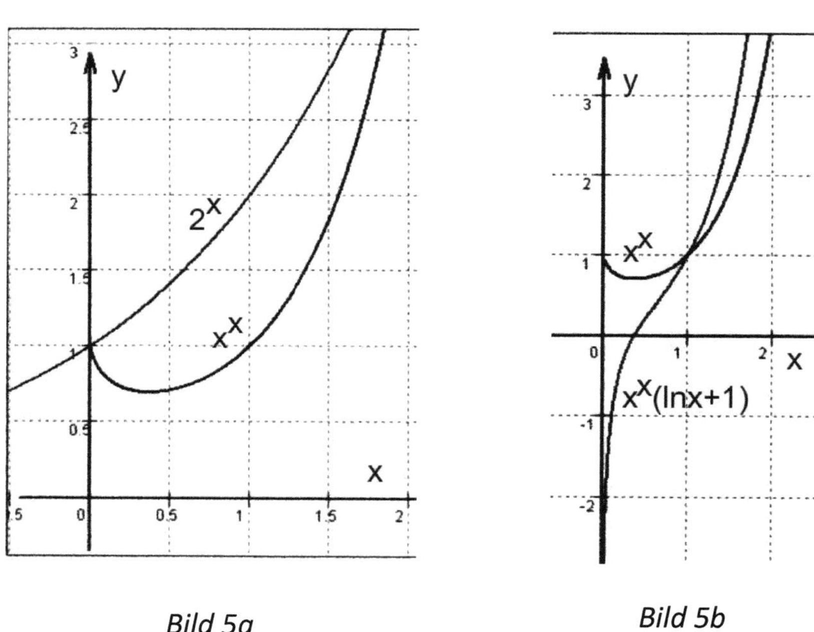

Bild 5a   *Bild 5b*

Über die abenteuerlich klingende Identität $x = e^{\ln x}$, die uns hier zur Lösung verholfen hat, ist im Kapitel ‚Operation und ‚Gegenoperation' schon gesprochen worden.

Übung 6:

Entstehen beim Rechnen in der Analysis Ausdrücke der unbestimmten Gestalt 0/0 oder $\frac{\infty}{\infty}$, kann häufig die Regel von de l'Hospital weiterhelfen. Sie gilt für zwei Funktionen g(x) und h(x), die in der Umgebung von c differenzierbar sind und in der h'(x) $\neq 0$ ist. Sie lautet: Aus dem bestimmbaren $\lim_{x \to c} \frac{g'(x)}{h'(x)} = G$ folgt auch $\lim_{x \to c} \frac{g(x)}{h(x)} = G$. So ist

$$\lim_{x \to +0} x\,lnx = \lim_{x \to +0} \frac{lnx}{1/x} = \lim_{x \to +0} \frac{1/x}{-1/x^2} =$$

$$\lim_{x \to +0}(-x) = 0;\ \text{ferner } \lim_{x \to +0} x^x = \lim_{x \to +0} e^{x\,lnx}$$

$$= e^0 = 1.$$

Übung 7:

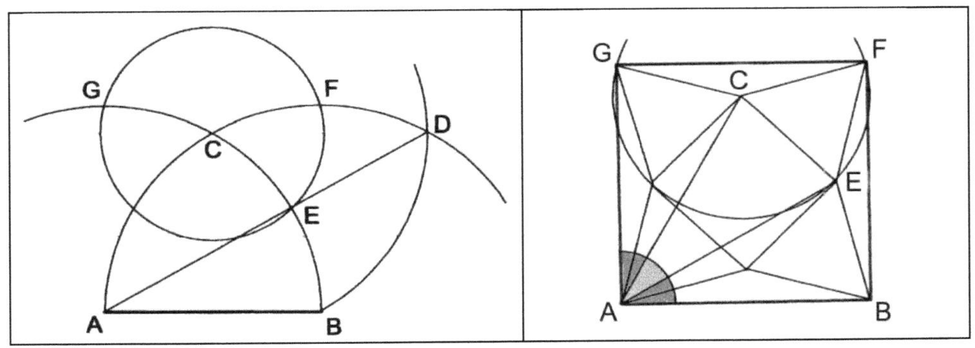

Bild 7a　　　　　　　　　　Bild 7b

In Bild 7a ist die Strecke $\overline{AB}$ als Seitenlänge des Quadrats gegeben. Der Ursprung dieser Konstruktion liegt in der Quadratzerlegung des Bildes 7b. Der rechte Winkel bei A wird in vier Teile zu 15° und einen Teil zu 30° geteilt. Das Quadrat und die vier gleichseitigen Dreiecke im Inneren des großen Quadrats haben dieselbe Seitenlänge, die etwas größer als $\overline{AB}/2$ ist. Demzufolge verläuft der Kreis um C mit Radius $\overline{CE}$ durch die Quadratpunkte G und F.

Übung 8:

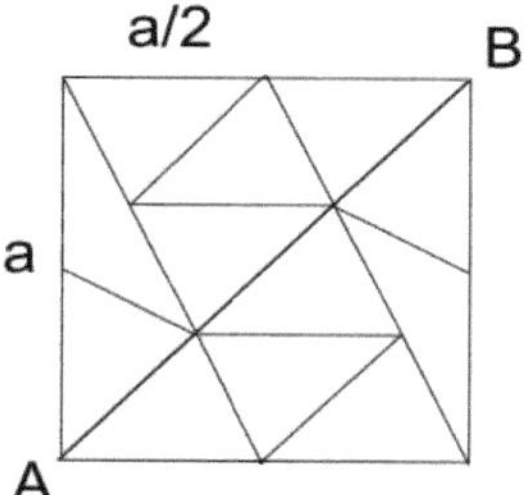

Nach Einzeichnen ergänzender Teilungen ist sofort zu erkennen, dass zwei Arten flächengleicher gleichschenkliger und kongruenter (deckungsgleicher) Teildreiecke vorhanden sind, und dass die drei Transversalen jeweils gedrittelt werden. Die Quadratfläche ist in insgesamt zwölf flächengleiche Teildreiecke aufgeteilt.

Übung 9:

Als Knacknuss erweist sich der Nachweis, dass das im Bild 17 im Quadrat mit der Seitenlänge a konstruierte Achteck regelmäßig ist. Einfach ist der Nachweis gleichgroßer Winkel in den Ecken des Achtecks. Schwieriger ist der Nachweis zur Seitenlänge $y = s$. Es ist $x + s = \frac{a}{\sqrt{2}}$ der Radius der Viertelkreise, d.h. $s = \frac{a}{\sqrt{2}} - x$. Für s gilt ferner $s = a - 2x$. Demnach gilt $\frac{a}{\sqrt{2}} - x = a - 2x$, d.h. $x = a - \frac{a}{\sqrt{2}}$. Dieses x in $s = a - 2x$ eingesetzt ergibt $s = a\sqrt{2} - a$. In den gleichschenklig-rechtwinkligen Dreiecken an den Ecken des Quadrats gilt $y = x\sqrt{2}$, mit dem $x = a - \frac{a}{\sqrt{2}}$ dann $y = a\sqrt{2} - a$, also dasselbe wie s.

<u>Übung 10:</u>

Unter allen denkbaren Verbindungen der vier Orte stellt sich die in Bild 18 skizzierte Verbindung als die kürzeste heraus. Man bezeichnet diese Lösung als ‚Steinerbaum'. Ein wesentliches Charakteristikum des Steinerbaums sind im Inneren der Figur liegende Verteilungsknoten, von denen drei Verbindungen ausgehen, die untereinander jeweils einen Winkel von 120 Grad bilden. Das gilt auch für andere Figuren, siehe die Bilder 10a und 10b. Dort sind Fotos von Dreibeinen unter 120 Grad auf einer Folie, die auf ein Dreieck, im Fall der Drachenfigur von zwei solchen Folien, die auf das Viereck gelegt worden sind. Dies ist offenbar ein Charakteristikum aller Steinerbäume und führt zu den kürzesten bislang bekannten Verbindungen. Bewiesen werden konnte das aber bislang noch nicht.

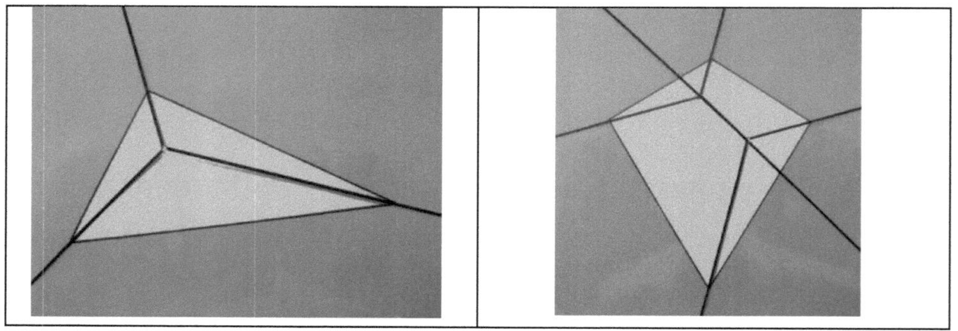

Bild 10a   *Bild 10b*

Übung 11:

Die Zeilen (I), (III) und (V) enthalten wahre Aussagen. Der Wurm steckt in den Zeilen (II) und (IV). Haben Sie ihn entdecken können? Die Zeile (II) beispielsweise ist so nicht korrekt. Sie müsste „1/100 Euro gleich 1/10 mal 1/10 Euro" lauten. Der Begriff „gleich" hat in der Mathematik eine äußerst strenge, ja absolute Bedeutung: was rechts und was links von einem Gleichheitszeichen steht, muss in jeder Hinsicht gleich sein – von gleicher Art, gleich viel, gleich groß, gleich schwer, insbesondere muss rechts und links derselbe Zahlenwert stehen. Das mit den Zahlenwerten stimmt ja in allen Zeilen (I) bis (V); deswegen sieht der Nachweis ja auch so echt aus. Das Problem in den Zeilen (II) und (IV) liegt in der ungleichen Bedeutung: 10 Cent mal 10 Cent sind nämlich 100 Quadratcent, 1/10 Euro mal 1/10 Euro sind nämlich 1/100 Quadrateuro. Quadratcent und Quadrateuro gibt es aber gar nicht. Die multiplikative Verknüpfung von Zahlen liefert Zahlen: 5 mal 7 gleich 35. Die multiplikative Verknüpfung von Größen jedoch liefert neue, andere Größen. Aus der Physik ist das bekannt: aus Kraft mal Weg wird Arbeit, aus 5 N mal 7 m werden 35 Nm. Eine Größe besteht aus Zahlenwert und Maßeinheit. In der Physik lernt man: Ergibt der Vergleich der Größen auf beiden Seiten einer Gleichung nicht dieselbe Größe, hat man einen Fehler gemacht. Man könnte den Unterschied von Mathematik und Physik auch auf diese Weise beschreiben: Mathematik ist die Verknüpfung von Zahlen, Physik die Verknüpfung von Größen.

<u>Übung 12:</u>

Diese Aufgabe ist eine kleine Übung zur Umrechnung einer Angabe im Zehnersystem auf eine Angabe im Sechzigersystem. 1 h = 60 min. Demnach sind 0,0909090909... h = $\frac{60}{11}$ min = 5,4545454545... min. 1 min = 60 sec. Demnach sind 0,45454545... min = $\mathbf{60 \cdot 0,45454545}$ ... sec = 27,272727...

sec. $\frac{12}{11}$ Stunden im Zehnersystem sind somit 1 Stunde plus 5 Minuten plus 27,272727... Sekunden im Sechzigersystem.

<u>Übung 13</u>:

Verwende ich die erste Näherung von $\sqrt{2} \approx 1,414213562$ ..., nämlich 1,4, treffe ich auf den Gitterpunkt $(5|7)$. Bei der nächsten Näherung 1,41 treffe ich auf den Gitterpunkt $(100|141)$. Bei 1,414 auf den Gitterpunkt $(1000|1414)$, jedoch vorher schon auf den Gitterpunkt $(500|707)$, weil $\frac{1414}{1000}$ zu $\frac{707}{500}$ gekürzt werden kann. Bei der Näherung 1,414213562 treffe ich den Gitterpunkt $(1.414.213.562|1.000.000.000)$, vorher schon auf $(707.106.781|500.000.000)$. Mit jeder weiteren Nachkommastelle der Näherung für $\sqrt{2}$ rückt der erste exakt getroffene Gitterpunkt immer weiter hinaus. Bei beliebig vielen Nachkommastellen auch beliebig weit hinaus. Da ich alle Nachkommastellen der Näherung nicht angeben kann, kann ich auch keinen Gitterpunkt finden, der exakt getroffen wird.

<u>Übung 14</u>:

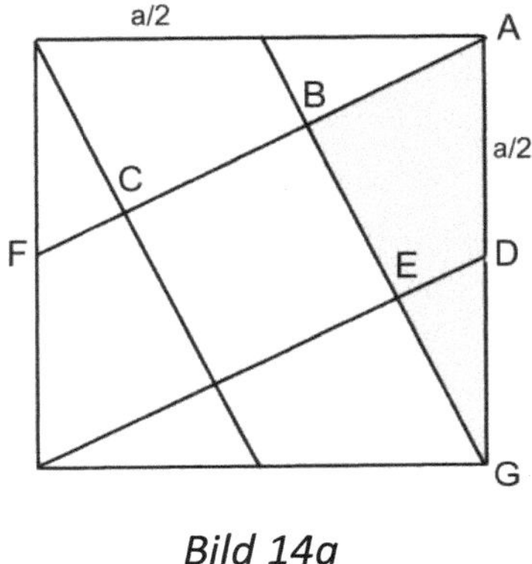

Bild 14a

Es genügt, die Quadratfigur aus Bild 22 zu betrachten. Die Strecken $\overline{AB}$ und $\overline{BC}$ sind gleich lang. Die Strecke $\overline{FC}$ beträgt 1/5 der Transversalen $\overline{FA}$. Begründung: Dem grau eingefärbten Dreieck ABG und der darin erkennbaren Strahlensatzfigur entnimmt man $\overline{DE} = \overline{AB}/2$. $\overline{FC} = \overline{DE}$. Damit beträgt der Inhalt des Innenquadrats 1/5 des Inhalts des Außenquadrats.

Übung 15:

Man kann folgende Untersuchung anstellen, siehe Bild 15a: Die Flächenstücke, aus denen das allgemeine Viereck zusammengesetzt ist, sind mit Zahlen (1) bis (9) bezeichnet. In das Viereck ist eine Diagonale eingezeichnet, durch die vier Teildreiecke entstehen, von denen jeweils zwei benachbarte flächengleich sind (gleiche Grundseite und gleiche Höhe).

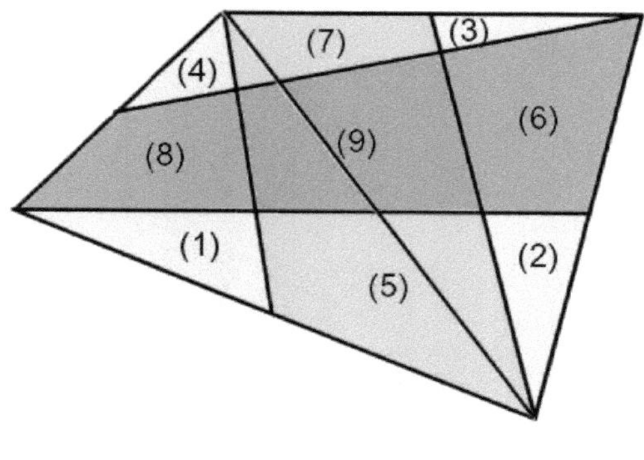

Bild 15a

(A) sei der Flächeninhalt der gesamten Figur. Es lässt sich zeigen, dass für die Flächeninhalte $(5) + (7) = (6) + (8)$ sowie $(1) + (2) + (3) + (4) = (9)$ gilt. Dazu einige Hinweise. Der Flächeninhalt (A) der gesamten Figur kann auf zwei Weisen dargestellt werden:

(I) $(A) = (1)+(2)+(3)+(4)+(5)+(6)+(7)+(8)+(9)$ und

(II) $(A) = 2\cdot((1)+(4)+(8)) + 2\cdot((2)+(3)+(6))$.

Wird statt der in Bild 15a eingezeichneten Diagonale die andere Diagonale benutzt, entsteht eine dritte Darstellung des Flächeninhalts (A) mit

(III) $(A) = 2\cdot((1)+(2)+(5)) + 2\cdot((3)+(4)+(7))$.

Aus dem Vergleich der in den Gln. (I) bis (III) genannten Darstellungen des Inhalts (A) des allgemeinen Vierecks folgen die oben genannten Resultate.

Dass auch beim allgemeinen konvexen Viereck zutrifft: Der Flächeninhalt des von den vier Transversalen gebildeten zentralen Vierecks beträgt (9) = (A)/5, ist bislang jedoch eine Vermutung. Ein direkter Nachweis hierfür mit Hilfe weiterer Flächenteilungen ist mir noch nicht gelungen. Vielleicht hat einer von meinen Lesern eine Idee. Ist diese Vermutung beweisbar, existiert eine Methode, zu einem gegebenen konvexen Viereck ein solches Viereck zu finden, das exakt den fünften Teil des Flächeninhalts besitzt.

<u>Übung 16:</u>

Mit Bild 16a lassen sich einige elementare Schlüsse ziehen. Die vier dort grau markierten Winkel sind gleich groß und betragen jeweils 45°. Im ΔPCA beträgt die Winkelsumme $45° + \delta + \gamma_1 + \alpha + 45° = 180°$ oder $\gamma_1 = 90° - \alpha - \delta$ (1). Im ΔPBC ist $45° - \delta + 45° + \beta + \gamma_2 = 180°$ oder $\gamma_2 = 90° - \beta + \delta$ (2). Im gleichschenkligen Dreieck AMC ist $\alpha = \gamma_1 - \delta$ (3), im gleichschenkligen Dreieck MBC entsprechend $\beta = \gamma_2 + \delta$ (4). (3) in (1) sowie (4) in (2) eingesetzt ergibt $\gamma_1 = \gamma_2$, d.h. $\overline{CP}$ halbiert den rechten Winkel bei C.

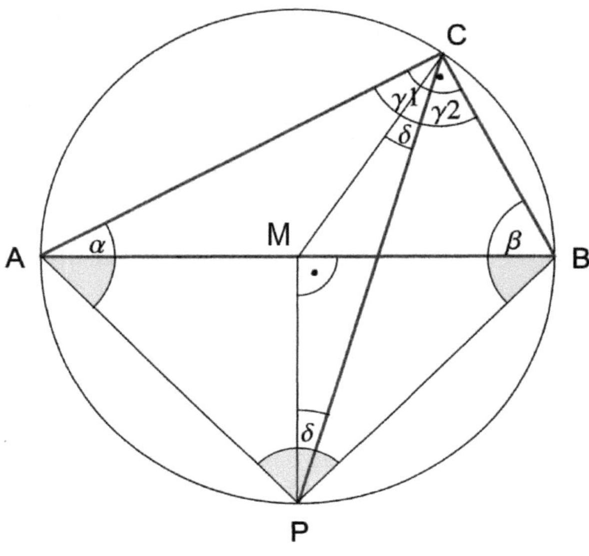

Bild 16a

Übung 17:

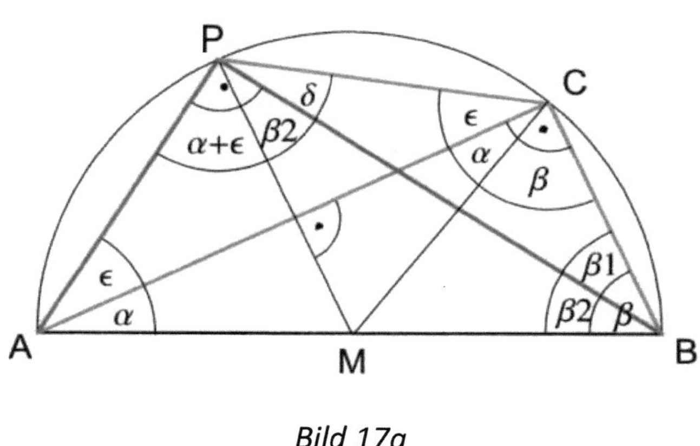

Bild 17a

Zum Nachweis dient Bild 17a. Die Dreiecke AMP und MCP sind gleichschenklig und kongruent; deshalb ist dort $\alpha + \epsilon = \beta_2 + \delta$ (1). Im ΔABP ist $\alpha + \epsilon + \beta_2 = 90°$ (2). Im ΔPBC gilt $\delta + \beta_1 + \epsilon = 90°$ (3). Aus (2) und (3) folgt $\alpha + \beta_2 = \delta + \beta_1$ oder $\alpha + \beta_2 + \beta_1 = 90° = \delta + 2\beta_1$ (4). Der Vergleich von (2) und (4) ergibt $\alpha + \epsilon + \beta_2 = \delta + 2\beta_1$ und mit (1) dann $\beta_2 + \delta + \beta_2 = \delta + 2\beta_1$ oder $\beta_2 = \beta_1$. Dieses Resultat ist der zweite Hinweis auf den Peripheriewinkelsatz: die von B aus gesehenen gleichlangen Kreisbögen $\widehat{CP}$ und $\widehat{PA}$ erscheinen unter den gleichgroßen Winkeln β_1 und β_2.

<u>Übung 18:</u>

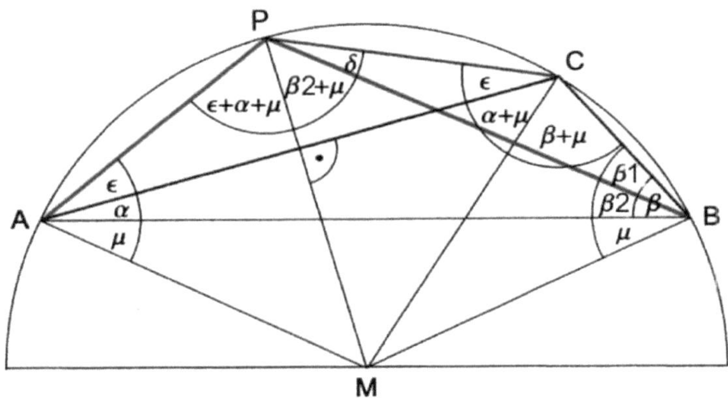

Bild 18a

Aus den kongruenten Dreiecken AMP und MCP folgt $\epsilon + \alpha = \beta_1 + \delta$ (1). Im ΔABP ist $2\epsilon + 2\alpha + \beta_2 + 2\mu = 180°$. Im ΔPBC gilt $\delta + 2\beta_1 + \epsilon + \alpha + \beta_2 + 2\mu = 180°$. Somit ist $\epsilon + \beta_2 + \alpha = \delta + 2\beta_1$ (2). Mit (1) folgt $\beta_1 + \delta + \beta_2 = \delta + 2\beta_1$, d.h. $\beta_1 = \beta_2$.

Übung 19:

Die Gleichung $x^2 - x - 1 = 0$ ist eine quadratische Gleichung, weil die Unbekannte x (neben der linearen) in einer quadratischen Gestalt vorkommt. Eine Lösung zu raten, ist bei dieser Gleichung, so einfach sie aussieht, zwecklos. Das ist anders, sieht die Gleichung so aus: $x^2 - 2x + 1 = 0$. Hier ist eine Lösung mit $x = 1$ schnell geraten. Kennt man die binomischen Formeln, weiß man: $x^2 - 2x + 1 = (x - 1)^2$. Dann ist bei $(x - 1)^2 = 0$ die Lösung $x = 1$ sofort zu erkennen. Ist die Umwandlung in ein Binom auch bei der Gleichung $x^2 - x - 1 = 0$ möglich? Schau ich mir $x^2 - 2x + 1 = (x - 1)^2$ an, dann sieht es so aus, als wäre der zweite Summand des Binoms, die -1, halb so groß wie der Faktor des linearen Terms, hier die -2. Beim Term $x^2 - x - 1$ versuche ich es und erhalte $\left(x - \frac{1}{2}\right)^2 - 1$. Bei der Überprüfung stelle ich fest, dieser Term ist um das Quadrat des zweiten Summanden des Binoms, um $\left(-\frac{1}{2}\right)^2 = \frac{1}{4}$ zu groß. Mit dieser Korrektur ist $x^2 - x - 1 = \left(x - \frac{1}{2}\right)^2 - 1 - \frac{1}{4}$ oder $x^2 - x - 1 = \left(x - \frac{1}{2}\right)^2 - \frac{5}{4}$ wahr. Jetzt habe ich statt der Gleichung $x^2 - x - 1 = 0$ die Gleichung $\left(x - \frac{1}{2}\right)^2 - \frac{5}{4} = 0$ zu lösen. Und das geht wie üblich bei Gleichungen, in denen die Unbekannte x wie im Inneren einer Zwiebel versteckt ist: eine Zwiebelschale nach der anderen wird entfernt unter Beachtung einer Spielregel. Die Spielregel lautet: was auf der linken Seite einer Gleichung getan wird, muss genauso auch auf der rechten Seite geschehen. Nur dann bleibt das Gleichheitszeichen erhalten. Das Rechenschema kann so aussehen:

$$\left(x - \frac{1}{2}\right)^2 - \frac{5}{4} = 0 \qquad\qquad \Big|\ +\frac{5}{4}$$

$$\left(x - \frac{1}{2}\right)^2 = \frac{5}{4} \qquad\qquad \Big|\ \text{,Wurzelziehen'}$$

$$x - \frac{1}{2} = \sqrt{\frac{5}{4}} = \frac{1}{2}\sqrt{5} \qquad\qquad \Big|\ +\frac{1}{2}$$

$$x = \frac{1}{2}\left(1 + \sqrt{5}\right)$$

Ob man richtig gerechnet hat, prüft man, indem man eine Probe macht. Die Probe mit solchen Termen wie hier ist jedoch schon eine echte Übung in Algebra! Doch spätestens jetzt fällt auf, dass die Rechnung noch nicht vollständig ist, erinnert man sich daran, dass beim Quadrieren und der Umkehrung, dem Wurzelziehen eine weitere Lösung auftreten kann: $x^2 = 4$ wird nicht nur durch $x = 2$, sondern auch durch $x = -2$ gelöst. In der dritten Zeile des Rechenschemas taucht neben der dort angegebenen Lösung daher auch die Lösung $x - \frac{1}{2} = -\sqrt{\frac{5}{4}} = -\frac{1}{2}\sqrt{5}$ auf. Die quadratische Gleichung $x^2 - x - 1 = 0$ hat demnach die beiden Lösungen $x = \frac{1}{2}(1 + \sqrt{5})$ und $x = \frac{1}{2}(1 - \sqrt{5})$.

<u>Übung 20:</u>

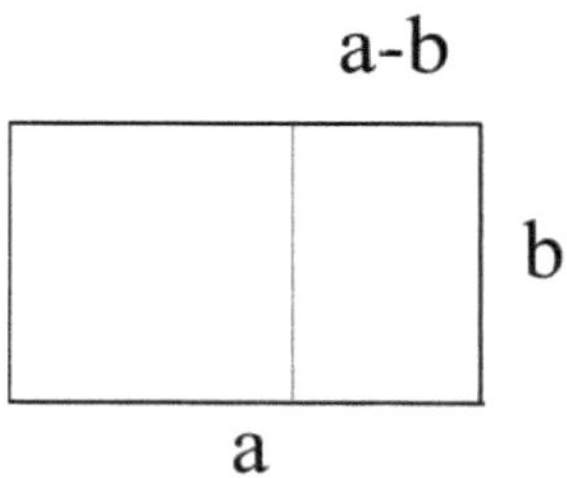

Bild 20a

Besteht im Rechteck des Bildes 20a unter den Seitenlängen a, b das Verhältnis $\frac{a}{b} = \frac{b}{a-b}$, dann liegt der ‚Goldene Schnitt‘ vor. Denn dann sind großes Rechteck und kleines Rechteck ähnlich. Wenn man wissen möchte, wie groß die

Seitenlänge a sein muss, wenn die Seitenlänge b gegeben ist, muss man diese Gleichung nach a auflösen. Dem in Übung 19 geschilderten Verfahren folgend ergibt sich als sinnvolle Lösung $a = \frac{b}{2}\left(1 + \sqrt{5}\right) = b\varphi$.

Übung 21:

Die quadratische Gleichung $x^2 - x - 1 = 0$ gilt näherungsweise auch für nahe bei den exakten Lösungen liegende Werte x_n : $x_n^2 - x_n - 1 \approx 0$. Diese Gleichung kann umgeschrieben werden: $x_n - 1 - \frac{1}{x_n} \approx 0$, sofern auf $x_n \neq 0$ geachtet wird. Daraus folgt dann $x_n \approx 1 + \frac{1}{x_n}$ und damit die Iterationsvorschrift $x_{n+1} = 1 + \frac{1}{x_n}$ mit einer Schrittzahl n und der Bedingung $x_n \neq 0$. Mit Bleistift und Papier kann man jetzt die ersten Näherungsschritte notieren. Probieren wir als erste Näherung $x_1 = 1$. Dann folgt aus der Vorschrift die nächste Näherung $x_2 = 1 + \frac{1}{1} = 2$. Mit $x_2 = 2$ folgt die nächste Näherung $x_3 = 1 + \frac{1}{2} = \frac{3}{2} = 1,5$. Dann folgt $x_4 = 1 + \frac{1}{3/2} = 1 + \frac{2}{3} = \frac{5}{3} = 1,\overline{6}$; $x_5 = 1 + \frac{1}{5/3} = 1 + \frac{3}{5} = \frac{8}{5} = 1,6$. Und so weiter. Es ist zu erkennen, dass man der gesuchten Zahl φ immer näher kommt. Wer sich mit der Methode Tabellenkalkulation auskennt, kann sich die weiteren Näherungsschritte als Dezimalzahlen ausrechnen lassen. Im Folgenden ist der Beginn einer solchen Kalkulation notiert.

In der vierten Zeile wird bei A4 der Startwert eingegeben, bei B4 wird „=1" eingetragen, bei C4 „=1+1/A4". In der fünften Zeile bei B5 „=B4 +1", bei C5 „=1+1/C4".

A	B	C
Anfangswert	Schritt	Iteration
x1 =	n =	1+1/xn
1	1	2
	2	1,5
	3	1,66666667
	4	1,6
	5	1,625
	6	1,61538462
	7	1,61904762
	8	1,61764706
	9	1,61818182
	10	1,61797753
	11	1,61805556
	12	1,61802575
	13	1,61803714

Übung 22:

Zum Vieta'schen Wurzelsatz: Die quadratische Gleichung $x^2 - x - 1 = 0$ liegt in der sogenannten ‚normierten Form'

$x^2 + px + q = 0$ vor, in die jede quadratische Gleichung gebracht werden kann. Bei dieser Gleichung betragen die Konstanten $p = -1$ und $q = -1$. Mit den bekannten Lösungen $x = \varphi$ und $x = 1 - \varphi$ kann ein Zusammenhang mit diesen Konstanten hergestellt werden: die Summe dieser Lösungen beträgt $\varphi + (1 - \varphi) = 1$, das Produkt dieser Lösungen beträgt $\varphi \cdot (1 - \varphi) = -1$ (bitte mit $\varphi = \frac{1}{2}(1 + \sqrt{5})$ nachrechnen; das ist eine schöne Probe der Kenntnis algebraischer Umformtechniken). In Formelsammlungen findet man den Vieta'schen Wurzelsatz in folgender Gestalt: sind l_1 und l_2 die beiden reellen Lösungen einer in der normierten Form $x^2 + px + q = 0$ vorliegenden quadratischen Gleichung, dann ist $l_1 + l_2 = -p$ und $l_1 \cdot l_2 = q$.

<u>Übung 23:</u>

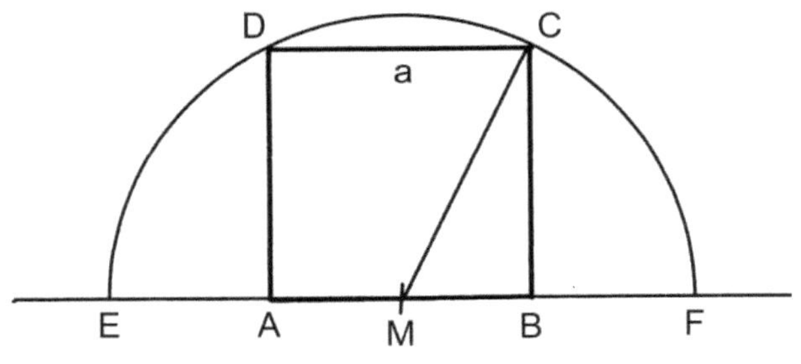

Bild 23a

Zunächst ist mit Bild 23a nachzuweisen, dass $\overline{AF} = a\varphi$ ist. Im Dreieck MBC ist $\overline{MC} = \frac{a}{2}\sqrt{5}$. Dann ist $\overline{AF} = \frac{a}{2} + \overline{MC} = \frac{a}{2}\left(1 + \sqrt{5}\right) = a\varphi$.

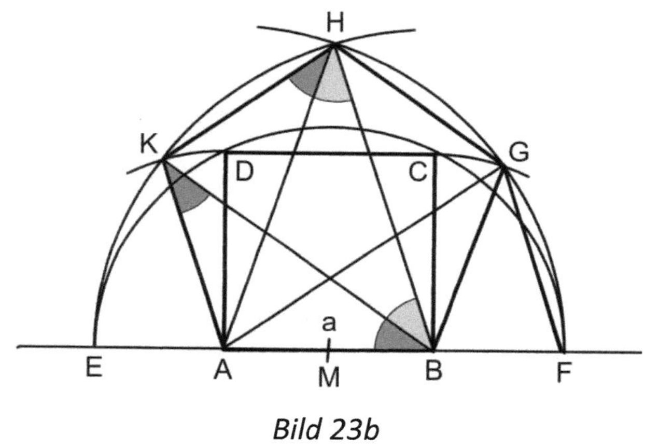

Bild 23b

Mit Bild 23b genügt es wegen der hohen Symmetrie, nachzuweisen, dass die (hier nicht eingezeichnete) fünfte Diagonale $\overline{KG}$ die Länge $a\varphi$ hat. Die Hilfsstrecke $\overline{FG}$ ist parallel zur Seite $\overline{AK}$ des Fünfecks. Die Punkte $AFGK$ bilden demnach ein Parallelogramm. Daher ist $\overline{KG} = \overline{AF} = a\varphi$. Die eingefärbten Winkel sind jeweils gleich groß und betragen 36 Grad. Damit betragen die Innenwinkel des Fünfecks $ABGHK$ jeweils 108 Grad.

<u>Übung 24:</u>

Vom Quadrat **ABCD** mit der Seitenlänge **a** aus ist der Mittelpunkt **M** des Umkreises des Zwölfecks zu finden. Dazu kann Bild 24a dienen. **M** ist der Mittelpunkt, wenn der Winkel γ im Dreieck **ABM** 30 Grad beträgt. Die Höhe dieses Dreiecks ist aus **a** und der Höhe des gleichseitigen Dreiecks **DCM** zusammengesetzt und beträgt $a\left(1+\frac{1}{2}\sqrt{3}\right)$. Mit

$$\boldsymbol{tan}\frac{\gamma}{2} = \frac{a/2}{a\left(1+\frac{1}{2}\sqrt{3}\right)} = \frac{1}{2\left(1+\sqrt{3}/2\right)} \text{ folgt } \frac{\gamma}{2} = \mathbf{15°}.$$

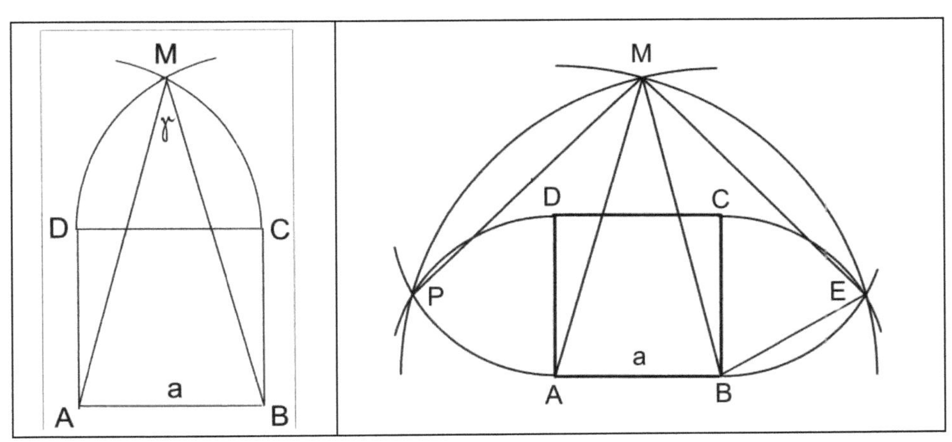

Bild 24a   *Bild 24b*

In Bild 24b ist der Beginn der Zwölfeckkonstruktion des Bildes 22 skizziert. Die Dreiecke **ABM** und **BEM** sind kongruent, die bei **M** gelegenen Winkel betragen je 30 Grad. Die beiden Kreisbögen um **A** und **B** mit dem Radius $\overline{BM}$ schneiden den Umkreis des Zwölfecks in den Eckpunkten **O** und F. Die beiden Kreisbögen um E und P mit dem Radius $\overline{EM}$ schneiden den Umkreis in den Punkten G und N. Die Kreisbögen um E und P mit dem Radius $\overline{EP}$ schneiden den Umkreis in den Punkten H und L. Die Kreisbögen um E und P mit dem Radius $\overline{EO}$ schneiden den Umkreis in den Punkten I und K.

Übung 25:

Ich setze $a = 2s + 1, b = 2t + 1, c = 2r$ mit r, s, t natürliche Zahlen, dann sind a, b ungerade und c gerade. a, b, c in $a^2 + b^2 = c^2$ eingesetzt ergibt die Gleichung $2(s^2 + s + t^2 + t - r^2) + 1 = 0$, d.h. $s^2 + s + t^2 + t - r^2 = -\frac{1}{2}$. Diese Gleichung ist jedoch für keine natürlichen Zahlen r, s, t erfüllbar.

Übung 26:

In $a^2 + b^2 = c^2$ werden $a = n, b = n + x, c = n + x + m$ eingesetzt: $n^2 + (n + x)^2 = (n + x + m)^2$. Nach Streichung von $(n + x)^2$ auf beiden Seiten und Auflösung nach x entsteht $x = \frac{n^2 - m^2 - 2nm}{2m}$. Dies in $b = n + x$ eingesetzt ergibt $b = \frac{n^2 - m^2}{2m}$.

<u>Übung 27:</u>

$b = \frac{n^2 - m^2}{2m}$ wird umgeformt zu $n^2 = m \cdot (2b + m)$, d.h. $n = \sqrt{m} \cdot \sqrt{2b + m}$. Da n eine natürliche Zahl ist, müssen sowohl $\sqrt{m}$ wie $\sqrt{2b + m}$ natürliche Zahlen sein. Wegen des Faktors $\sqrt{m}$ kommen für m nur Quadratzahlen in Frage. Für $m = 1$ ist $n = \sqrt{2b + 1}$. Nur bei Primzahlen n ist $2b + 1$ eine Quadratzahl, siehe Tabelle.

Neben den Primzahlen $\boldsymbol{n}$ gibt es andere Zahlen $\boldsymbol{n}$, bei denen echte Tripel entstehen, siehe Tabelle. Das ist z.B. der Fall bei $\boldsymbol{n = 9}$ und $\boldsymbol{m = 1}$. Mit $\boldsymbol{b = 40}$ (siehe Tabelle) ist $\sqrt{\boldsymbol{m}} \cdot \sqrt{\boldsymbol{2b + m}} = \boldsymbol{n}$. Oder bei $\boldsymbol{n = 12}$ und $\boldsymbol{m = 2}$. Mit $\boldsymbol{b = 35}$ (siehe Tabelle) ist $\sqrt{\boldsymbol{m}} \cdot \sqrt{\boldsymbol{2b + m}} = \boldsymbol{n}$ eine natürliche Zahl.

<u>Übung 28:</u>

Im alten, für diesen Zweck jedoch gut brauchbaren GW-BASIC kann ein relativ kurzes Programm geschrieben werden, das bis zu hohen Laufzahlen n mit Sicherheit alle echten pythagoreischen Tripel liefert. Wer sich mit dem moderneren Visual Basic (VB) auskennt, wird dieses Programm schnell übertragen können.

100 REM GW-BASIC-PROGRAMM „PYTH": RÜHENBECK 1986

```
110  INPUT „NE=";NE:REM ENDE
120  INPUT „NA=";NA:REM ANFANG
200  FOR N=NA TO NE STEP 1
210  IF N/2-INT(N/2)<0.01 THEN M=2 ELSE M=1:REM N GERADE?
220  B=(N*N-M*M)/(2*M)
230  IF B-INT(B)>0.01 THEN 280:REM B GANZ?
240  IF (N+B)/2-INT((N+B)/2)<0.01 THEN 280:REM M+B GERADE?
250  IF (N+B)/2-(INT(N/2)+INT(B/2))<0.01 THEN 280:REM TEILER 2?
252  IF (N+B)/3-(INT(N/3)+INT(B/3))<0.01 THEN 280:REM TEILER 3?
254  IF (N+B)/5-INT(N/5)+INT(B/5))<0.01 THEN 280:REM TEILER 5?
256  IF (N+B)/7-(INT(N/7)+INT(B/7))<0.01 THEN 280:REM TEILER 7?
258  IF (N+B)/11-(INT(N/11)+INT(B/11))<0.01 THEN 280:REM TEILER
     11?
260  IF N>B THEN 280: REM QUASI-ECHT?
265  C=B+M
270  PRINT "(";N;B;C;")"
280  M=M+1
290  IF M<N THEN 220
300  NEXT N
```

Das Programm erlaubt die Ermittlung aller echten pythagoreischen Zahlentripel in frei wählbaren Bereichen n, die durch den Anfangswert NA und den Endwert NG bestimmt sind. Beispiel: Im Bereich NA = 121 bis NG = 126 befinden sich die Tripel (121,7320,7321), (123,7564,7565), (123,836,845), (123,164,205), (124,3843,3845), (124,957,965), (125,7812,7813).

Wer bei recht großen n sichere Tripel ermitteln möchte, sollte die Liste der abzuarbeitenden Teiler in den Zeilen 250 bis 258 durch weitere Teiler (Primzahlen) ergänzen. Im Unterschied zum Jahr der Programmerstellung sind moderne Rechner schnell genug, solche Fälle in kurzer Zeit abzuarbeiten.

Übung 29:

Damit die Rechnungen nicht zu abstrakt werden, sei hier der Fall $m = \frac{1}{2}$ behandelt. Dann sind die Gerade mit $y = y_P - 2(x - x_P)$ und der Kreis mit $y^2 + x^2 = y_P^2 + x_P^2$ zum Schnitt zu bringen. Nach Einsetzen des Terms für y aus der Geradengleichung in die Kreisgleichung entsteht nach wenigen Umformungen die Gleichung $-4y_P(x - x_P) + 4(x - x_P)^2 + (x + x_P)(x - x_P) = 0$, d.h. $x = x_P$ als erste Lösung. Aus $-4y_P + 4(x - x_P) + x + x_P = 0$ folgt die zweite Lösung $x = \frac{4y_P + 3x_P}{5}$. Mit Hilfe der Geradengleichung ergibt sich dann das zugehörige $y = \frac{4x_P - 3y_P}{5}$.

Übung 30:

Dazu sind zwei Schritte erforderlich. In einem ersten Schritt kann man die Abbildungsgleichungen passend umformen und dann die Aufgabe $\begin{vmatrix} 5\overline{x} = 4x^2 + 3x - 4 \\ 5\overline{y} = -3x^2 + 4x + 3 \end{vmatrix} \cdot \binom{3}{4}$ for-

mulieren. Nach Addition ergibt sich $15\overline{x} + 20\overline{y} = 25x$ und

daraus $\overline{y} = \frac{5x - 3\overline{x}}{4}$. In einem zweiten Schritt kann man eine

Darstellung von x der Abbildungsgleichung (I) entnehmen:

$4x^2 + 3x - 4 - 5\overline{x} = 0$. Diese quadratische Gleichung in x

hat zwei Lösungen: $x = -\frac{3}{8} + \frac{1}{8}\sqrt{73 + 80\overline{x}}$ bzw.

$x = -\frac{3}{8} - \frac{1}{8}\sqrt{73 + 80\overline{x}}$.

Übung 31:

Die Abbildungsgleichungen lauten

$$\overline{x} = x + y \qquad x = \overline{x} - y \qquad \text{anzuwenden auf}$$

$$\overline{y} = y \qquad y = \overline{y} \qquad y = \frac{1}{4}x^2$$

Demnach ist die Gleichung $\overline{y} = \frac{1}{4}(\overline{x} - \overline{y})^2$ nach $\overline{y}$ aufzu-

lösen. Es resultieren die beiden Lösungen $\overline{y} = +2\sqrt{\overline{x} + 1} +$

$\overline{x} + 2$ und $\overline{y} = -2\sqrt{\overline{x} + 1} + \overline{x} + 2$ als Darstellungen der

gescherten Parabel in Bild 39.

Übung 32:

Der Graph zur Gleichung $y = \sqrt{a_1 x} - nx$ hat zwei Null-

stellen, eine bei $x = 0$ und eine bei $0 = \sqrt{a_1 x_0} - nx_0$ oder

$x_0 = \frac{a_1}{n^2}$. Liegt die zweite Nullstelle bei $x_0 = 10$, beträgt der

Parameter $n = \sqrt{a_1/10}$. Demzufolge ist $y = \sqrt{a_1 x} - \sqrt{\frac{a_1}{10}}\, x = \sqrt{a_1}\left(\sqrt{x} - \frac{x}{\sqrt{10}}\right)$. Wenn das symmetrische Tragflügelprofil eine Dicke von 10% der Flügeltiefe $x_0 = 10$ erhalten soll, ist der Parameter a_1 so zu wählen, dass das Maximum $y_e = 0,5 = \frac{1}{2}$ beträgt. Der zugehörige Wert x_e wird wie üblich aus der Nullstelle der Ableitung von y bestimmt: $y' = \sqrt{a_1}\left(\frac{1}{2\sqrt{x_e}} - \frac{1}{\sqrt{10}}\right) = 0$ oder $x_e = \frac{5}{2}$ (siehe Bild 41, obere Kontur). Aus $y_e = \frac{1}{2} = \sqrt{a_1}\left(\sqrt{2/5} - \frac{5}{2\sqrt{10}}\right)$ ergibt sich $a_1 = \frac{2}{5}$. Die obere Konturlinie in Bild 41 hat demnach die Gleichung $y = \sqrt{2/5}\left(\sqrt{x} - \frac{x}{\sqrt{10}}\right)$.

Bei der unteren Konturlinie in Bild 41 soll $y_e = -0,3 = -\frac{3}{10}$ betragen. Dann ist $-\frac{3}{10} = -\sqrt{a_2}\left(\sqrt{2/5} - \frac{5}{2\sqrt{10}}\right)$, d.h. $\sqrt{a_2} = \frac{3\sqrt{10}}{25}$ und damit die Gleichung der unteren Konturlinie $y = -\frac{3\sqrt{10}}{25}\left(\sqrt{x} - \frac{x}{\sqrt{10}}\right)$.

<u>Übung 33:</u>

Dieser Faktor kann wie folgt bestimmt werden. Im Punkt T der Hüllparabel, siehe Bild 44, stimmen Funktionswert und

Steigung von verschobener Parabel und Hüllparabel überein. Es ist (I) $y(t) = (t-s)^2 + s^2 = kt^2$ und (II) $y'(t) = 2(t-s) = 2kt$. Aus (II) folgt sofort $t - s = kt$ bzw. $s = t(1-k)$. Dies in (I) eingesetzt führt auf eine quadratische Gleichung für den Parameter k: $2k^2 - 3k + 1 = 0$ mit den Lösungen $k = 1$ und $k = \frac{1}{2}$. Somit ist $y = \frac{1}{2}x^2$ die Gleichung der Hüllparabel. Der Stauchfaktor $k = \frac{1}{2}a$ für die jeweils einhüllende Parabel gilt auch für alle Parabelscharen mit $y = a(x-s)^2 + as^2 + b$ mit a, b Konstante.

Übung 34:

Die Gleichung der Hüllparabel in Bild 46 lautet $y = \frac{1}{2}ax^2 + b$. Die Steigung m der Ursprungstangente $y = mx$ folgt als sinnvolle Lösung der quadratischen Gleichung $mx = \frac{1}{2}ax^2 + b$ zu $m = \sqrt{2ab}$.

Eine andere Möglichkeit der Bestimmung der minimalen Tangentensteigung besteht darin, die Darstellung der Parabelschar zu nutzen. Mit der Bedingung nur eines gemeinsamen Punktes folgt aus $a(x-s)^2 + as^2 + b = mx$ für die Schar der Tangentensteigungen m als Funktion des Parameters s die Gleichung $m(s) = 2a\left(\sqrt{2s^2 + \frac{b}{a}} - s\right)$, zu der in Bild 47 eine graphische Darstellung gezeigt ist. Das Minimum ergibt sich aus der Nullstelle der ersten Ableitung für die Parabel mit dem Parameter $s = \sqrt{\dfrac{b}{2a}}$ und damit die Minimalsteigung wie oben zu $m = \sqrt{2ab}$.

<u>Übung 35:</u>

Wird die Parabelschar mit der Gleichung $y = a(x - s)^2 + as^2 + b$ an der Geraden zu $y = x$ gespiegelt, entsteht die Umkehrrelation $|y - s| = \sqrt{\dfrac{1}{a}(x - b) - s^2}$, und werden wie in Bild 43 nur die oberen Hälften der querliegenden Parabeln genutzt, die Gleichung $y = \sqrt{\dfrac{1}{a}(x - b) - s^2} + s$, siehe Bild 48. Als Gleichung der oberen Hälfte der Hüllparabel ergibt sich den obigen Überlegungen zur aufrechten Parabel entsprechend $y = \sqrt{\dfrac{2}{a}(x - b)}$. Für die Steigung der Ursprungstangenten an die Einhüllende der Schar der Umkehrparabeln ergibt sich $m = \dfrac{1}{\sqrt{2ab}}$.

<u>Übung 36:</u>

Aus $\sqrt{\frac{2}{a}(x-b)-s^2}+s=mx$ folgt mit der Forderung nach der einzigen Lösung $m(s)=\dfrac{1}{2a\left(\sqrt{2s^2+\frac{b}{a}}-s\right)}$. Eine graphische Darstellung dazu ist in Bild 49 zu sehen.

<u>Übung 37:</u>

Wir nutzen Gleichungen der beiden vorgenannten Übungen. Die obere Einhüllende hat die Gleichung $y=\sqrt{\frac{2}{a}(x-b)}$. Mit $y'=\dfrac{1}{\sqrt{2a(x-b)}}=m=\dfrac{1}{\sqrt{2ab}}$ folgt für den Ort x_T des Berührpunktes der Tangente $x_T=2b$. Zur Bestimmung des zugehörigen Parameters s an dieser Stelle liegt somit folgende Gleichung vor: $\sqrt{\frac{b}{a}-s^2}+s=\sqrt{\frac{2b}{a}}$ mit der sinn-vollen Lösung $s=\sqrt{\frac{b}{2a}}$. Wegen $4\pi\dfrac{w}{t}\triangleq s,\ \pi\Lambda\triangleq\dfrac{1}{a},\ c_{w0}\triangleq b$ folgt die optimale Wölbung zu $\dfrac{w}{t}=\sqrt{\dfrac{c_{w0}\Lambda}{32\pi}}$. Mit den Kenn-daten des oben genannten Modellgleiters ergibt sich die optimale Flügelwölbung zu fast $6\,\%$.

<u>Übung 38:</u>

Dazu stellen wir uns vor, das Dreieck ABC befinde sich in einem cartesischen Koordinatensystem, die Örter der Eckpunkte A, B, C seien durch die Ortsvektoren $\vec{x_A}, \vec{x_B}, \vec{x_C}$ bestimmt. Im beispielsweise gewählten ΔCFS_3 des Bildes 51 gilt: $\vec{CF} + \vec{FS_3} + \vec{S_3C} = \vec{0}$. Mit $\vec{CF} = \frac{1}{n}\vec{CA} = \frac{1}{n}(\vec{x_A} - \vec{x_C})$

sowie $\vec{FS_3} = r\vec{FB} = r(\vec{FC} + \vec{CB}) = r\left[\frac{1}{n}(\vec{x_C} - \vec{x_A}) + (\vec{x_B} - \vec{x_C})\right]$ und $\vec{S_3C} = s\vec{DC} = s(\vec{DA} + \vec{AC}) = s\left[\frac{1}{n}(\vec{x_A} - \vec{x_B}) + (\vec{x_C} - \vec{x_A})\right]$ mit $r, s \in R$ ergibt sich nach dem Ausmultiplizieren und Ordnen $\vec{x_A}\left(\frac{1}{n} - \frac{r}{n} + \frac{s}{n} - s\right) + \vec{x_B}\left(r - \frac{s}{n}\right) + \vec{x_C}\left(-\frac{1}{n} + \frac{r}{n} - r + s\right) = \vec{0}$ als Gleichung zur Bestimmung der Parameter r, s. Bei linear unabhängigen Vektoren $\vec{x_A}, \vec{x_B}, \vec{x_C}$ müssen die in den Klammern notierten Faktoren jeweils Null sein. Daraus folgen $r(n) = \frac{1}{n^2 - n + 1}$ und $s(n) = nr(n)$ zur Bestimmung der Teilungsverhältnisse. Im Fall $n = 2$ ergibt sich $r(2) = \frac{1}{3}$; $s(2) = \frac{2}{3}$, siehe Bild 50. Im Fall $n = 3$ ist $r(3) = \frac{1}{7}$; $s(3) = \frac{3}{7}$, siehe Bild 51. In diesem Fall sind je zwei Teilstrecken auf den Transversalen gleichlang (z.B. $\overline{AS_1} = \overline{S_1S_2}$).

<u>Übung 39:</u>

Es genügt, zu zeigen: $F(\Delta CFS_3) = r(n)F(\Delta ADC)$. Es gilt:

$$F(\Delta CFS_3) = F(\Delta ADC) - F(\Delta ADS_1) - F(AS_1S_3)$$
$$- F(\Delta AS_3F)$$
$$= F(\Delta ADC) - \big(1 - r(n) - s(n)\big)F(\Delta ADC) -$$
$$\frac{n-1}{n}s(n)F(\Delta ADC)$$
$$\left(\text{weil } F(\Delta CFS_3) = \frac{1}{n}F(\Delta AS_3C)\right)$$
$$= F(\Delta ADC)\left[1 - r(n) - \big(1 - r(n) - s(n)\big) - \frac{n-1}{n}s(n)\right]$$
$$= \frac{s(n)}{n}F(\Delta ADC) = r(n)F(\Delta ADC), \text{ w.z.b.w.}$$

<u>Übung 40:</u>

$$F(\Delta S_1S_2S_3) = F(\Delta ABC) - 3F(\Delta AS_1C)$$
$$-3(1 - r(n))F(\Delta ADC)$$
$$-3(1 - r(n))\frac{1}{n}F(\Delta ABC)$$
$$= F(\Delta ABC)\frac{n^2-4n+4}{n^2-n+1}.$$

Im Fall $n = 2$, siehe Bild 50, ist der Faktor Null, im Fall $n = 3$, siehe Bild 51, beträgt er 1/7.

<u>Übung 41:</u>

$$\vec{x}_S(\Delta S_1S_2S_3) = \frac{1}{3}(\vec{x}_{S1} + \vec{x}_{S2} + \vec{x}_{S3})$$

$$= \frac{1}{3}\Big(\vec{x}_A + s(n)(\vec{x}_B - \vec{x}_A) + r(n)\big(\vec{x}_C - \vec{x}_A -$$

$$s(n)(\vec{x}_B - \vec{x}_A)\big)\Big) +$$

$$\frac{1}{3}\Big(\vec{x}_B + s(n)(\vec{x}_C - \vec{x}_B) + r(n)\big(\vec{x}_A - \vec{x}_B -$$

$$s(n)(\vec{x}_C - \vec{x}_B)\big)\Big) +$$

$$\frac{1}{3}\Big(\vec{x}_C + s(n)(\vec{x}_A - \vec{x}_C) + r(n)\big(\vec{x}_B - \vec{x}_C -$$

$$s(n)(\vec{x}_A - \vec{x}_C)\big)\Big)$$

$$= \frac{1}{3}(\vec{x}_A + \vec{x}_B + \vec{x}_C)$$

<u>Übung 42:</u>

$$g = f_k + v = \frac{1}{3}x^3 - 2x^2 + kx + v$$

$$g = \frac{1}{3}(x - x_w)^3$$

$$= \frac{1}{3}x^3 - x^2 x_w + x x_w^2 - \frac{1}{3}x_w^3$$

Der Koeffizientenvergleich ergibt für den Sattelpunkt $x_w = 2$, $k = 4$ und $v = -\frac{8}{3}$. Das stimmt mit Bild 54 überein.

<u>Übung 43:</u>

Hier ist für die Ersatzfunktion g ein anderer Ansatz erforderlich:

$$g = f_k(x) + v = \frac{1}{3}x^3 - 2x^2 + kx + v$$

$$g = \frac{1}{3}(x - x_w)(x - x_e)^2$$

$$= \frac{1}{3}[x^3 - (2x_e + x_w)x^2 + (x_e^2 + 2x_e x_w)x - x_e^2 x_w]$$

Der Koeffizientenvergleich liefert die Gleichungen

(a) $\quad \frac{1}{3}(2x_e + x_w) = 2$

(b) $\quad \frac{1}{3}(x_e^2 + 2x_e x_w) = k$

(c) $\quad \frac{1}{3}x_e^2 x_w = -v$

Aus (a) folgt $x_w = 6 - 2x_e$. Damit in (b) führt zur Gleichung $\frac{1}{3}[x_e^2 + 2x_e(6 - 2x_e)] = k$ mit den Lösungen $x_{e1} = 2 + \sqrt{4-k}$ und $x_{e2} = 2 - \sqrt{4-k}$. Mit $x_w = 6 - 2x_e$ in (c) folgt für die Verschiebung v die Gleichung $\frac{1}{3}x_e^2(6 - 2x_e) = -v$, mit den Lösungen x_{e1} und x_{e2} schließlich $v_1 = -\frac{2}{3}\left(2 + \sqrt{4-k}\right)^2\left(1 - \sqrt{4-k}\right)$ und $v_2 = -\frac{2}{3}\left(2 - \sqrt{4-k}\right)^2\left(1 + \sqrt{4-k}\right)$.

<u>Übung 44:</u>

Die Rechnung kann so stattfinden:

$$w = f_k(x) + v = x + 1 + \frac{k}{x} + v = (x^2 + x + k + vx)\frac{1}{x} =$$

$gh.$ $h = \frac{1}{x}$ hat nirgendwo ein Extremum. Dies kann nur durch

$$g = x^2 + x + k + vx = x^2 + (1 + v)x + k \text{ erzeugt werden.}$$

Mit $g = (x - x_e)^2 = x^2 - 2x_e x + x_e^2$ ergibt der Koeffizientenvergleich $-2x_e = 1 + v$ und $x_e^2 = k$, somit die Resultate $x_e = \sqrt{k} \lor x_e = -\sqrt{k}$ sowie $v = -1 + 2\sqrt{k} \lor v = -1 - 2\sqrt{k}$, ersteres ein Maximum, letzteres ein Minimum. Mit $k = 1$ folgen $x_{e1} = 1$ und $v_1 = -3$ sowie $x_{e2} = -1$ und $v_2 = -1$, siehe Bild 55.

Übung 45:

$$w = f_k(x) + v = e^x + 1 + ke^{-x} + v$$
$$= (e^{2x} + e^x + k + ve^x)e^{-x} = gh$$

$h = e^{-x}$ hat nirgendwo ein Extremum. Dies kann nur durch $g = e^{2x} + (1 + v)e^x + k$ erzeugt werden. Mit $g = (e^x - e^{x_e})^2 = e^{2x} - 2e^{x_e} + e^{2x_e}$ ergibt der Koeffizientenvergleich $-2e^{x_e} = 1 + v$ und $e^{2x_e} = k$, somit die Resultate $e^{x_e} = \sqrt{k}$ und $v = 1 - 2\sqrt{k}$. Für $k = 0{,}005$ entstehen die Resultate des Bildes 56. Es gibt nur diese Lösung, weil es kein anderes x_e gibt, für das $e^{x_e} = -\sqrt{k}$ ist.

Übung 46:

$$w = f_k(x) + v = lnx + 1 + \frac{k}{lnx} + v$$
$$= [(lnx)^2 + lnx + k + vlnx]\frac{1}{lnx} = gh$$

$h = \dfrac{1}{lnx}$ hat im gesamten Definitionsbereich kein Extremum. Ein Extremum kann nur durch $g = (lnx)^2 + (1 + v)lnx + k$ erzeugt werden. Mit $g = (lnx - lnx_e)^2 = (lnx)^2 - 2lnx_e + (lnx_e)^2$ ergibt der Koeffizientenvergleich $-2lnx_e = 1 + v$ und $(lnx_e)^2 = k$, somit die Resultate $lnx_{e1} = \sqrt{k}$ bzw. $x_{e1} = e^{\sqrt{k}}$ oder $lnx_{e2} = -\sqrt{k}$ bzw. $x_{e2} = e^{-\sqrt{k}}$ sowie $v_1 = -1 - 2lnx_{e1} = -1 - 2\sqrt{k}$ oder $v_2 = -1 + 2\sqrt{k}$. Für $k = 0,5$ entstehen die Resultate des Bildes 57.

<u>Übung 47:</u>

11	12	13	14	15
21	22	23	24	25
31	32	33	34	35
41	42	43	44	45
51	52	53	54	55

11	12	13	14	15
21	22	23	24	25
31	32	33	34	35
41	42	43	44	45
51	52	53	54	55

11	12	13	14	15
21	22	23	24	25
31	32	33	34	35
41	42	43	44	45
51	52	53	54	55

11	12	13	14	15
21	22	23	24	25
31	32	33	34	35
41	42	43	44	45
51	52	53	54	55

11	12	13	14	15
21	22	23	24	25
31	32	33	34	35
41	42	43	44	45
51	52	53	54	55

Die Zahl der Besonderheiten dieses Zahlenquadrats nimmt stark zu. Es ist $Z(5) = 165 = S(5)/5$, d.h. $S(5) = 825$, bestehend aus $5! = 120$ Anordnungen, bei denen pro Zeile und pro Spalte genau eine Zahl vorkommt, dazu 98 Anordnungen, bei denen auch leere Zeilen oder Spalten vorhanden sind.

Übung 48:

Aus den Angaben der Tabelle kann ein möglicherweise für alle natürlichen Zahlen n geltendes Bildungsgesetz $Z(n)$ ermittelt werden. Dazu werden die fortlaufenden Differenzen der $Z(n)$ betrachtet. Die Differenzen Δ_2 an zweiter Stelle werden konstant $= 11$. Damit kann für das Bildungsgesetz der Zahlenfolge der Ansatz $Z(n) = an^2 + bn + c$ mit den Konstanten a, b, c gemacht werden. Zu deren Bestimmung genügt das Gleichungssystem $\begin{pmatrix} 11 & a & b & c \\ 33 & 4a & 2b & c \\ 66 & 9a & 3b & c \end{pmatrix}$ mit den Lösungen $a = \frac{11}{2}$, $b = \frac{11}{2}$ und $c = 0$. Damit lautet das Bildungsgesetz für die Diagonalensummen: $Z(n) = \frac{11}{2} n^2 + \frac{11}{2} n = \frac{11}{2} n(n+1)$.

Übung 49:

Wir betrachten Zahlenquadrate nach Bild 60 und Übung 47. Alle Zahlen sind aus einer ersten Zahl x (hier 11) generiert worden. Die Zahlen der ersten Zeile werden von Spalte zu Spalte um jeweils y (hier 1) größer; die Zahlen der ersten

Spalte werden von Zeile zu Zeile um jeweils ky (hier $k = 10$) größer. In der Tabelle sind die fortlaufenden Änderungen y für die Zeilen und ky für die Spalten zusammenfassend dargestellt. Zur Bestimmung der Diagonalensumme sind die Diagonalzahlen fett gedruckt.

x	x+y	x+2y	x+3y	...	x+ny
x+ky	**x+(k+1)y**	x+(k+2)y	x+(k+3)y	...	x+(k+n)y
x+2ky	x+(2k+1)y	**x+(2k+2)y**	x+(2k+3)y	...	x+(2k+n)y
x+3ky	x+(3k+1)y	x+(3k+2)y	**x+(3k+3)y**	...	x+(3k+n)y
...	...	...	...	...	...
x+nky	x+(nk+1)y	x+(nk+2)y	x+(nk+3)y	...	**x+(nk+n)y**

Die Bestimmung der Diagonalensumme $Z(n)$ ergibt demnach

$$Z(n) = x + [x + (k+1)y] + [x + 2(k+1)y] + \cdots + [x + n(k+1)y]$$

oder

$$Z(n) = nx + \frac{1}{2}(n-1)n(k+1)y$$

oder wie in Übung 48

$$Z(n) = \frac{k+1}{2}yn^2 + \left(x - \frac{k+1}{2}y\right)n = \frac{k+1}{2}yn(n-1) + nx.$$

Dasselbe Resultat erhält man, löst man wie in Übung 48 mit der Annahme $Z(n) = an^2 + bn + c$ für die zu bestimmenden Konstanten a, b, c das Gleichungssystem

$$\begin{pmatrix} x & \begin{vmatrix} a & b & c \end{vmatrix} \\ 2x + (k+1)y & \begin{vmatrix} 4a & 2b & c \end{vmatrix} \\ 3x + 3(k+1)y & \begin{vmatrix} 9a & 3b & c \end{vmatrix} \end{pmatrix} \text{ mit den Lösungen}$$

$a = \frac{k+1}{2} y, \; b = x - \frac{k+1}{2} y$ und $c = 0$.

Durch freie Wahl von x, y, k sind damit alle Fälle dieser speziellen Zahlenquadrate darstellbar. Ein Beispiel ist mit $x = 17, \; y = 2, \; k = -\frac{3}{2}, \; Z(6) = 87$ skizziert. Auch hier gilt $Z(6) = S(6)/6$.

17	19	21	23	25	27
14	16	18	20	22	24
11	13	15	17	19	21
8	10	12	14	16	18
5	7	9	11	13	15
2	4	6	8	10	12

Übung 50:

Das Bildungsgesetz der Fibonacci-Zahlenfolge $f(n+2) = f(n+1) + f(n)$ kann als Interpretation der Funktionalgleichung $f(x+2) = f(x+1) + f(x)$ mit $x \in R$ aufgefasst werden, wenn die Definitionsmenge auf $x \in N$ eingeschränkt wird. Für diese Funktionalgleichung existiert ein Lösungsansatz mit $f(x) = b^{a+x} = cb^x$ mit $c \in R$ sowie einer Basis b. Nach Einsetzen dieses Lösungsansatzes in die vorgelegte Funktionalgleichung entsteht die uns aus dem Kapitel „Spezielle quadratische Gleichungen" bekannte quadratische Gleichung $b^2 = b + 1$ als Bestimmungsgleichung für die Basis b. Diese Gleichung hat die beiden reellen Lösungen $b_1 = \frac{1}{2}(1 + \sqrt{5})$ sowie $b_2 = \frac{1}{2}(1 - \sqrt{5})$ mit der Eigenschaft $b_1 + b_2 = 1$. Als eine mögliche Lösung der vorgelegten Funktionalgleichung fassen wir daher auf: $f(x) = c_1 b_1^x + c_2 b_2^x$ mit den Konstanten c_1, c_2 und stellen dabei fest, dass wegen des zweiten Summanden die meisten Funktionswerte nicht reell sind außer dann, wenn $x \in N$ ist. Es genügt, zur Bestimmung der Konstanten c_1, c_2 die beiden Anfangswerte zu verwenden: $f(1) = 1 = c_1 b_1 + c_2 b_2$ und $f(2) = 1 = c_1 b_1^2 + c_2 b_2^2$. Die Auflösung dieses Gleichungssystems liefert mit $b_1 + b_2 = 1$ die Resultate $c_1 = -\dfrac{1}{b_2 - b_1}$ sowie $c_2 = \dfrac{1}{b_2 - b_1}$, d.h. $c_1 + c_2 = 0$. Somit lautet eine Lösungsfunktion $f(x) = \dfrac{1}{b_2 - b_1}(b_2^x - b_1^x)$. Mit den oben bestimmten Basen b lautet die explizite Darstellung der Fibonacci-Zahlenfolge $f(n) = \dfrac{1}{\sqrt{5}}\left[\left(\dfrac{1+\sqrt{5}}{2}\right)^n - \left(\dfrac{1-\sqrt{5}}{2}\right)^n\right]$ mit

$n \in N$. Schöne Rechenübungen sind die Nachweise, dass hier mit natürlichen Zahlen n tatsächlich natürliche Zahlen $f(n)$ entstehen.

Übung 51:

Die Binomialkoeffizienten haben die Gestalt $\binom{n}{k} = \frac{n!}{(n-k)!k!}$ mit $k \leq n$ jeweils natürliche Zahlen, der Definition $0! = 1$ und der Vereinbarung, alle $\binom{n}{k}$ mit $k > n$ gleich Null. Diejenigen Binomialkoeffizienten, die längs der grauen Geraden in der Tabelle liegen, lauten im Fall $n = 7$: $\binom{7}{0}, \binom{6}{1}, \binom{5}{2}, \binom{4}{3}$ oder $\binom{n}{0}, \binom{n-1}{1}, \binom{n-2}{2}, \binom{n-3}{3}, \ldots$ $\binom{n-k}{k}$ im allgemeinen Fall mit der Laufzahl $k \leq \frac{n}{2}$. Ihre Summe beträgt somit $f(n) = \sum_{k=0}^{n/2} \binom{n-k}{k}$ und ist für natürliche Zahlen n, k die Darstellung einer gewöhnlichen Fibonacci-Zahl.

Übung 52:

Für Fibonnacci-Zahlen folgt aus den Resultaten der großen Tabelle eine Rekursionsvorschrift $f(n+3) - f(n+2) = f(n+2) - f(n)$ oder $f(n+3) = 2f(n+2) - f(n)$ mit $n \in N$. Auch hier kann eine Lösung über eine Funktionalgleichung gefunden werden: $f(x+3) = 2f(x+2) - f(x)$.

Wird wie oben derselbe Lösungsansatz mit $f(x) = b^{a+x} = cb^x$ mit $c \in R$ gewählt, entsteht für die Basis b die Bestimmungsgleichung $b^3 = 2b^2 - 1$ mit der trivialen Lösung $b = 1$. Nach Abspaltung des linearen Faktors $(b - 1)$ folgt wie oben die quadratische Gleichung $b^2 = b + 1$.

Übung 53:

Mit dem Startwert $x = 1$ ergibt sich der nächste Näherungswert zu $\frac{1}{1+1} = \frac{1}{2}$. Als nächster Näherungswert folgt $\frac{1}{1+\frac{1}{2}} = \frac{2}{3}$. Darauf folgt $\frac{1}{1+\frac{2}{3}} = \frac{3}{5}$. Weitere nachfolgende Näherungen sind $\frac{5}{8}, \frac{8}{13}, \frac{13}{21}, \ldots$ Im Zähler wie im Nenner treten die uns bekannten Fibonaccizahlen auf. Zur beliebigen Näherung von $\sqrt{5}$ kann dann der Term $\dfrac{2}{1+\cfrac{1}{1+\cfrac{1}{1+\cdots}}} - 1$ dienen.

Übung 54:

Das Kennenlernen endlicher Näherungen einfacher Kettenwurzeln mit r, k natürliche Zahlen kann mit Hilfe einer einfachen Tabellenkalkulation geschehen:

	A	B	C
1	Kettenwurzeln		
2		r =	2

				k =	2
3				k =	2
4					
5	n		$w_k(r)$		
6					
7	= 1		= C2^(1/C3)		
8	= A7+1		= (B7+C$2)^(1/C$3)		
9	↓		↓		
...	...		...		

Übung 55:

Zu beweisen ist $w_2(q) = n$, falls $q = n(n-1)$. Dazu wird

$$n = \sqrt{n(n-1) + \sqrt{n(n-1) + \sqrt{n(n-1) + \cdots}}}$$

geschrieben. Nach dem Quadrieren entsteht $n^2 = n(n-1) + \sqrt{n(n-1) + \sqrt{n(n-1) + \cdots}}$. Nach Subtraktion von $n(n-1)$ auf beiden Seiten entsteht wieder die Ausgangsgleichung, eine unendliche Länge der Kettenwurzel vorausgesetzt.

Interessant: Da bei dieser Art des Nachweises an keiner Stelle bedeutsam ist, von welcher Art die Parameter k, n

sind, sollte er auch für beliebige Ordnungen k der Wurzeln und beliebige Radikanden q gelten.

Übung 56:

Für $k = 2$ beispielsweise ergibt sich mit $q = r(r - 1)$ nach Auflösung nach r als exakter Betrag der Kettenwurzel $w_2(q) = r = \frac{1}{2}\left(1 + \sqrt{4q + 1}\right)$; die zweite (negative) Lösung der quadratischen Gleichung kommt nicht in Betracht. Für $q = 1$ ist dann $w_2(1) = \frac{1}{2}\left(1 + \sqrt{5}\right) = \varphi$, für $q = 2$ ist $w_2(2) = 2$, für $q = 6$ ist $w_2(6) = 3$, für $q = 12$ ist $w_2(12) = 4$, usw.. Für höhere Ordnungen k der Kettenwurzeln macht eine exakte Bestimmung des Betrages der Kettenwurzeln Schwierigkeiten, weil Gleichungen höheren Grades zu lösen sind. So ist im Fall $k = 3$ r aus $q = r(r^2 - 1)$ zu bestimmen. Für $r = 2$ ist $q = 6$, d.h. $w_3(6) = 2$ und damit $w_2(12) = 2w_3(6)$.

Übung 57:

Man schreibt im Term $w_k(q)$ fortlaufend von vorne den

Ausdruck $\quad \sqrt[k]{q + \sqrt[k]{q}} = \sqrt[k]{q} \cdot \sqrt[k]{1 + \sqrt[k]{q^{1-k}}} = \sqrt[k]{q} \cdot \sqrt[k]{1 + z}$

und erhält $\quad w_k(q) = \sqrt[k]{q} \cdot \sqrt[k]{1 + z\sqrt[k]{1 + z\sqrt[k]{1 + \cdots}}}\quad$ mit

$z = \sqrt[k]{q^{1-k}} = q^{\frac{1-k}{k}}$. Für $q \to \infty$ geht $z \to 0$, falls $k > 1$. Das ist sofort erkennbar, wenn man $z = q^{\frac{1-k}{k}}$ zu $z^k = q^{1-k} = \frac{q}{q^k}$ umformt. Damit geht $w_k(q) \to \sqrt[k]{q}$.

Übung 58:

Die bei P erfolgende Reflexion einer im Abstand a parallel zur y-Achse laufenden Kugel finde von W aus in Richtung R statt; die Gerade PR hat die Steigung m_k. Für diese Steigung gilt: $m_k = \frac{1}{2}(m_m + m_t)$, m_m, m_t die Steigungen der Mittelpunktsgerade MP und der dazu senkrechten Kreistangente PN, wenn der Punkt R auf der y-Achse die Strecke $\overline{MN}$ halbiert. Das ist der Fall, weil die Dreiecke MPR und PNR gleichschenklig und zugleich Teildreiecke des rechtwinkligen Dreiecks NMP sind, vgl. dazu die Winkel α und β. Wegen $m_m = -\frac{1}{m_t}$ ist $m_k = \frac{1}{2}\frac{m_t^2-1}{m_t}$. Die Steigung m_t der Kreistangente ergibt sich aus der Ableitung der Kreisfunktion an der Stelle a zu $m_t = -\frac{a}{\sqrt{r^2-a^2}} = -\frac{a/r}{\sqrt{1-(a/r)^2}}$. Für m_k ergibt sich somit $m_k = \frac{r/2a-a/r}{\sqrt{1-(a/r)^2}}$. Auf einen derartigen Zusammenhang werden wir über einen anderen Ansatz stoßen, siehe Übung 59.

Übung 59:

In den Bildern 73 und 74 ist ein passendes Koordinatensystem x, y eingezeichnet, wodurch eine rechnerische Erfassung dieser Abbildung möglich wird. Die Koordinaten von B sind $x_B = a$ und $y_B = a\,\tan\varphi$. Die Koordinaten von P sind $x_P = r\,\cos\varphi$ und $y_P = r\,\sin\varphi$. Wegen $\overline{PB} = \overline{PB'}$ ergeben sich die Koordinaten von B' aus $x_{B'} = x_B - 2(x_B - x_P) = 2x_P - x_B$ und $y_{B'} = y_B - 2(y_B - y_P) = 2y_P - y_B$ zu $x_{B'} = 2r\,\cos\varphi - a$ und $y_{B'} = 2r\,\sin\varphi - a\,\tan\varphi$. Wegen $\cos\varphi = \sqrt{1 - \sin^2\varphi}$ und $\tan\varphi = \sin\varphi/\sqrt{1 - \sin^2\varphi}$ gehen wir mit $\sqrt{1 - \sin^2\varphi} = t$ zur Parameterschreibweise für diese Koordinaten über und erhalten: $x_{B'} = 2rt - a$ und $y_{B'} = x_{B'}\sqrt{1 - t^2}/t$. Zur Vereinfachung der Schreibweise wird jetzt $x_{B'} = x$ und $y_{B'} = y$ gesetzt. Die Eliminierung des Parameters t liefert dann als Ortskurve der Menge der Abbildungspunkte einer vertikalen Geraden am Kreis mit dem Abstand a vom Mittelpunkt die Funktionsgleichung $|y| = 2r\,\dfrac{x}{x+a}\sqrt{1 - \left(\dfrac{x+a}{2r}\right)^2}$. Das Quadrieren liefert mit $(y^2 + x^2)(x + a)^2 = 4r^2 x^2$ eine bekannte algebraische Kurve vierter Ordnung, und zwar die Konchoide des Nikomedes, siehe Bild 74, dort $r = 1$ und $a = \dfrac{1}{2}$ gewählt. Für andere Abstände a der vertikalen Geraden vom Ursprung ergeben sich andere interessante Kurvenverläufe. Für unser Kreisbillardproblem bedeutsam ist der Bereich $0 < a < r$.

Die Gleichung der Konchoide des Nikomedes gibt uns den Hinweis, dass eine potentielle Anzahl von vier reellen Lösungen möglich ist.

Übung 60:

Man bestimmt die Schnittstellen der Neil-Parabel mit dem Halbkreis $y = r - \sqrt{r^2 - x^2}$, r der Radius des Halbkreises. Nach zweimaligem passendem Quadrieren erhält man die Gleichung $x^6 + 2x^5 + x^4 - 4r^2x^3 = 0$ mit einer dreifachen Nullstelle bei $x = 0$. Aus $x^3 + 2x^2 + x - 4r^2 = 0$ folgen dann die beispielsweise für $r = \dfrac{1}{2}$ numerisch ermittelten beiden anderen Nullstellen $|x_0| \approx 0{,}465571$, siehe Bild 88.

Übung 61:

Die Potenzfunktion $y = x^p$, $p \in R$, wird mit dem Halbkreis zu $y = r - \sqrt{r^2 - x^2}$ zum Schnitt gebracht, um ein Kriterium für das Vorliegen eines Scheitelkreises aufzufinden. Wie in Übung 60 entsteht nach dem Gleichsetzen und dem geschickten Quadrieren die Gleichung $(x^p - r)^2 = r^2 - x^2$ oder $2rx^{p-2} = x^{2p-2} + 1$, für den Radius r eines Scheitelkreises somit $r = \dfrac{x^{2p-2}+1}{2x^{p-2}} = \dfrac{1}{2}\left(x^p + \dfrac{1}{x^{p-2}}\right)$. Es ist unmittelbar zu erkennen, dass im Fall $p = 2$ der in Bild 75 skizzierte Fall eines Scheitelkreises mit $r = 1/2$ bei $x = 0$

auftritt. Was bei $x = 0$ in den Fällen $p \neq 2$ eintritt, ist jedoch nicht sofort zu erkennen und keineswegs trivial.

<u>Übung 62:</u>

In Bild 89 ist die durch einen Punkt $(x_1|y_1)$ verlaufende Normale zur Potenzfunktion mit $y = x^p$ eingezeichnet. Mit $y' = px^{p-1}$ beträgt die Steigung der Tangenten in $(x_1|y_1)$ $m_t = px_1^{p-1}$. Die Steigung der Normalen in diesem Punkt beträgt daher $m_n = -\dfrac{1}{m_t} = -\dfrac{1}{px_1^{p-1}}$, damit ist die Gleichung der Normalen $y = -\dfrac{1}{px_1^{p-1}}(x - x_1) + y_1$ mit dem Achsenabschnitt $n = \dfrac{x_1}{px_1^{p-1}} + y_1 = \dfrac{1}{px_1^{p-2}} + y_1$. Alle Normalen der Potenzfunktion haben daher den Achsenabschnitt $n(x) = \dfrac{1}{px^{p-2}} + x^p$.

<u>Übung 63:</u>

Die Tabelle enthält alle sechs existierenden Fälle y.

y = 6	y = 8	y = 10	y = 12
1	1 2	2 3	4
5	7 6	8 7	8
2	2 3	3 4	5

4	6 5	7 6	7

Übung 64:

Auch für ein Zahlenquadrat mit den Zahlen 3,4,8,9,10,11,17,19 gilt die Bedingung 2x + y = Summe aller Zahlen, in diesem Fall 2x + y = 81. Daraus folgt: y muss ungerade sein. Aus den gegebenen Zahlen können folgende ungeraden Kombinationen y gebildet werden:

y = 13 = 3 + 10 = 4 + 9;

y = 19 = 8 + 11 = 9 + 10;

y = 21 = 4 + 17 = 10 + 11;

y = 27 = 8 + 19 = 10 + 17.

Von diesen vier Kombinationen erweist sich nur die für y = 19, mithin x = 31, als erfolgreich und führt zur Lösung:

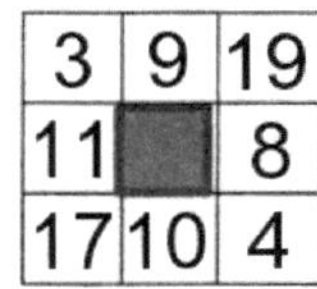

Übung 65:

Bild 97 zeigt ein Lösungsbeispiel mit der Randsumme 26. Eine Lösungsstrategie besteht darin, dieses Problem auf das 3 × 3 - Quadratproblem zu reduzieren: Ist x die Summe einer vollständigen Zeile und y die Summe der beiden benachbarten unvollständigen Zeilen, gilt auch hier $2x + y = 78$ als Summe aller vorhandenen Zahlen. Daraus folgt: y muss gerade sein. Zur Bildung der Zahlen y werden acht von den zwölf gegebenen Zahlen benötigt.

Wir gehen der Reihe nach vor. Die niedrigsten geraden Zahlen y werden aus den acht Zahlen 1,2,3,4,5,6,7,8 gebildet und betragen jeweils 18: $y = 18 = (2 + 8) + (3 + 5)$ und $y = 18 = (4 + 7) + (1 + 6)$. Mithin beträgt die zugehörige Summe einer vollständigen Zeile (Spalte), die Randsumme, $x = 30$. Mit den Restzahlen 9,10,11,12, die in die vier Eckfelder des Quadrats gehören, vervollständigt man dann das Zahlenquadrat zu:

9	4	7	10
8			3
2			5
11	1	6	12

Die größten geraden Zahlen y werden aus den acht Zahlen 5,6,7,8,9,10,11,12 gebildet und betragen jeweils 34: $y = 34 = (7 + 12) + (6 + 9)$ und $y = 34 = (8 + 10) + (5 + 11)$. Die zugehörige Summe einer vollständigen Zeile (Spalte), die Randsumme beträgt x = 22. Mit den Restzahlen 1,2,3,4, die in die vier Eckfelder des Quadrats gehören, vervollständigt man dann das Zahlenquadrat.

1	8	10	3
12			9
7			6
2	5	11	4

Ähnliche Lösungen gelingen offenbar nur noch mit y = 22 und y = 30. Mit y = 20, y = 24, y = 28 und y = 32 konnten bislang noch keine Lösungen gefunden werden.

Mit jenen acht Zahlen, die zur Bildung von y = 26 und der Randsumme x = 26 führen, gelingen jedoch etliche Lösungen. Das liegt offenbar an einer bestimmten Achsensymmetrie, die bei der Auswahl der acht Zahlen für y vorliegt. Einige Beispiele sind die fett gedruckten Zahlen in der Tabelle. In der dritten Zeile steht die in Bild 97 dargestellte Lösung.

1 2 **3 4 5 6 7 8** 9 **10** 11 12

1 2 3 4 5 6 7 8 **9 10 11 12**

1 **2 3 4 5** 6 7 **8 9 10 11** 12

1 2 3 4 **5** 6 7 **8 9** 10 **11 12**

$$1 \ 2 \ \mathbf{3} \ \mathbf{4} \ 5 \ \mathbf{6} \ \mathbf{7} \ 8 \ \mathbf{9} \ \mathbf{10} \ 11 \ \mathbf{12}$$

$$1 \ \mathbf{2} \ \mathbf{3} \ \mathbf{4} \ 5 \ \mathbf{6} \ \mathbf{7} \ 8 \ \mathbf{9} \ \mathbf{10} \ \mathbf{11} \ 12$$

usw.

Es gibt insgesamt 15 solche symmetrischen Kombinationen. Anmerkung: Werden zwei benachbarte Zahlen y ausgetauscht, entstehen keine neuen Lösungen.

<u>Übung 66:</u>

Bild 100 verdeutlicht, dass es eine Verschiebung q_e gibt, bei der die letzte positive Nullstelle der f_4 vorhanden ist; diese Stelle ist zugleich das lokale Minimum. Wir bestimmen das lokale Minimum nicht nach dem im Kapitel „Analysis ohne Ableitungen" geschilderten Verfahren, sondern wie üblich: Aus $f_4(r) = r^4 - r - q$ folgt $f_4'(r) = 4r^3 - 1$, aus $4r_e^3 - 1 = 0$ folgt $r_e = \sqrt[3]{\frac{1}{4}}$, aus $f_4(r_e) = 0 = \left(\sqrt[3]{\frac{1}{4}}\right)^4 - \sqrt[3]{\frac{1}{4}} - q_e$ schließlich $q_e \approx -0{,}4725$.

<u>Übung 67:</u>

Dies ist eine schöne Übung zur Auflösung einer Gleichung mit elementarer Arithmetik: $S_n = a^n b = \frac{a^{n+1}-1}{a-1} + b\frac{a^n-1}{a-1}$ soll nach b aufgelöst werden. Das geht schnell, schreibt man links $a^n b \cdot \frac{a-1}{a-1}$ und streicht in der

Gleichung den Nenner $a - 1$. Mit dem Resultat $b = \frac{a^{n+1}-1}{a^n(a-2)+1}$ folgt $b = 0$ für $a = 1$; $b = 2^{n+1} - 1$ für $a = 2$; $b = \frac{3^{n+1}-1}{3^n+1}$ für $a = 3$, d.h. kein ganzes b mehr für dieses und jedes weitere a.

Übung 68:

Hier hilft eine Grenzbetrachtung weiter. Der Grenzwert des Verhältnisses von Zahl $Z = a^n$ und Teilersumme $S_n = \frac{a^n-1}{a-1}$ beträgt: $\lim_{n\to\infty} \frac{a^n}{\frac{a^n-1}{a-1}} = \lim_{n\to\infty} \frac{a^n(a-1)}{a^n-1} = \lim_{n\to\infty} \frac{a-1}{1-1/a^n}$. Dieser Grenzwert ist einfach zu bestimmen: a^n geht für $a > 1$ und $n \to \infty$ gegen Unendlich, d.h. $1/a^n$ geht gegen Null. Damit beträgt der Grenzwert $a - 1$, im Fall $a = 3$ demnach 2.

Übung 69:

Im Fall von $\sqrt{15}$ ergibt sich $x_{n+1} = -\frac{1}{8+x_n}$. Somit kann $\sqrt{15} \approx 4 - x_{n+1}$ beliebig angenähert werden: für $x_1 = 1$ ist $x_2 = \frac{1}{8+x_1} = \frac{1}{9}$, d.h. $\sqrt{15} \approx 4 - \frac{1}{9} = \frac{35}{9} = 3,\overline{8}$, im Vergleich zum Taschenrechnerwert 3,873 gar nicht so schlecht! Für

$x_2 = \frac{1}{9}$ ist im nächsten Schritt $x_3 = \frac{1}{8+\frac{1}{9}} = \frac{9}{71}$, d.h. $\sqrt{15} \approx 4 -$

$\frac{9}{71} = \frac{275}{71} \approx 3{,}873$ und damit schon näher dran. Usw.

Übung 70:

Es ist $a = (b + x)^2$ und daher $x = \frac{a-b^2}{2b+x}$. Dies fassen wir als Iterationsvorschrift auf und schreiben $x_{n+1} = \frac{a-b^2}{2b+x_n}$, darin n die Laufzahl. Für $a = 2$, $b = 1$ und x_1 als erster Näherung erhalten wir mit der Iterationsvorschrift $x_{n+1} = \frac{1}{2+x_n}$ für $\sqrt{2} - 1$ eine sehr einfache Iterationsvorschrift, sie hat eine andere Gestalt als das in der Literatur bevorzugte Heron-Verfahren. Mit $x_1 = 1$ ergeben sich folgende weiteren Näherungsschritte: $x_2 = \frac{1}{3}$; $x_3 = \frac{3}{7}$; $x_4 = \frac{7}{17}$; $x_5 = \frac{17}{41}$; $x_6 = \frac{41}{99}$; $x_7 = \frac{99}{239}$; .... Die Zahl $1 + \frac{99}{239} \approx 1{,}4142 \ldots$ ist schon eine recht gute Näherung für $\sqrt{2}$.

Übung 71:

Mit $\sqrt[3]{a} = b + x$ folgt $a = (b + x)^3 = b^3 + 3b^2x + 3bx^2 + x^3$, d.h. die Iterationsvorschrift $x_{n+1} = \frac{a-b^3}{3b^2+3bx_n+x_n^2}$. Für $a = 5$ und $b = 1$ kann $\sqrt[3]{5}$ somit durch $1 + \frac{4}{3+3x_n+x_n^2}$ iterativ beliebig angenähert werden: $\sqrt[3]{5} \approx 1{,}709975947 \ldots$

<u>Übung 72:</u>

Die Funktion $y = x^4 - x^3 + x - 2$ hat zwei Nullstellen; eine positive bei 1,3, eine negative bei -1,15. Aus $0 = x^4 - x^3 + x - 2$ gewinnt man die Iterationsvorschrift $x_{n+1} = \frac{2+x_n^3}{1+x_n^3}$, die für alle Startwerte außer $x_1 = -1$ zu einer Konvergenz bei $x_0 = 1,30857 \dots$ führt, also bei der positiven Nullstelle.

<u>Übung 73:</u>

Mit der Parabelgleichung $y = ax^2 + bx + c$ gilt in der unmittelbaren Umgebung von $x = \frac{3}{2}$:

$$\text{(I)} \qquad y(\tfrac{3}{2}) = e^{\frac{3}{2}} \approx \frac{9}{4}a + \frac{3}{2}b + c$$

$$\text{(II)} \qquad y'(\tfrac{3}{2}) = e^{\frac{3}{2}} \approx 3a + b$$

$$\text{(III)} \qquad y''(\tfrac{3}{2}) = e^{\frac{3}{2}} \approx 2a$$

Mit (III) ist $a \approx e^{\frac{3}{2}}/2$; dann mit (II) $b \approx e^{\frac{3}{2}}\left(1 - \frac{3}{2}\right) = -e^{\frac{3}{2}}/2$;

mit (I) schließlich $c \approx e^{\frac{3}{2}}\left(\frac{9}{8} - \frac{3}{2} + 1\right) = e^{\frac{3}{2}} \cdot \frac{5}{8}$; damit die

Gleichung der Schmiegeparabel P zu $y \approx e^{\frac{3}{2}}\left(\frac{1}{2}x^2 - \frac{1}{2}x + \frac{5}{8}\right)$.

<u>Übung 74:</u>

$$s\left(\frac{1}{2}x^2 - \frac{1}{2}x + \frac{5}{8}\right) = 9 - 3x \quad \text{mit } s \approx e^{\frac{3}{2}}.$$ Durch Umstellung erhält man die Gleichung $x\left(x - 1 + \frac{6}{s}\right) = \frac{18}{s} - \frac{5}{4}$, d.h. die Iteration $x_{n+1} = \frac{18/s - 5/4}{x_n - 1 + 6/s}$. Für $s = e^{\frac{3}{2}}$ konvergiert das ziemlich langsam auf $x \approx 1{,}502445 \ldots$, siehe Bild 102.

Übung 75:

$f(x) = sinx$ sei der Term der Funktion, $s(x) = ax^2 + bx + c$ der der Schmiegeparabel mit noch zu bestimmenden Konstanten a, b, c. Einziger gemeinsamer Punkt beider Kurven ist wie bei der Tangente das Maximum der Sinuskurve. Die zum Auffinden der Konstanten a, b, c erforderlichen Daten sind der nachfolgenden Tabelle zu entnehmen.

Funktion	bei $x = \frac{\pi}{2}$	Schmiegeparabel	bei $x = \frac{\pi}{2}$
$f(x) = sinx$	1	$s(x) = ax^2 + bx + c$	$s\left(\frac{\pi}{2}\right) = a\left(\frac{\pi}{2}\right)^2 + b\frac{\pi}{2} + c$
$f'(x) = cosx$	0	$s'(x) = 2ax + b$	$s'\left(\frac{\pi}{2}\right) = a\pi + b$

$f''(x) = -\sin x$	-1	$s''(x) = 2a$	$s''\left(\frac{\pi}{2}\right) = 2a$

Es wird von unten nach oben gerechnet. Aus der vierten Zeile der Tabelle folgt wegen $f''(\frac{\pi}{2}) = s''(\frac{\pi}{2})$ die Konstante $a = -\frac{1}{2}$. Aus der darüber liegenden Zeile folgt dann $b = \frac{\pi}{2}$. Die darüber liegende Zeile liefert mit diesen Werten dann $c = 1 - \frac{1}{2}\left(\frac{\pi}{2}\right)^2$. Damit lautet die Gleichung der Schmiegeparabel $s(x) = -\frac{1}{2}x^2 + \frac{\pi}{2}x + 1 - \frac{1}{2}\left(\frac{\pi}{2}\right)^2 = -\frac{1}{2}\left(x - \frac{\pi}{2}\right)^2 + 1$. Sie schmiegt sich dem Verlauf der Sinusfunktion im Bereich des Maximums hervorragend gut an.

Übung 76:

Für eine Parabel n. Ordnung ergibt sich $s_n(x) = \frac{1}{n(n-1)}x^n + \frac{1}{(n-1)(n-2)}x^{n-1} + \cdots + \frac{1}{6}x^3 + \frac{1}{2}x^2 + x + 1 = \sum_{k=0}^{n}\frac{1}{k(k-1)}x^k$ mit der Nebenbedingung $\frac{1}{k(k-1)} = 1$ für $k = 0$ und für $k = 1$. Damit ist die angegebene Formel für alle Fälle $n \geq 2$ brauchbar.

Übung 77:

Am Startpunkt $(x_1|y_1)$ hat die Schmiegeparabel folgende Eigenschaften:

(I) $\quad s(x_1) = ax_1^2 + bx_1 + c = y_1$

(II) $\quad s'(x_1) = 2ax_1 + b \qquad = y_1'$

(III) $\quad s''(x_1) = 2a \qquad\qquad = y_1''$

y_1, y_1', y_1'' stammen aus der vorgelegten Differentialgleichung.

Aus (III) folgt $a = \frac{1}{2}y_1''$. Mit (II) folgt dann $b = y_1' - y_1''x_1$. Beides in (I) liefert $c = y_1 + \frac{1}{2}y_1''x_1^2 - y_1'x_1$. Damit lautet die Gleichung der Schmiegeparabel an der Stelle $(x_1|y_1)$:

$s(x) = \frac{1}{2}y_1''x^2 + (y_1' - y_1''x_1)x + y_1 + \frac{1}{2}y_1''x_1^2 - y_1' x_1$. An der Stelle $x_2 = x_1 + \Delta x$ folgt dann $y_2 = s(x_1 + \Delta x) = y_1 + y_1'\Delta x + \frac{1}{2}y_1''(\Delta x)^2$. Anmerkung: hier ist genaues Rechnen erforderlich! Damit ist das Wertepaar $(x_2|y_2)$ bekannt, von dem aus das Verfahren erneut gestartet werden kann.

Übung 78:

Fall n = 4: Alle Teiler der Zahl $N = aabcd$ sind $1 -$ a,b,c,d $-$ aa,ab,ac,ad,bc,bd,cd $\quad-\quad$ aab,aac,aad,abc,abd,acd,bcd $\quad-$ aabc,aabd,aacd,abcd $\quad-\quad$ aabcd, d.h. $S_4 = 1 + 4 + 7 + 7 + 4 + 1 = 24 = 2^4 + 2^3$, siehe Tabelle 2.

Fall n = 5: Alle Teiler der Zahl $N = aabcde$ sind $1 -$ a,b,c,d,e $-$ aa,ab,ac,ad,ae,bc,bd,be,cd,ce,de $-$ aab,aac,aad,aae,abc,abd,abe,acd,ace,ade,bcd,bde,bce,cde $\quad-$ aabc,aabd,aabe,aacd,aace,aade,abcd,abce,abde,acde, bcde$-$

aabcd,aabce,aabde,aacde,abcde $-$ aabcde, d.h. $S_5 = 1 + 5 + 11 + 14 + 11 + 5 + 1 = 48 = 2^5 + 2^4$, siehe Tabelle 2.

<u>Übung 79:</u>

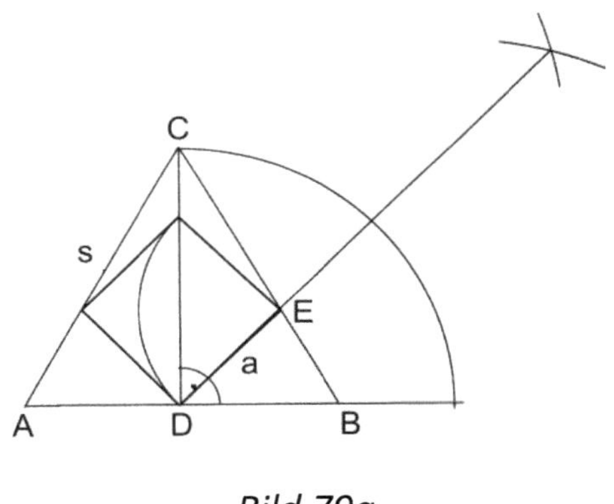

Bild 79a

In Bild 79a liegt die Quadratseite a auf der Winkelhalbierenden des rechten Winkels bei D. Diese Winkelhalbierende schneidet die Seite $\overline{BC}$ bei E, einem Eckpunkt des Quadrats. $\overline{DE} = a$ ist die gesuchte Seitenlänge des Quadrats. Diese Konstruktion lässt sich schnell in Bild 116 erkennen.

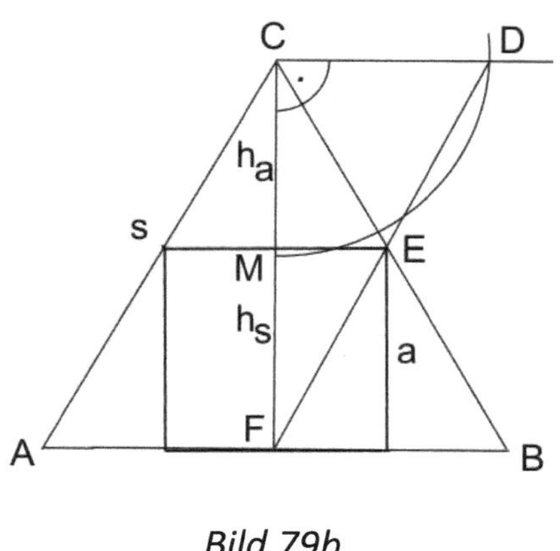

Bild 79b

Ein anderes Problem scheint die Konstruktion des Quadrats in Bild 115 zu sein. Wie Bild 79b zeigt, ist sie jedoch viel einfacher als zunächst gedacht! Es geht um das Auffinden des Quadrateckpunktes E. M halbiert die Höhe h_s des gleichseitigen Dreiecks: $\overline{CM} = \overline{CD} = \frac{h_s}{2}$. Damit liegt zur Bestimmung von $\frac{a}{2}$, der halben Quadratseite eine Strahlensatzfigur vor: $\frac{h_s/2}{a/2} = \frac{h_s}{a} = \frac{a+h_a}{a}$. Mit $h_s = \frac{s}{2}\sqrt{3}$ und $h_a = \frac{a}{2}\sqrt{3}$ folgt die Quadratseite $a = s\frac{\sqrt{3}}{2+\sqrt{3}}$.

Übung 80:

Mit den beiden Lösungen $x = f_{n-1} + f_n\varphi$ und $x = f_{n+1} - f_n\varphi$ folgt die quadratische Gleichung $(x - f_{n-1} - f_n\varphi)(x - f_{n+1} + f_n\varphi) = 0$. Nach Umformung ergibt sich bei sorgfältiger Rechnung $x^2 - (f_{n+1} + f_{n-1})x + f_{n+1}f_{n-1} - f_n^2 = 0$.

Dabei ist von $f_{n+1} - f_{n-1} = f_n$ sowie von $\varphi(1 - \varphi) = -1$ Gebrauch gemacht worden.

Übung 81:

Mit $\varphi = \frac{1}{2} + \frac{1}{2}\sqrt{5}$; $1 - \varphi = \frac{1}{2} - \frac{1}{2}\sqrt{5}$; $-\varphi = -\frac{1}{2} - \frac{1}{2}\sqrt{5}$; $\varphi - 1 = -\frac{1}{2} + \frac{1}{2}\sqrt{5}$ werden die Ergebnisse der nachfolgenden Tabelle gefunden:

a	$x^2 + ax + 1 = 0$	$x^2 + ax - 1 = 0$
a	$x = -\dfrac{a}{2} + \sqrt{\dfrac{a^2}{4} - 1}$ $x = -\dfrac{a}{2} - \sqrt{\dfrac{a^2}{4} - 1}$	$x = -\dfrac{a}{2} + \sqrt{\dfrac{a^2}{4} + 1}$ $x = -\dfrac{a}{2} - \sqrt{\dfrac{a^2}{4} + 1}$
1		$x = \varphi - 1$ $x = -\varphi$
-1		$x = \varphi$ $x = -\varphi + 1$
3	$x = \varphi - 2$ $x = -\varphi - 1$	
-3	$x = \varphi + 1$ $x = -\varphi + 2$	
4		$x = 2\varphi - 3$ $x = -2\varphi - 1$
-4		$x = 2\varphi + 1$ $x = -2\varphi + 3$

<u>Übung 82:</u>

Gegeben die kubische Gleichung $x^3 - 4x^2 + 4x - 1 = 0$. Stattdessen kann $x(x^2 - 4x + 4) = 1$ geschrieben werden. Mit $x^2 - 4x + 4 = (x-2)^2$ folgt dann $(x-2)^2 = \frac{1}{x}$, d.h. $x = 2 + \frac{1}{\sqrt{x}}$ oder $x = 2 - \frac{1}{\sqrt{x}}$ und damit die beiden Iterationsvorschriften.

<u>Übung 83:</u>

Betrachtet sei die Gleichung vierter Ordnung: $x^4 - x^3 - 4x^2 - x + 1 = 0$. Als triviale Lösung findet man zunächst $x = -1$. Nach Ausführung der Polynomdivision $(x^4 - x^3 - 4x^2 - x + 1) : (x + 1) = x^3 - 2x^2 - 2x + 1$ ist die Gleichung $x^3 - 2x^2 - 2x + 1 = 0$ zu beurteilen. Die triviale Lösung dieser Gleichung ist wieder $x = -1$ (bei $x = -1$ liegt somit eine doppelte Nullstelle der Funktion $f(x) = x^4 - x^3 - 4x^2 - x + 1$ vor, also ein Extremum). Nach erneuter Ausführung der Polynomdivison entsteht die bekannte Gleichung $x^2 - 3x + 1 = 0$ mit den Lösungen $x = 1 + \varphi$ und $x = 2 - \varphi$.

Die Ausführung der Proben mit diesen beiden Lösungen führt auf die beiden Gleichungen (1): $(1 + \varphi)^4 - (1 + \varphi)^3 - 4(1 + \varphi)^2 - (1 + \varphi) + 1 = 0$ sowie (2): $(2 - \varphi)^4 -$

$(2-\varphi)^3 - 4(2-\varphi)^2 - (2-\varphi) + 1 = 0.$ Nach dem Ausmultiplizieren und Ersetzen von φ^4 und φ^3 nach Kapitel „Spezielle quadratische Gleichungen I" entsteht im Fall (1) die wahre Gleichung $\varphi^2 - \varphi - 1 = 0$, im Fall (2) nach ähnlich umständlicher Rechnung ebenso.

Übung 84:

Aus $q^2 + 4 = 4t$ folgt $q = 2\sqrt{t-1}$. Damit ergibt sich folgende Kettenbruchentwicklung: $\sqrt{t} = \frac{q}{2} + w_{-1}(q) = \sqrt{t-1} + w_{-1}(2\sqrt{t-1}) =$

$$\sqrt{t-1} + \cfrac{1}{2\sqrt{t-1}+\cfrac{1}{2\sqrt{t-1}+\cfrac{1}{2\sqrt{t-1}+\cdots}}} \;,$$ darin $\sqrt{t-1}$ eine natürliche Zahl, wenn $t = n^2 + 1$ ist, n eine natürliche Zahl. Damit lassen sich dann weitere irrationale Zahlen wie $\sqrt{2}, \sqrt{5}, \sqrt{10}$ usw. durch eine Kettenbruchentwicklung darstellen. So ist

$$\sqrt{10} = 3 + \cfrac{1}{6+\cfrac{1}{6+\cfrac{1}{6+\cdots}}}\;.$$

Übung 85:

Vom Spreizungswinkel $\gamma = 82°$ aus wird rückwärts gerechnet: $\beta = \frac{(180°-\gamma)}{2} = 49°$, d.h. $cos49° = \frac{b}{r}$. Wegen $b = \frac{a}{cos\varphi}$ und $a = r\,sin\varepsilon$ ist $cos\varphi = \frac{sin\varepsilon}{cos49°}$, d.h. $\varphi = 52{,}5°$.

Übung 86:

Das Auffinden des Orts der doppelten Nullstelle von f mit $y = x^3 - ax + 1$ ist ein hübsches Beispiel für die Anwendung elementarer Rechentechniken bei der Analysis. Aus $y' = 3x_e^2 - a = 0$ folgen die Lösungen $x_e = \sqrt{\dfrac{a}{3}}$ (und $x_e = -\sqrt{\dfrac{a}{3}}$, die hier nicht in Frage kommt). Zu bestimmen ist jener Parameterwert a, bei dem $y(x_e) = 0$ wird. Die Auflösung der Gleichung $\left(\sqrt{\dfrac{a}{3}}\right)^3 - a\sqrt{\dfrac{a}{3}} + 1 = 0$ nach a liefert $a = 3 \cdot \sqrt[3]{\dfrac{1}{4}} \approx 1{,}88988$ und damit $x_e = \sqrt{\sqrt[3]{\dfrac{1}{4}}} \approx 0{,}7937$.

Übung 87:

Hier liegt eine spezielle Umwandlung vor, auf die man nicht so schnell kommt. Statt $x^3 - a^2x^2 + 2ax - 1 = 0$ kann $x^3 - (ax - 1)^2 = 0$ geschrieben werden. Äquivalent damit sind die beiden „Lösungen" $x\sqrt{x} = ax - 1$ und $-x\sqrt{x} = ax - 1$. Aus der ersten Lösung folgt $x = \dfrac{1}{a - \sqrt{x}}$ und damit die Iterationsvorschrift. Aus der zweiten Lösung folgt $x = \dfrac{1}{a + \sqrt{x}}$.

Eine schöne Rechenübung ist die Probe: Aus $\left(x - \frac{1}{a-\sqrt{x}}\right)\left(x - \frac{1}{a+\sqrt{x}}\right) = 0$ ergibt sich die kubische Gleichung.

Übung 88:

Vorsicht: hier kann man zeigen, wie sicher man in komplexen Termumformungen ist! Zunächst geht es noch einfach los. Aus $y(1) = x^{k+1} - ax + 1$ folgt $y'(1) = (k+1)x^k - a$. An der doppelten Nullstelle ist $(k+1)x_e^k - a = 0$, d.h. $x_e = \left(\frac{a}{k+1}\right)^{\frac{1}{k}}$. Der Parameter a wird jetzt aus $y(x_e) = 0 = \left(\left(\frac{a}{k+1}\right)^{\frac{1}{k}}\right)^{k+1} - a\left(\frac{a}{k+1}\right)^{\frac{1}{k}} + 1$ bestimmt. Jetzt wird die Rechnung intensiv. Die Auflösung dieser Gleichung nach a sieht zunächst ziemlich hoffnungslos aus. Der Term $\left(\left(\frac{a}{k+1}\right)^{\frac{1}{k}}\right)^{k+1}$ kann aber umgeschrieben werden zu $\frac{a}{k+1}\left(\frac{a}{k+1}\right)^{\frac{1}{k}}$. Damit ist die Gleichung $\frac{a}{k+1}\left(\frac{a}{k+1}\right)^{\frac{1}{k}} - a\left(\frac{a}{k+1}\right)^{\frac{1}{k}} + 1 = 0$ nach a aufzulösen. Auch diese Rechnung ist nicht trivial. Das Ergebnis lautet $a = (k+1)\left(\frac{1}{k^k}\right)^{\frac{1}{k+1}}$.

Übung 89:

Der Parameter a der Übung 87 führt zusammen mit dem dort angegebenen x_e zu einer (doppelten) Nullstelle von $y(1)$. Zu zeigen ist, dass derselbe Parameter zusammen mit der doppelten Nullstelle kx_e zu $y(2) = (kx_e)^{k+1} - (akx_e - 1)^k = 0$ führt. Nun folgt wieder eine keineswegs triviale Rechnung. Nach Einsetzen von $a = (k+1)\left(\frac{1}{k^k}\right)^{\frac{1}{k+1}}$ und $x_e = \left(\frac{a}{k+1}\right)^{\frac{1}{k}} = \left(\frac{1}{k}\right)^{\frac{1}{(k+1)}}$ ergibt sich $y(2) = 0$.

Übung 90:

$$\lim_{k\to\infty} x_e = \lim_{k\to\infty} \left(\frac{1}{k}\right)^{\frac{1}{(k+1)}} = \lim_{k\to\infty} \frac{1}{k^{\frac{1}{k+1}}} = \frac{1}{k^0} = 1\,.$$

$$\lim_{k\to\infty} a = \lim_{k\to\infty} (k+1)\left(\frac{1}{k^k}\right)^{\frac{1}{k+1}} = \lim_{k\to\infty} (k+1)\frac{1}{k^{\frac{k}{k+1}}}$$

$$= \lim_{k\to\infty}(k+1)\frac{1}{k} = 1\,.$$

q.e.d.!

Übung 91:

Das Reibungsgesetz $\dot{v} = -rv$ wird umgeschrieben zu $\frac{\dot{v}}{v} = -r$. Erinnert man sich an die Ableitung $\frac{d}{dt}\ln(t) = \frac{1}{t}$ sowie

$\frac{d}{dt}\ln(v) = \frac{\dot{v}}{v} = -r$, ergibt die Integration $\ln(v) = -rt + c$ mit der Integrationskonstanten c, d.h. $v = e^{-rt+c}$ und wegen $v(0) = v_0$ als Anfangsgeschwindigkeit schließlich das Geschwindigkeits-Zeit-Gesetz $v(t) = v_0 e^{-rt}$. Durch Ableiten entsteht daraus das Beschleunigungs-Zeit-Gesetz $a(t) = -rv_0 e^{-rt}$, durch Integration das Weg-Zeit-Gesetz $s(t) = \frac{v_0}{r}(1 - e^{-rt})$.

Übung 92:

Wie in Übung 91 wird das Reibungsgesetz umgeschrieben zu $\frac{\dot{v}}{v^2} = -k$. Erinnert man sich an die Ableitung $\frac{d}{dt}\frac{1}{v} = -\frac{1}{v^2}$ sowie $\frac{d}{dt}\frac{1}{v(t)} = -\frac{\dot{v}}{v^2} = -k$, ergibt die Integration $-\frac{1}{v} = -kt + c$ oder $v = \frac{1}{kt-c}$ und wegen $v(0) = v_0 = -\frac{1}{c}$ schließlich das Geschwindigkeits-Zeitgesetz $v(t) = \frac{v_0}{kv_0 t+1}$.

Übung 93:

Ohne Einfluss der Gravitation bewegt sich ein mit der Anfangsgeschwindigkeit $\vec{v}_0$ unter dem Winkel φ abgeschlagener Federball längs einer Geraden in x-Richtung mit

$$\dot{v}_x = -k\left(v_x^2 + v_y^2\right)cos\varphi = -k\left(v_x^2 + v_y^2\right)\frac{v_x}{\sqrt{(v_x^2+v_y^2)}} =$$

$$-kv_x\sqrt{\left(v_x^2 + v_y^2\right)} \quad \text{und in y-Richtung mit}$$

$$\dot{v}_y = -k\left(v_x^2 + v_y^2\right)sin\varphi = -kv_y\sqrt{v_x^2 + v_y^2} = \dot{v}_x\frac{v_y}{v_x}.$$

<u>Übung 94:</u>

$a = v_\infty$ ergibt sich sofort. b hingegen kann auf nicht ganz trivialem Weg nach der Einsetzung von $v_Y = a\tanh(bt)$ sowie der Ableitung davon in die Bewegungsgleichung bestimmt werden. Es entsteht die Gleichung $v_\infty b = gcosh^2(bt) - kv_\infty^2 sinh^2(bt)$, die zunächst hoffnungslos aussieht. Ist jedoch $v_\infty b = g = kv_\infty^2$, dann ist diese Aussage wahr, denn $cosh^2(bt) - sinh^2(bt) = 1$. In diesem Fall ergeben sich für den Parameter b die beiden äquivalenten Darstellungen $b = \frac{g}{v_\infty}$ und $b = kv_\infty$, d.h. $v_\infty = \sqrt{\frac{g}{k}}$ als Grenzgeschwindigkeit beim Sinken des Federballs. Besonders hier ist darauf hinzuweisen, wie in der Mathematik in hoffnungslos erscheinenden Fällen gedacht werden kann: sind passende Parameter zu finden, mit denen eine Aussage wahr gemacht werden kann, hat man eine Lösung der Differentialgleichung gefunden. Damit lautet eine Lösung der

Bewegungsgleichung als Geschwindigkeits-Zeit-Funktion

$$v(t) = \sqrt{\frac{g}{k}}\, tanh(\sqrt{gk} \cdot t).$$

Zur analytischen Lösung der inhomogenen Differentialgleichung (DG) $\dot{v} = g - kv^2$ eine Anmerkung. Die in Tabelle 1 und Übung 92 genannte Gleichung $v(t) = \frac{v_0}{kv_0 t + 1}$ ist die Angabe einer Lösungsschar der homogenen Form dieser DG: $\dot{v} = -kv^2$. Eine Lösung der inhomogenen DG kann dann angegeben werden, gelingt es, eine partikuläre Lösung dieser DG zu finden. Das jedoch ist das Problem. Dem Superpositionsprinzip folgend können die Lösungen der inhomogenen DG aus der Summe von Lösungsschar der homogenen Form der DG und partikulärer Lösung der inhomogenen DG zusammengesetzt werden. Die Suche nach einer partikulären Lösung der inhomogenen DG habe ich jedoch aufgegeben. Vielleicht ist sie einfacher zu finden als gedacht ...

***

Zum Autor

Der Autor, Jahrgang 1939, hatte sich mit Mathematik an zwei Stellen seines Lebens zu beschäftigen, im Physikstudium und am Gymnasium. Sein Physikstudium hat er mit einer Promotion zu einem Thema der Festkörperphysik abgeschlossen. Nach weiteren fünf Jahren wissenschaftlicher Forschung hat er sich entschlossen, Fachlehrer für Mathematik, Physik und Chemie am Gymnasium zu werden. Dort in der Schule sind ihm die meisten jener Fälle schräger Mathematik und mathematischer Pretiosen begegnet, die zum Inhalt dieses Buches geworden sind. Schon während seiner aktiven Unterrichtszeit, erst recht in den Jahren danach ist Mathematik immer mehr zu einem Problemfach der Schule geworden. Im vorliegenden Buch geht es nicht um die Erforschung der Gründe hierfür. Absicht des Autors ist vielmehr, mit bisher in der großen Vielfalt mathematischer Literatur eher selten zu findenden mathematischen ‚Schmankerln' Lust auf Mathematik zu machen. Ob ihm das geglückt ist, werden Sie als Leser entscheiden.

Weitere Sachbücher des Autors:

Christian Rühenbeck
WIE GEHT FLIEGEN?
BoD, 252 S., € 12,99
ISBN 978-3-7578-3240-7

Sie sind am Fliegen interessiert, wundern sich über die Vielzahl von Erklärungen dazu und haben vielleicht von einer wissenschaftlichen Kontroverse gehört, die vor über 40 Jahren entstanden und bis heute nicht beendet ist? „Still, no consensus exists" wird 2020 in Scientific American geschrieben. Um zu einem künftigen Einvernehmen beizutragen, wird ein anderer Ansatz beschrieben, sich dem Phänomen Fliegen zu nähern; ein Ansatz, der Elemente enthält, die bisher in der Literatur nicht zu finden sind. Danach werden Sie nicht nur in der Lage sein, einen Gleiter so einzustellen, dass er garantiert fliegen wird, danach werden Sie auch verstehen, warum das so ist. Doch ohne die Wermutstropfen Physik und Mathematik wird es nicht gehen. Dazu ist das Fliegen, das selbst von Experten der Luftfahrt als hinzunehmendes Phänomen bezeichnet wird, eine zu komplexe Naturerscheinung.

Christian Rühenbeck
HOW TO FLY
BoD, 248 S., € 12,99
ISBN 978-3-7597-4499-9

You are interested in flying and wonder about the variety of explanations. Perhaps you have heard from a scientific controversy existing for more than 40 years, which is not completed: "Still no consensus exists", and was published in Scientific American in 2020. In order to reach a future agreement, another approach to the phenomenon of flying is described, an approach containing elements not previously been found in aerodynamic papers. Now you will be able to adjust a glider so that it is guaranteed to fly, and you will understand why. But without downing by physics and mathematics it will not work. Flying is even for aviation experts a too complex natural phenomenon.